Co-planning for Building a Beautiful China

中国城市规划学会学术成果

美丽中国
共同规划

孙施文 等 著
中国城市规划学会学术工作委员会 编

中国建筑工业出版社

目录

序论

孙施文，中国城市规划学会常务理事、学术工作委员会主任委员，同济大学建筑与城市规划学院教授

孙施文

为美丽中国的共建共治共享而规划

一

"美丽中国"是中国式现代化建设的重要目标，是实现中华民族伟大复兴中国梦的重要内容。党的二十大明确提出，到 2035 年，美丽中国目标基本实现。

2023 年 7 月，习近平总书记在全国生态环境保护大会上强调，今后 5 年是美丽中国建设的重要时期，要深入贯彻新时代中国特色社会主义生态文明思想，坚持以人民为中心，牢固树立和践行绿水青山就是金山银山的理念，把建设美丽中国摆在强国建设、民族复兴的突出位置，推动城乡人居环境明显改善、美丽中国建设取得显著成效，以高品质生态环境支撑高质量发展，加快推进人与自然和谐共生的现代化。

2023 年 12 月 27 日，《中共中央 国务院关于全面推进美丽中国建设的意见》发布，对建设美丽中国作出了全面部署，明确指出，美丽中国建设要坚持全领域转型、全方位提升、全地域建设、全社会行动的要求。

建设美丽中国是一项系统工程，需要政府、各行各业和全社会共同参与、协同行动：共建是基础，就是要坚持人民主体地位，充分发挥全体人民的智慧和优势，激发全社会活力，人人参与、人人负责、人人奉献；共治是关键，就是要坚持"创新、协调、绿色、开放、共享"的新发展理念，使政府有形之手、市场无形之手、市民勤劳之手同向发力，加快形成绿色生产方式和生活方式，实现高质量发展和高品质生活；共享是目标，就是要确保全体人民共同享有与日益增长的美好生活需要相适应的美丽中国建设成果，让人民群众有更多获得感、幸福感、安全感。

这就要求规划工作坚决贯彻落实习近平总书记"努力建设美丽中国，实现中

华民族永续发展"的要求，探索有中国特色、人与自然和谐共生的规划理论、方法和实践，完善共建共治共享的规划体制，科学谋划国土开发保护新格局，构建优势互补、高质量发展的区域经济布局和国土空间体系，推动历史文化的保护传承，不断提升城乡人居环境品质，建设宜业、宜居、宜乐、宜游的美丽家园。

为此，中国城市规划学会学术工作委员会在策划了 2024 中国城市规划年会主题"美丽中国，共建共治共享"的基础上，承接去年年会"人民城市，规划赋能"的主题，为进一步深入实践"人民城市人民建，人民城市为人民"的理念，从怎么做的角度撰写论文，阐释推进美丽中国建设的规划认识、规划策略以及规划行动方略。本文集编选了其中部分论文，作为本次年会的主题文集与全国的同行分享，以期推动全国规划界在建设美丽中国的行动中，不断探索、作出贡献。

二

张松教授的论文"维护和塑造美好人居环境的空间治理策略"，从深邃的历史发展视角和对未来美好城市的期许出发，认为城市由人民建设，历史城市蕴含着人类社会和地理景观世界的历史、文化、艺术、传统、精神和民族本质的价值，积淀了丰富的人居环境建设的智慧，这是我们建设未来美丽城市和美好人居环境的重要认知和实践行动的基础。张松教授指出："实现可持续城市的空间规划管理，不仅需要技术支撑，更需要文化引导。"在此基础上，针对我国新时代条件下的深度城市化所面临的挑战和为生态文明、美丽中国建设作出积极贡献的要求出发，从历史遗产名录体系、国土空间规划中历史文化资源管理、历史城市和历史地段的积极保护、城市保护和社会可持续性设计、城市文化景观的整体性维护管理以及人民城市的共建共治共享等方面提出了具体的策略方向，期望以高水平保护推动高质量发展，全面提升人居环境品质，实现人民城市高品质生活。

建设美丽城市必须坚持人民城市人民建，人民城市为人民，并以绿色低碳、环境优美、生态宜居、安全健康、智慧高效为基本导向。刘奇志、万能等的"以人为本，共筑人与自然和谐城乡——武汉市生态文明建设'多规合一'的实践与思考"一文，在总结武汉市生态文明建设"多规合一"实践经验的基础上，进一步阐释了规划工作向服务更高维度的生命共同体转变的基本认识和指导思想。该文提出，以人为本和综合统筹是规划不变的本质，因此，要更好地塑造生态和谐之城，就必须坚持规划引领。规划要坚持以人为本的理念和思想，在稳固基底构建生态安全格局、整合各类空间要素实现综合管理的基础上，完善公共服务以满足人居环境的需求，构建绿色低碳交通以便利人们的日常出行等。要在贯彻"两山"理论、探索绿色发展模式的基础上，加强规划传导，保护、修复、利用三位一体，推动生态建设、促进绿色健康发展。作者在文中提出的"生态就是生活状态"的论断，进一步阐述了以人为本的理念和自然生态的保护利用的结合，即建立生命共同体的思想，从而为论文最后提出的推动"多规合一"共筑人地和谐的规划策略奠定了思想基础。

要以高品质生态环境支撑高质量发展，形成以实现人与自然和谐共生现代化为导向的美丽中国建设新格局，就需要有对生态系统以及生态网络的构成、内外部相互关系及其演进的深入研究和认识，从而为高品质生态环境建设打下扎实基础。何夏萱、袁奇峰等的论文"基于城市 POIs 大数据与电路理论的生态网络构建与评估——以东莞市为例"，基于对现有主流的生态网络构建方法存在的不足，以广东省东莞市为例，引入城市大数据兴趣点（POIs），不仅增加了对城镇用地范围内的生态源地和生态廊道进行识别，而且提高了这种识别的精准度，使得原先主要适用于大区域生态网络研究的方法能够深入到城市之中，进一步完善了对城市生态网络的认识。在此基础上，论文运用了电路理论模型对生态源地之间的联系进行模拟，增加了对生态廊道宽度以及物质流通性的内容，使生态格局的整体关系更加明晰。尽管论文还存在着一些问题，尤其是在点源数据的局限以及生态效用和动态演进等方面的关注不足，但作为一项适用于城市层次的更加精细化的生态网络构建的探索，仍是非常值得关注的，并期望作者们能有进一步的创新性研究成果，为城市生态网络格局建设提供扎实基础。

高质量发展需要以高品质生态环境建设为支撑，何夏萱、袁奇峰等的论文为生态网络构建提供了基础，而汪芳、张悦华等人的论文"旅游型传统村落居民地方依恋研究与'共建共治共享'路径探索"，则为共建共治共享提供了一项基础研究。汪芳、张悦华等人的论文尽管以旅游型传统村落为主要研究对象，但其所依据的地方依恋的研究则是可以推广到各类社区，并成为洞悉人地关系、提升社区认同感和凝聚力的重要途径。地方依恋就是在人（居民）与有意义的空间（场所）之间形成的一种感情纽带，这种感情纽带进而从情感依恋发展到地方认同，再进一步影响到居民的行为依赖，从而建构为当地社会空间结构和形态。汪芳、张悦华等人的论文以北京市密云区古北口村的案例，在解析地方依恋与旅游态度的影响机制的基础上，提出可以通过多种有效途径提升居民的地方依恋，其中包括通过空间共建，延续地方空间要素，建立居民与地方良好的情感连接；通过社会共治，建立多元化的社会参与渠道，强化居民的地方认同；通过均衡利益分配，实现发展成果共享，调动居民发展乡村旅游的主动性，提升居民的行为依赖性。

三

李健、张剑涛等的"中国城市高质量发展指标体系构建及实证测度研究"和周建军、陈鸿等的"美丽中国海岛探索——舟山海上花园城创新性建设指标体系研究"两篇论文，根据不同的评价对象和内容，探讨了相应的指标体系的建构。指标体系是用于对现实状况进行评价的，而对现实状况进行评价实质上就是对过去行动结果的评价，因此，以目标实现为导向的指标体系又可以起到引导未来行动的作用。李健、张剑涛等和周建军、陈鸿等的这两篇论文采用的就是这样的研究路径，以期通过指标体系的建构成为未来行动的指针。

李健、张剑涛等的论文提出，新时代高质量发展必须以质量、效率、公平、可持续发展为方向，能够满足人民日益增长的美好生活需要，发展中以创新为引擎，兼顾效率与公平，推动双循环发展格局、实现经济增长与生态保护双赢的发展模式，不断提升人民的幸福感和获得感。因此在梳理了"创新、协调、绿色、开放、共享"五大发展理念内在逻辑关系的基础上，建立了5个一级指标、13个二级指标、36个三级指标的指标体系，并据此对296个地级及以上城市，以特定行政级别、人口规模为标准，划分为四个典型类型，分别进行了测度研究，发现：城市等级越高、规模越大，城市发展总指数及分项发展指数方面存在着比较明显的东中西、南北区域差异；而在城区人口少于50万的城市中，城市发展总指数及分项发展指数前十名的城市，在区域分布上基本均衡。

周建军、陈鸿等的论文更加侧重于舟山海上花园城建设的未来行动导向，提出在指标体系构建中需要关注六个方面的导向：注重城市的开放与创新、注重空间的集约与特色、注重环境的安全与健康、注重设施的便利与均等、注重文化的传承与融合、注重居民的自由与活力。在此基础上，建构了以国际开放、智慧创新、健康宜居、人文魅力四个维度，由13个领域57项指标组成的指标体系。

在城乡高质量发展以及美丽城市、美丽乡村等的建设过程中，需要充分认识到不同地区、不同等级、不同类型的城市或乡村的地域特征、历史文化、生活方式以及开发保护等方面的差异，正如李健、张剑涛等在文中指出的，不同区域和等级的城市所体现的高质量发展内涵应有侧重，而且城市发展是一个综合性的经济社会发展过程，"提升其发展水平是一个系统性的经济社会工作体系，其内在运行机制不是靠评价指标体系能够完全揭示和描绘的，需要更好地理解各板块和要素间的互动联系和支撑关系。"另外，任何指标体系的建构都受一定的认识水平和时势的影响，是针对一定时期存在的问题或者部署的未来发展重点、发展要求而建构的，因此，指标体系并不是一成不变的，而是随着发展进程和发展目标的转移而不断调适完善的。

与此同时，我们也要认识到，无论是高质量发展还是美丽中国建设，其中存在着一些基本的普遍性的内涵，也就是存在着一些共同的指标，而且也是可以或需要长期进行评价的。因此，在指标体系建构中，需要区分普适的、长时段的指标和具有特色的、分阶段的指标，前者可用于横向的（不同城市或乡村间的）、纵向的（同一个城市或乡村的历时性的）比较，后者更加关注特定时期、特定行动方面的发展演进。

四

开展美丽中国建设全民行动，除了要建立多元参与行动体系，形成人人参与、人人共享的良好社会氛围，更需要通过相应的制度建设和机制体制改革，来适应和满足共建共治共享的需要和要求。就规划工作而言，王富海、曾祥坤等人的"从'刚性'走向'松弛'：为共建共治共享而规划——推进运营时代城市发展的'一致行动'"一文，明确地提出，面对复杂多元的城市环境和人群需要，为促成全社会的一致行动，规划要从"刚性"走向"松弛"，并明确强调：这是实现城市共建共治共享的当务之急。当然，正如作者所言，"松弛"并不是"松垮"，并不是放弃组织、引导和管理，而是要在规划过程中更加理性地思考：是否有利于满足人的多元化精细化需求，是否有利于减少空间更新改善的制度性障碍，并将其作为"理性的松弛"的衡量标准。从这样的意义上讲，底线的、该刚性管控的部分仍然需要强调刚性，但需要为组成社会的各类主体的多元需求、多元价值的实现留下可博弈、可协商的空间。社会需要求同，但也需要存异，底线的、公共的、需要刚性管控的内容是组成规划的重要内容，但从数量上讲应当只是规划所涉及内容的一部分，绝不可能也不应该是大部分、更不应该是全部，否则共建共治共享就无从谈起。

因地制宜地推广浙江"千万工程"经验，统筹推动乡村生态振兴和农村人居环境整治，是美丽乡村建设的重要路径。但学什么和怎么学，是摆在当今乡村规划建设面前的现实问题。段德罡、陈邓洁等的"共建共治共享：'千万工程'助益美丽城乡关系的发展脉络与价值逻辑"一文对此提出了他们的思考。该论文在梳理浙江省"千万工程"实践演进过程的基础上，总结出其发展所经历的整治、美丽、共富三个阶段和七次深化的具体内容，提出，浙江"千万工程"从乡村建设与人居环境整治工程逐步发展为以破除城乡二元机构难题、探索新型城镇化与乡村现代化方式路径的系统工程，因此，各地在学习、推广"千万工程"经验时需要把握好三个导向，即问题导向，要把握好浙江特征与本地实际的关系；规律导向，要认识好发展阶段与推进重点的关系；目标导向，要处理好工作抓手与深层逻辑的关系。

　　无论是美丽乡村建设，还是进行美丽中国先行区、美丽城市或者开展创新示范建设，都需要有大量的经济投入和支撑，也需要通过这些建设工作获得相应的经济收益，才能持续不断推进"美丽系列"建设工作的开展，因此，经济的考量应当成为规划工作思考的重要因素。唐婧娴和张勤的"城市规划与城市财政结合的必要性——为人民算好规划的'经济账'"一文，针对城市规划过去较少关注城市经济运行和投入产出问题以及缺少对城市运维的关注，提出，城市人民是城市财产的权益人，好的规划应有利于城市资产的保值增值。为人民算好经济账，实现城市规划与城市财政的有机结合，是落实"人民城市人民建"的重要前提。论文通过对新加坡、德国、美国城市在开发决策、道路更新、片区开发等方面案例的介绍，提出应当把产权关系、交易成本、投融资方式、收益平衡等关系纳入城市规划的综合考虑之中，尽管规划与财政都具有非常强的综合性，这种结合不可能一蹴而就，但必须不断地予以推进。论文在此基础上就如何在规划中算好经济账提出了策略性的意见，并建立了融合社会逻辑、需求逻辑、金融逻辑的可持续空间供给的逻辑框架，以此提出了规划如何适应这种变革需要关注的内容。

　　在城市规划、空间治理工作中，政府发挥着重要的引领和组织的作用。黄建中和刘晟的"空间治理过程中的部门协同关系研究——基于上海市级部门办理人大代表建议的分析"和杜宝东、张菁等人的"超大城市治理体系与现代化路径研究——基于《北京市'十四五'时期城市管理发展规划》中期评估工作的思考"两篇论文，从不同角度探究了超大城市空间治理中政府部门的运作和发挥作用的机制，尽管前者突显回应问题的视角，而后者则更具未来建构的特点。黄建中和刘晟的论文从政府部门办理人大代表建议的过程的视角，对 2011—2020 年 9000余件上海市级人大代表建议及其办理过程进行分析提炼，从协同结构、协同领域、协同效果三个维度进行了比较完整的剖析。从论文总结的市人大代表建议中最受关注的四个领域的内容来看，每项内容都需要若干个市级政府部门或和下级区政府共同努力才能予以很好地解决，因此，政府部门间在政策、资金、工程建设、管理与运维等方面形成合力是解决这些问题的关键。在此过程中，根据该论文的分析，核心主体、关键主体、紧密主体和相关主体发挥着不同的作用，规划管理部门作为综合性部门，在其中应当担负主动引导和进行空间统筹的角色。杜宝东、张菁等人的论文则在针对北京市治理体系建设中存在的问题，提出超大城市治理体系需进一步建立完善的工作体系、层级体系、平台体系、制度体系和保障体系，即健全城市治理统筹协调的工作体系、加强城市分层分级分类分时治理、做实城市运行管理服务平台"一张网"、健全适应首都治理需要的法规标准、拓展城市治理的资金投入渠道等。

梁小薇、廖曼华等的"土地发展权视角下的全域土地综合整治工具探索——以佛山市南海区'三券'为例"一文，针对以县域为实施单元的全域土地综合整治中出现的权益非均衡配置问题，详细介绍了佛山市南海区为落实全域土地综合整治而创新性地实施的"地券""房券""绿券"的"三券"政策及其运行机制。作者认为，"三券"的实质是土地发展权转移的一种载体，即为实现调整和优化城乡用地结构布局、提高土地利用效率的目标，针对低效零散建设用地复垦复绿、村级工业园改造提升和乡村生态保护修复等的需要，通过发放"三券"建立起建设用地有偿退出机制，并运用指标市场化交易的方式，保证产权人获得可持续性的收益，从而在土地综合整治的发展权得失之间建立了利益平衡机制。论文对"三券"政策的实施过程进行了深入分析，针对其中存在的问题，提出了进一步深化、细化、优化的政策建议。

五

城市更新是美丽城市建设的重要路径，也是践行人民城市的重要行动领域。但是有关于城市更新的基础性研究显然还是不足的。一些政府采用大规模资金投入进行的老城区改造、一些采用大规模动迁原居民或使用者后进行的旅游导向的网红式更新、一些采用"留房不留人"策略再造中产阶级化甚至高端化居住区等，被作为城市更新的典型案例而广为宣传。这些案例的更新方式方法不仅违背了当今倡导的"人民城市人民建"和有机更新的理念，而且绝大多数不可能成为推进全面的、可持续的城市更新的样板。张松教授的论文"维护和塑造美好人居环境的空间治理策略"，从历史文化资源维护、提升人居环境品质角度对此也进行了阐述和评论。与此同时，在一些政府部门近年来发布的相关政策文件、一些城市最近通过并开始实施的城市更新条例等地方法规中也可以看到，尽管使用的都是"城市更新"这个词，但从其政策内容、管控要求以及实施组织方式等方面来看，其内涵还是存在着较大的差异，有些甚至还是以拆旧建新为基本对象而制定的。

当然，城市更新有多种方式方法，可以采用多种路径。曾鹏和李晋轩的论文"'价值'视角的城市更新思考：价值重构与路径选择"，提出城市更新在本质上是空间价值增减、重组与分配的系统性价值重构的过程。城市更新路径之所以出现分异，是由于决定价值重构过程的逻辑出现分异；而选择什么样的城市更新路径则是由于多元空间价值观的不同。因此，从空间治理角度而言，在城市更新路径选择上应当把价值升维与共治共享作为基本目标，处理好空间价值重构过程中的在量级上的增减、在地块间的重组和在主体间的再分配这三个环节及其相互之间的关系。孙娟、古颖等的"逻辑再构：城市更新的趋势需求与规划应对"一文，针对新时代城市更新行动的目标以及问题特征，提出应当将经济学、社会学、空间治理和城市运营等方面的考虑和要求综合为一个整体，重构城市更新的内在逻辑，实现城市更新规划的整体转型。具体包括：城市更新规划应当发挥战略引领作用，优化空间结构和提升城区空间功能，推动规划编制方法的转变，以适应精细化调整的规划转型；坚持行动导向，以整合空间资源为核心，统筹协调各系统、各部门、各领域的工作，以适应系统性工作的方式转变；加强实施导向，协同并整合多专业，形成可落地的城市更新方案和协同实施机制；针对存量更新时代利益分配机制的特征，通过公共政策设计，建立标准化的规程，回应各方利益诉求，以适应空间治理、城市治理的转型。

袁奇峰、李如如等的论文"小街区空间公共性有效供给机制研究——以珠江新城居住街坊为例"，尽管其以社区公共绿地的实施或实现作为研讨的对象，但其所提出的核心问题同样也是当今城市更新中所面对着的。文章针对城市小街区中，规划确定的公共产权的社区公共绿地和基于私人（集体）产权的社区半公共绿地的实施中存在的问题，总结了两者各自存在的困境：公有公共空间在建设中会出现负向的"规模效应"和管理中的"公地悲剧"问题；私有公共空间则会出现公共性交易成本与开发商的成本规避以及因公共性带来的潜在帕累托改进与补偿机制缺失等问题。就城市更新而言，前者是形成当今老城区居住条件差、设施配备不足、人居环境衰退的重要原因，后者则是造成城市更新困难的原因，因此，本文所提出的机制性建议同样可以为城市更新行动的开展提供借鉴。为了完善小街区内社区公共绿地的有效供给，作者提出的策略包括：改进规划机制，控制土地出让尺度及建立公共与私密明确的空间边界；在建设机制方面，需建立产权合理的制度性安排；在管理机制方面，建议通过地方立法加强公共空间管理规则约束，同时建立权责清晰与主体统一的运作模式；建立对受损的私人利益进行有效补偿的机制；建立公众参与的有效途径等。

在袁奇峰、李如如等的这篇论文中，还提到了形成街坊共同体的概念，这一认识在熊健、卢弘旻等的"塑造社区共同体——探讨低碳韧性社区的建设路径"与段德罡和韩璐的论文"共建共治共享——抱龙村乡村治理实验"这两篇论文中同样得到阐发，尽管这两篇论文的论述对象不同，在关键词语上，前者使用"社区共同体"、后者使用"利益共同体"。熊健、卢弘旻等的论文以城市社区为对象，提出社区是建设低碳韧性城市的基本单元，由于低碳韧性社区与社区共同体之间存在着耦合的关系，因此，塑造社区共同体是建设低碳韧性社区的重要途径。该论文构建了一个基于社区共同体的"人—时—空"三要素支撑的低碳韧性社区建设框架，在这个框架中，共同价值是其基石，共建议题是其纽带，复合场景是其载体，有机更新是基本准则，数字化是补充。根据这样的框架，论文对上海近年来开展的低碳韧性社区的建设路径和实践进行了分析总结：利用共商平台强化社区价值观，以建立社区共识；在共建场景中建立居民之间的强连结网络，共同参与到社区共建之中；通过空间复合利用，创造不可预知的网络关联机会；通过小规模渐进式的有机更新，维护既有社区网络；开展数字社区建设，以多种方式保持居民高效高频链接。

段德罡和韩璐的论文则以乡村社区为对象，探索从"空间建设"向"社会治理"转型的路径。在该论文中，作者从合理规划定位、精准设置建设项目、多方协力共建、社会资本入驻等方面总结了抱龙村前期乡村建设的历程，并描述了近年来建立五方共治平台、成立村庄自治组织、探索村庄品牌推广、推动活动有序开展等乡村社会治理的探索，提出现代乡村社会利益共同体正出现从血缘、地缘关系向业缘关系的转变，根据宜居宜业和美乡村建设的内涵要求，就需要不断探索空间、社会不同层面的共建共治共享的路径及其机制，建立自上而下与自下而上相结合的自治组织，打造新老村民多元主体共同参与的治理格局，实现由外在"美"向内在"和"的转变。

六

在现代城市的发展过程中，社会经济或空间方面的发展出现不均衡现象或许是不可避免的，需要我们不断地观察和评估，及时采取相应的对策来减缓、缩小这样的不均衡。但在现象观察、问题分析和对策设计中，需要特别注意的是，任何城市问题的解决都不是单一要素、单一方面或者单一维度的，正如徐键、袁华等人在"基于参与者视角的新城人口导入机制探讨——以云南省安宁市太平新城为例"一文中所指出的那样，新城人口不足问题，是政府决策、企业投资、置业人群和居民行为、区域内部竞合关系共同作用的结果，因此，在对策设计中，需要针对所要实现的目标在这些不同要素作用方面提出相应的对策，而且需要考虑这些对策之间的相互关联及其共同作用所产生的综合效应。

魏宗财、兰志懿等的论文"高质量发展导向下大城市社会空间分异格局及其调控策略——以广州为例"，提出社会空间分异是城市社会空间维度不均衡发展的表现，需要在城市高质量发展进程中不断缩小。该论文使用人口普查数据和人群画像数据，对居住空间类型、社会群体分布和公共服务设施配置进行了关联分析，发现居住空间类型在年龄、受教育程度、收入和消费水平等方面的社会经济特征差异明显，各类公共服务设施供给水平在不同社会群体及三类街区之间表现出明显的不均衡性。作者结合以往广州社会空间分异格局演变的研究成果和广州近年来规划发展的举措，提出积极满足不同类型人群对居住环境的差异化需求，建设高效的公共服务体系是高质量发展的重要保障。

陈宇琳的论文"非正规住房包容性治理理念与策略"，运用包容性治理理念，探讨了以城中村为代表的非正规住房的治理策略。尽管我自己认为，将城中村住房划归为非正规住房未必妥当，而且以此来讨论相关的治理总有一种先将其划出"正类"然后再将其包容进来的感觉，但我非常同意陈宇琳论文中所讨论到的包容性治理理念的运用，这种运用的实质与我对城中村住房不宜划入非正规住房的认知是相契合的，也就是应当将城中村式的住房纳入统一的住房体系中，也即文中所说的，将多元空间环境进行系统分析，构建完整的空间谱系；将各类居住空间纳入正规的治理体系；在治理过程中，通过综合性策略保障治理过程和治理结果实现包容性目标。总之，应当将所谓的"非正规住房"，作为多元的居住空间的一元（或者其本身也是多元的），以包容性的理念建立相适应的治理体系，推动城市更加多元化地、有活力地发展。由于政府和居民对于居住空间的关注点不同，政府关注空间保障性、生活居住质量、空间秩序，而居民更加关注可获得性、可负担性以及活力，因此，陈宇琳提出应当充分认识两者的差异，调谐好两者之间的关系，从准入、使用、运行三个维度完善包容性治理策略。

经过改革开放四十多年来狂飙突进式的快速城市化发展，城市发展已经逐步进入到结构转型和内涵发展的阶段，一些城市已经出现收缩的现象，随着人口出生率的下降和人口迁移变动加剧，在未来的一定时期，可能有更多的城市会面临收缩的压力。收缩城市是城市规划未雨绸缪必须面对的现实，也是美丽中国、美丽城市建设中需要直面的课题。冷红和赵佳琪的论文"美丽城市建设视角下收缩城市空间优化的路径与策略",从空间治理角度提出的相应策略,可以作为我们进一步深化研究的基础。冷红和赵佳琪提出,应当通过向外严控边界,向内集约发展,加强空间管制,严控增量盘活存量;在空间建设上,适应本底优势调整结构,培育特色突破收缩困境;加强闲置和低效用地的再利用,并向公共服务空间或绿化生态空间转变;优化生态空间布局,提升生活质量;以生态保护与修复、提升城市风貌、精细化改善空间、推动共建共治共享提升空间治理水平。

张松，中国城市规划学会学术工作委员会委员、城市规划历史与理论分会副主任委员，同济大学教授

张松

维护和塑造美好人居环境的空间治理策略

建成环境是由大量人造物所形成的、具有广阔性和聚集性特征的物质空间环境，建成环境是人类社会改造自然、利用自然的结果，又是人类生存和发展的基本空间。而且，建成环境的状态和功能与资源、能源、废弃物处理等密切相关，也是实现可持续发展的关键因素。

建成环境形成了社会环境的物质基础，城市是地球上最大最复杂的建成环境。现代社会学奠基人马克斯·韦伯认为，城市不仅作为多元要素之一参与建构了各个文明形态，甚至可以说还为这些多元要素得以共同塑造现代世界提供了最重要的物质空间（马克斯·韦伯，2014）。

"人类是一种社会动物，任何类型的人类聚居形式都有社会和物质两个层面，城市聚居形态也不无例外地遵循这一普遍规则。"（阿诺德·汤因比，2021）"由于社会、经济和政治力量决定了建成环境的生产，而建成环境的性质在一定程度上又促成了城市中的社会行动，因此必须承认，二者存在着一种关键的互惠关系。随着时间的推移，一些政治经济、艺术赞助和阶级关系的传统产生了清晰的景观形式，在某些城市，……都将这些景观形式视为文化符号。"（托马斯·A. 赫顿，2019）

伴随着人类历史的发展，"城市这个环境可以促使人类文明的生成物不断增多、不断丰富"（刘易斯·芒福德，2008）。在保护管理与空间维护机制比较健全的国家和地区，建成环境中具有文化重要性和地域特色的部分，通常会作为建成环境遗产或文化景观进行更专业、更精细化的维护与管理。

1 美好人居环境概念及意义扩展

建成环境遗产（Built Environment Heritage），也可以称为建成遗产（Built

Heritage），是指以建造方式形成的不同形态的文化遗产，是不同时代各类建设和发展成就的具体体现与鲜活实证。虽在年代、价值、艺术特征及保存状况上可能无法比肩历史悠久的文物古迹和世界文化遗产，但因其量大面广，对城市风貌特色和市民身份认同的影响很大，近年来开始受到较为广泛的关注。

建成环境遗产是城市发展的积淀和成就，既是城市的文化遗产和集体记忆，又是城市未来发展的重要资源，对塑造城市特色个性和文化复兴有着重要的意义。建成环境遗产是新时代历史文化保护传承的重点所在，也是中办国办文件❶中明确提出的"空间全覆盖、要素全囊括"保护要求中特别需要关注的对象。

城市是实现可持续发展目标（SDGs）的引擎，为实现可持续性全球环境提供了可能性，同时也带来了不确定性。城市由人民建设，在漫长的历史长河中，一代又一代人改造自然、利用自然形成了多样的人居环境形态，积淀了丰富的人居环境营造智慧。实现可持续城市的空间规划管理，不仅需要技术支撑，更需要文化引导。

当今社会人们对事物存在一种漠不关心的倾向，然而历史城市蕴含着人类社会和地理景观世界的历史、文化、艺术、传统、精神和民族本质的价值。还有一些人在不知道这座城市是什么、意味着什么的情况下，因一点不愉快的事情，就会无情地谴责这座历经风霜的城市。殊不知，因功能和经济需要对历史城市的彻底改造，可以终结建成环境中的精神财富，也可以终结一个世俗、不间断的文明所带来的活着的地域文化。

文化无所不在。文化已经日益显著地成为驱动我们生活环境、城市建设、产业发展的主要动力。正如加拿大不列颠哥伦比亚大学城市研究和城市规划教授托马斯·A. 赫顿（Thomas A. Hutton）所指出，"文化符号和习俗塑造了物质化的城市，包括空间、形式和共鸣以及附属意象，并经常用以为国家利益服务"，"城市的建成形式是创造力和资本（人力和财力）的产物，无论是高端艺术形式还是乡土形式，都有助于提升城市的独特性，并促使对国家合法性和治理制度至关重要的象征性价值的生产。"（托马斯·A. 赫顿，2019）

2　深度城市化时代的新挑战

郑德高、孙娟等专家基于中国城市规划设计研究院完成的上海、武汉等多个城市发展战略规划成果出版《追求更美好的城市》专著，书中认为当前城市在实

---

❶　中共中央办公厅、国务院办公厅《关于在城乡建设中加强历史文化保护传承的意见》，2021 年 9 月。

际建设中面临经济转型、空间转型、可持续发展、生活质量、世界流动性五大挑战，未来的城市发展需以生态文明为总体目标，以可持续发展为核心主题，才能实现"更美好的城市"建设的战略愿景（郑德高，孙娟，等，2023）。

2010 年上海世博会推出的"城市让生活更美好"（Better City，Better Life）主题思想观念，既反映了大多数中国人对城市生活的向往，也隐含着知识界对"城市问题"的些许警惕。到 2015 年中央召开城市工作会议，已经直面快速发展时期某些突出的"城市问题"，强调必须转变城市发展方式，完善城市治理体系，提高城市治理能力，解决"城市病"等突出问题，使城市更健康、更安全、更宜居。

新冠疫情危机和气候变化的持续影响带来全球性城市衰落和衰退，包括资源短缺、环境危机、人口减少、经济动荡、消费降维以及隐性的财富和健康不平等等社会问题。因此，未来的城市发展战略和国土空间规划需要正视城市收缩和城市衰退带来的现实挑战。

过去的"旧改"模式基本上是以土地开发经济效益为优先选项。进入存量规划时期，甚至在快速推进的城市更新行动中，改头换面后的"大拆大建"以各种方式重新出现，持续的动拆迁工程忽视了社会和文化环境的可持续性。过度商业化开发，以旅游开发替代保护改善的做法，带来士绅化（Gentrification）、网红化更新改造成为流行现象；另外，忽视历史城市的整体肌理和空间特征、点状保护重要的文物古迹的方式，无法全方位展现不同时代的建设成就，难以整体塑造宜人的城市空间。

显然，如何让我们的城市和人居环境变得更加包容、安全并具有韧性和可持续性，是未来深度城市化时代和推进以人为本新型城镇化亟待破解的瓶颈问题。

3 国土空间保护管理的观念转向

2015 年 9 月，中共中央、国务院实施《生态文明体制改革总体方案》以来，以适应生态文明建设为目标，国土空间规划体系重构全面拉开帷幕。现在"多规合一"国土空间规划体系总体上已经形成，全国市以上的国土空间规划已经形成了阶段性成果。

国土空间治理和规划决策需要基于土地特征、历史意义以及开发保护所面临的新挑战，以绿色、可持续发展为导向，进一步提升保护管理的质量，为生态文明和美丽中国建设作出积极贡献。

建成环境遗产保护管理的重点在于综合协调、有效管理和有序实施，即从愿景式规划转为全过程保护管理，决策系统应全面考虑价值评估、环境遗产管理、支持保障措施和公众参与，建立健全全生命周期管理的整体性空间规划（Integrated Spatial Planning）制度机制。

可持续性强调需要有长远的眼光。如果要将保护作为一项可行的战略加以发展，就必须解决经济层面的问题，而在地方一级，社区教育和参与是建成环境保护倡议的核心。除非我们了解建成环境遗产是如何流失或受到怎样的影响，以及是什么因素促成了这样的进程，否则我们将无法管理它，更不用说很好地传承了。

重要的是从历史城镇的这些被时间所浸透的建筑、肌理和传统中，可以发现现代人与其历史根源最有力的联系。"过去"这一至关重要的存在，对于作为个体和社会存在的人的平衡是不可或缺的。

在高质量发展和高品质生活的新时代，要实现建成环境遗产整体性保护，需要通过持续性投入逐步实施环境品质的改善与提升，这些将直接关系到历史城区的民生改善，老旧住房等存量资产的活化利用，从而影响历史城区的整体复兴和空间特色的维护传承。具体而言，可能涉及以下若干关键性策略和举措：

（1）在继续积极推进历史文化街区保护与城市更新行动的同时，如何以生态文明建设、绿色发展为引领，在保护建成环境的空间特色和集体记忆的同时，全面改善历史城区人居环境、转变城市发展方式相关政策措施。

（2）如何盘活存量老旧住宅等城市存量资产，为实现改善旧区生活环境条件、促进地区复兴和城市文化旅游发展等多重目标，在住房保障制度、供给和管理方式等方面需要相应的改革和创新。

（3）如何全面化解城市特色危机问题，在保护复兴历史城市特色的同时，发掘、总结提炼传统城市的设计智慧，寻找文化传承与城市设计、建筑设计的良性关系，鼓励在城市建筑的创新思维、创新城市设计管理方法等方面找到突破口。以我国丰富多彩的地域建筑文化特色和资源，促进地域文化再生，在推进绿色、生态和节能的同时，全面提升建筑创作和设计管理水准，采用新技术、新材料、新方法，创造富有时代精神和地域特色的建筑空间及人居环境，促进城市文化的多元化发展与全面繁荣，实现社会、经济、环境和文化的可持续发展。

（4）传统的建筑技术、材料和方法往往被人们认为是低廉的，或被认为费时费工，因此在城市保护更新工程中使用成本太高。使用传统技术和材料应当评估长期成本、生态效益和文化可持续性。从长远的角度看，放弃传统方法或材料必然会产生不良的影响，不仅影响历史肌理（Fabric），而且最终会导致传统知识、传统技术和材料的消失。

4 历史遗产名录体系与空间规划治理

明确保护对象名录及其空间范围是在国土空间规划中实现建成遗产保护管理的第一步。按照国家相关法律法规，国家文化遗产有文物、建成环境遗产和非物质文化遗产三大类，建成环境遗产主要包括历史文化名城名镇名村、历史文化街区、历史城区、历史地段、历史建筑、传统村落等。

中办国办文件明确了承载不同历史时期文化价值的城市、村镇等复合型、活态遗产，工业遗产、农业文化遗产、灌溉工程遗产、非物质文化遗产、地名文化遗产等重点保护对象，要求"全面保护好中国古代、近现代历史文化遗产和当代重要建设成果，全方位展现中华民族悠久连续的文明历史、中国近现代历史进程、中国共产党团结带领中国人民不懈奋斗的光辉历程、中华人民共和国成立与发展历程、改革开放和社会主义现代化建设的伟大征程"。

所以说，按照"应保尽保"的保护理念，要对已公布的各级保护对象实施分级分类保护、统筹协同管理。国家和地方层面的保护名录越来越多元，关注重点也有不同。因此，需要在国土空间规划中对国家相关部委公布的各类名录和地方政府公布的保护对象予以同等程度的关注。

自 2017 年起，工业和信息化部根据《国家工业遗产保护办法》分五批公布了国家工业遗产名单，数量共计 194 处，其中，大运河沿线的国家工业遗产共有 32 处。2020 年，国家发展改革委、工业和信息化部等部门印发了《推动老工业城市工业遗产保护利用实施方案》，要求加快推进老工业城市工业遗产保护利用，促进城市更新改造，探索老工业城市转型发展新路径。2023 年，住房和城乡建设部、财政部共同组织开展传统村落集中连片保护利用示范工作，国资委公布中央企业第六批工业文化遗产名录等。

近年来，国家文物局全面推动长城、大运河、长征、黄河和长江等跨区域和流域的文物保护，完成了黄河、三峡等大尺度、大范围文物保护利用专项规划。

上述各类保护名录、清单需在国土空间规划图上归集和统筹，建成环境遗产的空间边界、历史文化保护线（保护范围、建设控制地带等）必须在相关法定规划图上落位，同时还应明确文化遗产及资源保护管理的具体规定要求。

5 国土空间规划中历史文化资源管理

历史文化遗产是不可再生、不可替代的宝贵资源，要始终把保护放在第一位。建成遗产是城乡发展的根基和灵魂，城乡空间文化记忆的留存不仅在于保护历史发展的轨迹，更是城乡可持续发展和特色塑造的重要基础。建成环境遗产在国土空间上展示了中华文明起源和发展的历史脉络，蕴藏着中华优秀传统文化，承载着中华民族的根和魂。保护好、利用好、传承好建成环境遗产，其重要性不言而喻。

国土空间规划应当坚持保护优先。全面开展历史文化资源普查，摸清底数、加强研究，建立健全历史文化保护法规体系，强化刚性约束，做到在保护中发展、在发展中保护。

注重合理利用，创新发展。让历史文化活在当下、服务当代，弘扬社会主义核心价值观。坚持为人民保护、为人民利用，让人民群众共享保护成果。

彰显山水特色、人文特色，让城市望得见山、看得见水、记得住乡愁，创造高质量的城市品质和生活品质。营造良好的发展环境和城市形象，推动资源要素集聚，促进城市可持续发展。

（1）在确定城市性质和空间规划策略中，应以保护优先、始终将历史文化保护传承放在第一位为原则，充分体现历史文化遗产保护传承的优先性，在国土空间布局规划中延续历史文脉，加强风貌管控，突出地域特色。

（2）历史文化遗产保护传承应当全面纳入城乡国土空间可持续发展整体框架。贯彻整体保护、全面改善、区域统筹、整合管理的基本方针。促进历史文化遗产合理利用，推动建成环境遗产融入现代生产生活。为塑造高品质人居环境，满足人民群众日益增长的美好生活需要、推动经济社会发展、增强文化软实力发挥积极作用。

（3）建成环境遗产保护、维护、修复、利用，必须遵守原真性、完整性和延续性的原则，尊重历史文化的多样性，注重自然生态保护修复与历史文化遗产保护修缮的协同推进。通过积极的保护策略和适当的干预措施，切实保障建成环境遗产安全性，持续保持和有序恢复国土空间环境的健康状况与社会活力。

（4）编制或修订土地用途分区和用途管制详细规划时，必须充分考虑建成环境遗产保护整体性和风貌协调性，在功能用途、开发强度和空间形态等方面统筹协调开发建设行为，平衡好保护与开发的空间关系。

6　历史城市和历史地段的积极保护

自 20 世纪 50 年代以来，随着对历史性场所（Historic Places）、历史环境保护的日益关注，欧美国家开始关注历史城市这一主题，这些空间因其与历史事实（Historical Facts）、集体记忆的相关性而产生了独特的魅力。

联合国教科文组织（UNESCO）《内罗毕建议》（1976 年）指出，"历史地区及周边环境应被视为不可替代的全人类遗产（Universal Heritage）的组成部分，其所在国政府和公民应把保护该遗产并使之与我们时代的社会生活融为一体作为自己的义务。"历史城区是一个城市或地区或时代的活着的物证，是城市生活遗产或活的遗产（Living Heritage），正如梁思成先生早在 1948 年探讨北京城的保护问题就指出的"在当下依然有一个活着的城市问题要解决"（梁思成，1948）。

城市是日常生活的重要载体，在日常生活中被赋予社会性；日常生活具有鲜明的政治、经济、文化、社会属性，是人们从事的各种活动的综合概括，是人的需求、欲望、理想的表征。日常活动具有重复性、多样性、易变性特征，随着时间、地点、社会环境的改变不断重复发生或变化（上官燕，王彦军，等，2017）。

日常生活与城市遗产本来就是一种互为依存对的整体关系，对生活遗产的保护管理，应当避免出现片面保存建成遗产物质形态的倾向（张松，2021）。作为人居环境和生活场所，建成环境的宜居性受到前所未有的关注。传统肌理保护是历史风貌或历史文化景观保护的基础。一方面，并不需要对历史建筑、传统街区和居住街坊完全不做改动，实施冻结式保存；另一方面，更不应当将原住居民全部动迁，实施恢复历史原貌或再造某历史时期盛景的景区式开发。

肌理（Fabric）保护是包含建筑在内的景观风貌（如街景）等整体保护，而不是抽离建筑的空间再造，也不是质地（Texture）再编成。"Fabric"一词本意就是指布料、建（构）筑物等物质实体。加米尼等保护专家强调在"基于物质结构的保护"（Fabric-Based Approach）和"基于价值的保护"（Value-Based Approach）的基础上，实现基于遗产社区的"自下而上"保护管理模式，关注遗产社区的核心价值和遗产地功能的延续性（Gamini Wijesuriya，2018）。

历史地区保护管理与国土空间治理规划直接相关，直接涉及土地资源管理、社会居住环境和政府资金投入等复杂问题。"城市规划应当建立在公共利益的基础上发挥作用，有理有据地对土地空间进行安排。不论何时，社会利益都应当成为所有建设行为所维护的核心'底线'和初心。"（陈江畅，张京祥，陈浩，2021）

在一些城市，政府和管理部门对非物质文化遗产充满热情，而对历史地区整体却很少真正开展积极保护。"事实上，我们的城市需要面对两个重大的规划问题：一个是如何让城市核心部分恢复宜居性，同时在财务方面又是健康可行的；另一个是如何发展城市周边的区域，让它与市中心区取得某种有益的平衡，以防止城市的过度扩张和城市居住区的衰败。"（亨利·丘吉尔，2016）

我国的历史文化名城制度的基本宗旨就是要保护城市，而非城市中分散的文物，也不只是保护几片历史文化街区，而是要文物古迹、历史建筑和历史地段、整体保护和延续历史城区肌理格局和风貌特色，继承和发扬优秀的地域文化传统。

历史文化名城保护经过了 40 年的实践探索，以《历史文化名城名镇名村保护条例》为基础，北京、南京、苏州等不少历史名城已形成比较完善的遗产保护法规体系。然而，将名城名镇名村（传统村落）等建成环境遗产纳入国家遗产保护体系需要国家立法予以确立。与此同时，现有保护规划编制技术要求系统规范，但保护规划的法律地位较低，在具体的实施和管理过程大多存在不断"让位"的被动局面。

如何将中央文件精神落实到国家法律体系中？正在制定中的《国土空间规划法》中应当增加建成环境遗产保护管理、维护传承以及资源活化利用的相关内容。在国土空间规划、城市有机更新实践中，应加强对历史建筑、历史地段保护提升等实践工程的系统探索。

7　欧洲的城市保护和社会可持续性设计

欧洲城市遗产保护国际文件，如《欧洲建筑遗产宪章》《阿姆斯特丹宣言》可以追溯到 1975 年"欧洲建筑遗产年"，基于对"仅对石头进行修复不足"的共识，即不重视在旧纪念物中引入新的生命的现象，发展并支持了"整体性保护"的概念，反对将遗产项目与城市、领土和景观环境，以及更大范围的历史文化环境进行人为隔离。并且从功能上可以为遗产项目回归其原始用途创造条件，或者寻找新的"兼容性"功能，但需要符合历史建筑特征，在风格和材料等方面保持一致性，包括维持建筑老化和退化的状态。

意大利艺术史学家、曾长期担任罗马中央修复研究所所长的切萨雷·布兰迪（Cesare Brandi）认为，修复的第一步在于"认定"（Recognition）人造物（Artifact）为"艺术品"或"历史见证"，也就是今天我们所说的"文化遗产"。今天，这种认可已经从珍贵的物品（如浮雕或宝石）扩展到绘画和雕塑艺术作品，然后扩展到建筑及周边地区，再到城市与自然景观。

在欧洲，这种"认定"并非精英或博学人士的行为。恰恰相反，它是保存一种记忆的保证，这种记忆不仅是个人的，而且是集体的。这是因为人们意识到，未来是建立在过去及其遗产之上的，而不是建立在空虚和健忘之上。

对人类创造力作品的认可是理解人类创造力的品质和传统连续性的基础，也是一个学习的过程，人类总是从过去的成就中借鉴经验、吸取教训，然后继续创造性地应对新出现的挑战，同时通过这种发展创造更好的宜居环境。

因此，就其本质而言，建成环境遗产构成了独特且不可再现的实证，因此是一种"不可再生"（Non-Renewable）的资源，需要一种精明的"振兴"或"文化价值化"，而不应是经济或投机行为。

20世纪80年代以来，欧洲的空间规划持续关注"地域融合""领土治理""可持续性""多中心"等议题，通过制定《欧洲区域和空间规划宪章》（1983年）、《欧洲空间发展愿景》（1999年）和《欧盟国土议程2020》（2011年）等规划文件，不断调整欧洲国土空间政策框架，推动欧洲区域国土空间的可持续发展。

欧洲各国空间规划实际变革的共性和多样性趋势，强调连续性和变化的多样性。空间规划用于协调对空间产生影响的跨部门决策和专项规划，空间规划"不断自我修正"的需求要求制度环境也能容纳创新，包括规划实践中的正式和非正式制度（马里奥·赖默帕纳，等，2022）。

城市设计必须从可持续发展的要求出发，结合经济、社会、环境和文化等不同维度塑造后工业社会时代的城市与区域。1994年，欧洲各国在丹麦的奥尔堡（Aalborg）签署了《奥尔堡宪章》，将1987年联合国布伦特兰报告和1992年里约峰会宣言中提到的发展"可持续城市"的要求落实到城市设计和社区层面（易鑫，等，2016）。

瑞士著名城市设计师兰普尼亚尼认为，"在欧洲任何地方，没有一块地方不是深深根植于历史之中，都有几十年或者几百年的形成史。"因此，"建筑师对于一个地方的历史负有责任"（兰普尼亚尼，2021）。

意大利建筑师贾恩卡洛德（Giancarlo De Carlo）认为，"在历史环境中做设计，建筑师要充分理解建筑的历史性层积（Historic Layers）并尽力去理解每一层面的重要意义。然后才能加入一种新的元素。这不意味着必然导致模仿，而是以积极的态度面对现实而不沉溺于过去，所创造的新的建筑形象既要真实，同时又要与现在的建筑形象形成良好的互补关系"（史蒂文·蒂耶斯德尔，等，2006）。

8　城市文化景观的整体性维护管理

自1960年代开始，"文化景观"一词越来越多地被不同学科采用，并进入环境管理学科领域。地貌、土壤和植被等自然特征不仅是文化景观的一部分，它们还为文化景观的发展提供了框架。从最广泛的意义上说，文化景观反映了人类对自然资源的适应和利用，通常表现为土地的组织和划分方式、定居模式、土地使用、流通系统和建筑类型。文化景观的特征既取决于街道、建筑、界面和植被等物质材料，也取决于反映的文化价值观和传统用途。

1990 年代初，文化景观被 ICOMOS 等国际保护机构采用为保护类别。教科文组织世界遗产委员会于 1992 年修订的操作指南，规定可以根据 1972 年在巴黎发布的《世界遗产公约》。我国的庐山在全球第一次以文化景观类别被列为世界文化遗产。

1995 年，欧洲委员会部长委员会通过了一项《关于将文化景观地区整体性保护作为景观政策组成部分的建议》（以下简称《建议》）。《建议》"将文化景观地区保护作为整个景观综合政策的组成部分，实现国土的文化、美学、生态、经济和社会意义（Interests）的统一保护"，"并在更广泛的环境政策背景下，将地方、国家和跨境景观政策与区域规划、农业和林业政策以及文化和自然遗产保护更紧密地协调"。

该《建议》对文化景观地区（Cultural Landscape Areas）的定义为：由人类和自然力量的各种组合而形成的由特定地形界定的景观部分，它们说明了人类社会的演变、定居和时空特征，并在各领土层面获得了社会和文化认可的价值，因其存在反映过去土地使用和活动、技能或独特传统的实物遗存，或文学和艺术作品中的描述，或历史事件发生在那里的事实。

文化景观提供了一种理解社会如何与环境相互作用的方式。建成环境特征、土地利用方式与自然环境景观有机结合便形成了文化景观，它们记录了社区在环境景观时空中的生活形态。

文化景观是复杂的资源，不仅是名山大川等风景名胜区，也不仅是古典园林等重要文物古迹，与城市日常生活息息相关的历史地区、风貌街坊和特色街区，大运河、长征等文化线路都可以作为文化景观看待。保护和提升文化景观地区的景观品质有助于保存民俗记忆和社区文化认同（Cultural Identity），也是全面改善人居环境重要的积极因素。

9 "人民城市"的共建共治共享

"高水平保护是实现高质量发展和高品质生活的重要支撑，塑造地域文化特色、延续城市历史文脉，是美丽中国建设的重要组成部分"（张松，2024）。在推动高质量发展、创造高品质生活，不断实现人民群众对美好生活的向往的实践过程中，必须坚持以人民为中心的发展思想，以城市国土空间总体规划为基础，通过高水平保护实现高效能空间治理，统筹实施城市更新行动，建设人居环境优美的美丽城市。

2014 年制定的《国家新型城镇化规划（2014—2020 年）》中就曾提出"注重人文城市建设"的要求，这被认为是推进城镇化战略的重大转型，是中华民族城市建设理念的根本提升，也是科学推进新型城镇化的关键所在。

2022 年 7 月，国家发展和改革委员会发布的《"十四五"新型城镇化实施方案》再次强调坚持走以人为本、四化同步、优化布局、生态文明、文化传承的中国特色新型城镇化道路，确定了"十四五"期间深入推进以人为核心的新型城镇化战略的目标任务和政策举措。"坚持人民城市人民建、人民城市为人民，顺应城市发展新趋势，加快转变城市发展方式，建设宜居、韧性、创新、智慧、绿色、人文城市。"

美国城市环境规划行业向决策者和规划师发出呼吁，希望能够从"不惜一切代价求增长"，转向"绿色"和"经济上可持续"的发展模式。与其为了重振优势而投入大量资源，不如把重点放在提高城市居民的生活品质上，放在改善城市物质环境上，以适应更小的人口规模。最重要的是，城市应该为将来的变化做好准备，并保持灵活性（贾斯汀·霍兰德，2020）。

英国学者蒂莫西·狄克逊和马克·图德－琼斯在《城市未来：为城市远见和城市愿景而规划》中指出，"每个城市都是独特的，一个城市的构成、地方资产和特色都与其他城市不同，这也是城市最初吸引人的地方"。规划并不仅仅是为了尽快实现发展。"城市愿景并不是我们通常所说的城市规划，也不是为市长创造一个现代先进、功能齐全的单一蓝图或战略；单一远见者为城市创造总体规划的日子一去不复返了。"（Dixon T J，Tewdwr-Jones M，2021）

"现行国土空间规划的纵向治理结构尚需更加细化的制度设计，……因此，应推动各类、各级规划关系的横纵协调，实现空间规划的结构体系由各个规划'局部谋划'向国土空间规划的'整体布局'与'分级管理'转变"（王雨、张京祥、王梓懿，2021）。新时代城市的未来思维要求城市利益相关者共同合作，以高度参与的方式共同创造城市愿景。这也意味着市民、政府、企业和学术界等四个主要群体需要合作，以真正实践"人民城市人民建，人民城市为人民"的重要发展理念。

10　结语

2003 年，欧洲城市规划师理事会（ECTP）通过了《新雅典宪章》❶ 以取代 1933 年 CIAM《雅典宪章》。《新雅典宪章》体现了欧洲 21 世纪的城市愿景："欧洲 21 世纪的主要贡献之一将是古今相融的城市新范式：这是一个真正的互联城

---

❶ The European Council of Town Planners. The New Charter of Athens 2003: The European Council of Town Planners' Vision for Cities in the 21st century, 2003.

市，具有创新性和生产力，在科学、文化和思想方面具有创造性，同时为它的人民保持体面的生活和工作条件；这是一个通过至关重要又充满活力的现在，将过去与未来联系起来的城市。"

建设美丽中国是全面建设社会主义现代化国家的重要目标。必须以高水平保护推动高质量发展，全面提升人居环境品质，实现人民城市高品质生活。"美丽国土"和"美丽城市""美丽乡村"建设，需要在国土空间规划战略层面、自然和人文资源的可持续性维护管理等方面全方位推进落实。城市应当置于生态文明和美丽中国建设的核心位置，把握城市基本特征和发展规律，坚持系统化治理，推进全要素提升。

建成环境是一个动态系统，包括在特定时间和场所的自然与文化要素的相互作用，以及对生物、人类社区和建成遗产产生直接或间接、现实或长远的影响。良好的城市空间是美好生活的基础，在深度城市化进程中，需要广大民众高度参与，共同为人民城市规划建设发挥积极作用。

作为社会环境的基石，文化在可持续政策和战略中占有重要的位置。建成环境遗产是培育文化自信的重要物质基础，以其为载体滋养出人民群众对自身文化的坚定自信是保护传承的基本要义。为了确保未来城市的安全、包容、韧性和可持续性，必须寻找过去与未来之间的共同点，实现建成环境遗产积极保护、系统管理，为中华文化的伟大复兴创造物质条件。

参考文献

[1] 阿诺德·汤因比.变动的城市 [M].倪凯,译.上海:上海人民出版社,2021.

[2] 陈江畅,张京祥,陈浩.底线与边界:治理视角下的土地资源合理配置逻辑 [J].城市发展研究,2021(9):
     33-41.

[3] Dixon T J, Tewdwr-Jones M. Urban futures:planning for city foresight and city visions[M]. Bristol,
     UK:Policy Press,2021.

[4] Gamini Wijesuriya. Living heritage. Alison Heritage, Jennifer Copithorne, edit. Sharing Conservation
     Decisions[C]. Rome:ICCROM,2018:43-56.

[5] 亨利·丘吉尔.城市即人民 [M].吴家琦,译.武汉:华中科技大学出版社,2016.

[6] 贾斯汀·霍兰德.城市兴衰启示录:美国的"阳光地带"与"铁锈地带" [M].周恺,董丹梨,译.北京:
     中国建筑工业出版社,2020.

[7] 梁思成.北平文物必须整理与保存 [J].市政评论,1948(8):4-6.

[8] 刘易斯·芒福德.城市文化 [M].宋俊岭,李翔宁,周鸣浩,译.北京:中国建筑工业出版社,2008.

[9] 马里奥·赖默帕纳,约蒂斯·格蒂米斯,等.欧洲空间规划体系与实践——比较视角下的延续与变革 [M].
     贺璟寰,译.北京:中国建筑工业出版社,2022.

[10] 马克斯·韦伯.城市:非正当性支配 [M].阎克文,译.南京:江苏教育出版社,2014.

[11] 上官燕,王彦军,等.空间正义与城市规划 [M].北京:中国社会科学出版社,2017.

[12] 史蒂文·蒂耶斯德尔,蒂姆·希思,等.城市历史街区的复兴 [M].张玫英,董卫,译.北京:中国建筑工
     业出版社,2006.

[13] 托马斯·A.赫顿.城市与文化经济 [M].上海社科院文化创新团队,译.上海:上海社会科学院出版社,
     2019.

[14] 王雨,张京祥,王梓懿.整体主义视角下我国空间规划演化路径与治理应对 [J].规划师,2021(12):
     11-16.

[15] 维多里奥·马尼亚戈·兰普尼亚尼.城市设计作为手艺 [M].陈瑾羲,译.北京:商务印书馆,2021.

[16] 易鑫,哈罗德·博登沙茨,等.欧洲的城市设计:昨天、今天与明天 [J].国际城市规划,2016(2):6-11.

[17] 张松.城市生活遗产保护传承机制建设的理念及路径 [J].城市规划学刊,2021(6):100-108.

[18] 张松.欧洲遗产保护宪章及实践对中国城市保护的启示 [J].城市规划学刊,2024(2):64-70.

[19] 郑德高,孙娟,马璇.追求更美好的城市——六大城市战略规划回顾与反思 [M].北京:中国建筑工业出版
     社,2023.

何 罗 万 刘
　隆 　 奇
蕾 延 能 志

刘奇志，中国城市规划学会标准化工作委员会副主任委员，武汉市自然资源和城乡建设局二级巡视员，教授级高级规划师

万能，武汉市自然资源和城乡建设局生态修复和地质环境处副处长，高级工程师

罗隆延，武汉市自然资源保护利用中心空间规划研究部工程师

何蕾，武汉市自然资源保护利用中心空间规划研究部主任工程师，高级工程师

以人为本，共筑人与自然和谐城乡

——武汉市生态文明建设"多规合一"的实践与思考

1　引言

我国的城市建设工作过去多年曾以经济建设为中心来着手编制相关发展规划[1]，但城市的空间和资源毕竟有限，加之各部门管理对象及方式也条块分割，故导致城市自然资源统筹协调、合理利用、可持续发展等方面问题逐渐凸显[2, 3]。为解决这些发展中的问题，党在十八大报告中提出全面推进生态文明建设，倡导"以人为本、全面协调可持续"的科学发展观。为推进生态文明建设理念落地，2019 年中共中央、国务院印发了《关于建立国土空间规划体系并监督实施的若干意见》，来统筹国土空间管理和利用，推进"多规合一"、整体谋划国土空间开发格局。新的规划体系不仅有利于优化国土空间统一规划、统一管理的理论框架和实操模式，同时在服务于经济发展的基础上更加强调了人与自然和谐共生[4-6]。在新的国土空间规划体系下，如何真正以人民为中心来统筹"多规合一"、科学布局三生空间、推进生态文明建设，对规划行业来讲是一个新机遇、新挑战。

2　我国城乡规划发展模式的演变

城乡规划建设作为政府管理的一项重要职能，在不同时期、不同背景下的理念和方法各不相同。回顾我国城市发展理念模式的演变，可概括为三个阶段：一是中华人民共和国成立初期服务经济的分头推进阶段，二是城乡统筹的人居和谐发展阶段，三是以人为本的和谐城乡建设阶段。

2.1　从分头治理到协同管理

中华人民共和国成立以来，我国基本以计划经济为指导来开展规划建设，一直到改革开放后，我国才逐渐从计划经济向市场经济转型，国家经济和发展重心也从农村转向城市 [7]。当年，为摸清资源现状，我国先后在全国范围内开展了有关土地、水、农业等资源潜力调查和相关规划工作研究，同时，第六届、第七届全国人大会议批准通过《中华人民共和国土地管理法》和《中华人民共和国城市规划法》，从而在宏观层面上强调了城市规划和土地利用之间要相互协调。但此时各部门工作方式较为独立，相互之间尚未建立协作模式 [8, 9]，故给城乡建设发展仍造成了不少麻烦。为此，不少地方政府如上海、广州等城市在 1980 年前后成立规划、土地等部门着手城市资源管理和分配，从管理层面予以协调，而武汉则以机构改革为契机率先将土地、规划两个部门"合二为一"，加快了城乡空间资源的统筹管理，逐渐建立了资源要素协同管理的模式。

2.2　城乡统筹推进的探索

为应对日新月异的发展环境以及国内城乡二元化、城市环境污染问题，党的十六大提出"全面建设小康社会"的奋斗目标，明确了改善生态环境、加强资源利用、促进人与自然和谐作为目标的城乡统筹发展要求 [10]。2004 年国家发展改革委在全国六个地市县开展"三规合一"试点工作，提出统筹城规、土规和发展规划的城乡发展模式。2007 年党的十七大后，经国务院同意、发展改革委批准，武汉城市圈和长株潭城市群成为国家"两型社会"改革试验区，探索资源承载力下统筹城乡发展、破解二元结构的路径。2008 年第十届全国人大常委会通过并实施《城乡规划法》，从法规层面明确了城乡关系的共生性和不可分割性。但由于城乡经济发展建设差异较大，部门间的配合主要是工作"拼接"，各部门在管理上的衔接端口、机制尚未建立，改革推进成效有限。

2.3　人与生态和谐共生

为解决我国长久以来所存在的经济与生态、城市与乡村之间如何协调发展的问题，党的十八大报告提出"五位一体"的总体布局要求，强调生态文明建设与社会经济发展相结合，加快推进了"多规合一"的融合体系构建 [2, 11-13]。2013 年《中共中央关于全面深化改革若干重大问题的决定》中提出了国土空间规划体系、治理、开发保护等多维度的建设要求，2014 年 8 月国家发展改革委等 4 部委联合下发《关于开展市县"多规合一"试点工作的通知》，在全国铺开试点工作。随着工作目标和实践经验的不断丰富，2019 年中共中央、国务院《关于建立国土空间规划体系并监督实施的若干意见》印发实施，明确指出"将主体功能区规划、土地利用规划、城乡规划等空间规划融合为统一的国土空间规划，实现'多规合一'"，自然资源部也按照文件精神推进"多规合一"的规划编制审批体系、实施监督体系、法规政策体系和技术标准体系的建设。在新的要求下，各部门将相关发展规划纳入国土空间"五级三类"体系中，实现文本内涵与土地空间相结合，逐步完善形成了涵盖全域全要素的国土空间规划体系。

3　以人为本的武汉规划实践

在早期快速城镇化的浪潮中，交通便捷的武汉集聚了大量的人口、社会经济资源，城市土地迅速扩张，城市管理机制与发展速度不匹配所导致的人居、环境等问题日益凸显。为解决这一系列问题、构建人居和谐城乡，武汉一方面通过编制规划、出台相关法律法规，明确城市空间格局与生态底线管控要求，强调城市与生态有机融合；另一方面则从人的视角与需求出发，统筹考虑生态景观、教育医疗、基础设施建设等多个专项规划相互衔接，落实以人为本的规划理念；同时通过建立健全生态保护修复与利用"三位一体"模式，积极探索生态价值转化，以生态文明建设为纽带衔接城乡发展的方方面面，不断创新探索以人为本的城乡和谐之路。

3.1　规划引领，塑造生态和谐之城

3.1.1　稳固基底构建生态安全格局

改革开放以来，武汉在保障经济发展时也在思考如何维系千百万人的生活质量。作为"三大火炉"之一的城市，影响武汉人民日常生活首当其冲的就是夏季高温天气问题 [15]。为保障城市通风、发挥自然系统的温度调节功能，弱化城市热岛效应，武汉在 1996—2020 年的城市总体规划中开展了相应研究，并在 1998 年编制完成了山水园林城市的专项规划，而在《武汉市总体规划（2010—2020 年）》中则明确提出了"两轴两环、六楔入城"的城市生态格局，"引绿入城"为城市留下呼吸的空间。

随后的 2012 年和 2016 年，武汉相继发布了《武汉市基本生态控制线管理规定》《武汉市基本生态控制线管理条例》，通过生态评估技术方法明确了"两轴两环、六楔入城"的生态安全格局，将生态保护空间科学化和法定化，分区、分级

提出了"禁、限、建"的管理思路。这一思路在新一轮《武汉市国土空间总体规划（2021—2035年）》（草案）总规中被延续下来，并进一步提出了"两江三镇、六轴六楔、北峰南泽"的国土空间基本格局，对市域国土空间开发保护作出了更加全局性、战略性、系统性的安排。

3.1.2　整合要素实现综合管理

推进城乡统筹管理的基础就是对资源的统筹。为解决各部门规划之间的数据冲突、空间错位的情况，加快全市信息化管理和办公，2006年武汉市规划局搭建"一张图"平台，明确以控制性详细规划、乡镇土地利用规划等法定规划为核心，系统整合各层次、各专项的规划成果，形成法定规划、专项规划、规划审批数据、用地现状数据等多维度数据在同一信息平台上叠加呈现。到如今，平台已将基本生态控制线、历史文化保护、湖泊三线一路、中小学布局等各专项规划数字化，同时提供数据分析计算、空间定位等多项功能，为辅助发展改革、自然资源、房管、城管、公安、消防等70多个部门的日常工作管理提供了重要技术支撑，切实有效地推进全市国土空间统筹管理。

3.2　以人为本，生态就是生活状态

"生态"多被理解为自然环境，其实生态更应该是关注人的生活状态所引来的名词，建设生态文明城市其实应从人的生活需求出发来合理规划建设城市。正是基于这一认识，武汉规划多年来一直在完善满足市民和游客对生活环境、公共服务、基础设施的需求上不断探索和努力。

3.2.1　抓住生态特色，打造世界滨水名城

武汉素有"百湖之市"的称号，同时也是汉江与长江的交汇处，因此武汉的发展始终离不开"江"和"湖"。20世纪90年代，武汉房地产经济发展迅速，为了增补城区建设用地，武汉通过填湖弥补土地资源不足的现状，对城市湖泊的生态功能造成了不良影响。1995年，同济大学李德华教授在应邀评审武汉总规纲要时，及时指出并强调武汉要珍惜和用好江湖资源、从长远考虑城市与生态关系。随着1998年特大洪水暴发，汉口因缺乏洪水调蓄功能的生态空间受灾较为严重，更进一步让武汉人民认识到城市湖泊在城市安全中的重要性，因此，不仅编制实施了山水园林城市的专项规划，并逐步加强了湖泊周边的建设管理，尤其是2018年武汉市特别发布了《武汉市湖泊周边用地规划与建设管理办法》，通过探索"大湖+"保护与利用模式，来促进城市与湖泊互融发展。

长江作为武汉重要的航运通道，在一定的历史时期内，它向世界展示着繁荣商贸和熙攘人群的"大武汉"场景。繁荣背面，却是江滩分布的大量脏乱差的生

活、生产设施，"大农村"印象也深入人心。但随着城市的发展，国家及社会均要求武汉妥善处理好江滩的防洪功能、交通贸易及市民亲水三者的关系。为此，2001 年武汉市组织规划、水务、园林等多部门成立工作专班，首先对汉口江滩进行改造和升级，通过设置三级台阶保障行洪安全，打造景观园林恢复自然生态，建设环行绿道方便市民亲水，江滩摇身一变，老名片焕发新光彩。之后，按照同一思路，武汉市陆续对汉阳、武昌、青山江滩进行改造升级，目前汉口的芦荻荡、武昌的"孤独的树"和粤汉铁路遗址等成为网红打卡景点，江滩逐渐形成了武汉集城市防洪防灾、水上贸易、休闲旅游于一体的滨江长廊，江滩灯光秀更是闪亮世界。据统计，2023 年"十一"国庆假期期间，汉口、青山、武昌江滩日均人流量超 26 万人次，武汉国际马拉松、国际风筝节、国际渡江节等国内、国际活动也相继在这里举办。

3.2.2　强调公共服务，满足人居环境需求

随着城镇化的推进，武汉进入存量规划时代，中心城区用地逐渐紧缺，日常生活需要的教育资源、公园绿地等人居需求与日益增长的人口难以匹配。学校和绿地等主要以"见缝插针"的形式布局，缺少系统性规划，需求与供给不匹配。为解决中小学教育问题，均衡教育资源，2003 年武汉在全国率先启动了《武汉市主城区中小学布局规划》，并将外来人口需求纳入考量，将学校资源和居住用地相匹配，进行区片化管理。随后基于"一张图"平台，对中小学规划进行修编，将人口分布、教育现状、存量用地信息化、系统化梳理，将规划范围从中心城区推广到全市。

同时，为给居民生活提供日常休闲绿色空间和在拥挤城市空间中应对突发灾难的避难场所，武汉编制完成了《武汉市城市绿地系统规划（2003—2020 年）》，该规划是对市域、城市规划区、中心城区有计划、统筹地结合周边居住、商业、公服设施开展的绿地系统规划，从而逐步构建"口袋公园—社区公园—综合公园—郊野公园—自然公园"的五级公园体系，实现"300 米见园、500 米见绿"的绿化目标，将武汉打造成"千园之城"。

3.2.3　便利日常出行，构建绿色低碳交通

武汉山水人文资源丰富，黄鹤楼、东湖、晴川阁、解放公园、龟山蛇山等重要景点星罗棋布般散落在武汉城区。为提供优质的交通服务，武汉市编制了多轮《武汉市城市轨道交通规划》《武汉市绿道系统建设规划》，以轨道交通和城市绿道建设为主，既满足了跨区域的交通需求，也构建了日常生活的慢行网络。现如今武汉绿道总长度超 2000 千米，让居民和游客在日常活动中都能在长江、东湖等重要山边水边漫步，而武汉轨道交通运营已覆盖全市 16 个区，总里程达 540 千米，

在 2024 年"五一"劳动节假日期间，武汉地铁客运量超过 2766 万人次，极大地便利了国内外游客的出行。

3.3　三位一体，促进绿色健康发展

3.3.1　加强规划传导，三位一体推动生态建设

武汉市通过各级规划的传导与衔接，探索生态保护、修复与利用三位一体的规划体系。以落实推进长江大保护战略为核心的《武汉市流域综合治理和统筹发展规划》，以流域综合治理筑牢水安全等四类底线，统筹城乡区域协调发展。充分发挥国土空间规划战略引领和基础支撑作用，高质量划定"三区三线"锁定城市生态底线，明确"两轴两环、六楔多廊、南峰北泽"城市生态框架。同步以修复强保护，通过《武汉市国土空间生态修复规划（2021—2035 年）》统筹全市山水林田湖草沙一体化保护修复工作，实现生态治理由"单点突破"向"系统推进"转变。以发展促保护，推出《武汉市国土空间生态保护与利用规划》，进一步探索生态价值实现的路径与机制，引导生态功能区片建设。通过构建"规划—计划—实施—评价"的编管闭环体系，强化市区联动，实现规划传导，保障规划落地见效。

3.3.2　贯彻"两山"理论，探索绿色发展模式

在人口红利减少、土地财政下行的情况下，武汉市积极探索"生态财政"的实现路径，努力将生态资源优势转化为绿色发展优势。江夏灵山废弃矿山修复是"两山转化"武汉实践的典型代表。灵山矿区位于武汉市南部江夏区，几十年的粗放式矿山开采使生态环境破坏严重。武汉市按照"宜林则林、宜耕则耕"的设计原则，编制了矿区生态修复规划，依山就势、因地制宜地应用工程治理技术，盘活存量用地反哺生态修复投入，引入社会资本发展生态产业，将废弃矿山打造成为全国知名的生态旅游景区。修复后的矿区地质生态环境彻底改变，土地质量达标，配套设施齐全，生态作物和四季花卉植物丰沛，带动周边区域产业发展和百姓就业，实现废弃矿山"痛点"到"亮点"的转变。

对武汉而言，"江"代表了自然，"城"代表了人类文明，"江城"除了是武汉的别称，也象征着武汉追求人与自然和谐共生的美好向往。从政府部门合力共建到公众参与规划编制，从两江四岸的滨江生态空间打造到山水人文廊道的串联织网，武汉逐步将以人为本的理念融入城市规划、建设的方方面面，在不断地探索和实践中，也启发了规划工作者对人回归自然形成生命共同体的思考，将开启以规划培育"江城生命共同体"的新历程。

4 推动"多规合一"共筑人地和谐的建议

随着习近平生态文明思想和人与自然生命共同体理念的深入，新时期对规划工作提出了新的要求。在引导自然资源要素在国土空间排布组合的过程中，规划工作既要考虑生态系统的演替规律，又要始终坚持以人为本。"多规合一"作为一项综合性的政策，既是融合自然各要素发展的良好方法，也是实现人与自然和谐共生的有效路径。政府与社会需要持续发挥有为政府和有效市场的作用，用新型信息技术催化规划、生态等学科的融合，真正用"多规合一"引导"人地和谐"。

4.1 形成政府合力，规划过程共建共享

一是打通部门壁垒做好沟通衔接。针对不同层级的规划需求，各部门之间要做好资源、信息交流，优化数据、技术管理过程和方式，减少专业性、管理机制差异、数据沟通困难等带来的效率问题。二是加强管理的统筹和协调。明确统筹主体，在制定规划计划时，积极征求各部门意见，并将重要指标数据的时间、空间安排信息化共享。三是优化和完善监管审批体系。明确各类专项规划的审批、管理、实施和监督主体，纵向上衔接总规、详规，落实空间和资源分配，横向上加强部门数据沟通协调，统筹资源利用模式。

4.2 发挥社会动力，形成上下衔接纽带

一是引导社会群众和主体参与城市建设。主动公开城市发展目标和指标，邀请社会群众和市场主体参与到规划、决策过程中，并针对不同层级的问题建立分级、分类的反馈和响应渠道。二是加强组织宣传工作。由于各类规划的专业性和受众教育差异性，群众难免会出现难理解、不明白的情况，也导致规划难以解决群众反馈的问题，因此应做好组织和宣传工作，让居民多参与、多了解各类规划目的和成果，提高居民认知和支持度。三是加强政府与企业之间的协作。政府建立不同规模企业的沟通和衔接渠道，根据企业自身需求和价值实现能力，提供相应的政策、资金、资源补助等，加强政企协作，共同推进经济发展建设。

4.3 推动新技术应用，完善"一张图"平台

一是加强数据共享与安全。联通各部门建立统一标准数据接口，强化"多规合一"可操作性、管理性，同时增强日常设备维护、安全检查，保障数据来源和输出的合法合规。二是技术创新与研发。加强与高校、科研机构合作，将"云计算"、人工智能、三维实景等前沿技术手段结合，丰富和优化平台数据处理和可视

化能力。三是优化系统架构，提升平台交互性。运用高性能数据处理设备，以日常工作需求为基础，构建不同场景应用模式，简化数据查询、分析和操作手段。

5　结语

规划不仅是一项政策工具，更是反映人对自然规律认识变化的缩影。从"人定胜天"时期的大包大揽，到人与自然和谐共生的"多规合一"，规划起到的作用越来越大，社会对规划的要求也越来越高，不仅要协调多部门，还要融合多学科，既要不断吸收新的技术方法，也要倾听大众的心声。但是，无论规划如何进步，以人为本和综合统筹都是规划不变的本质。规划不是违背规律，而是顺应自然，"天人合一"既是儒家优秀的哲学思想，也是自然演替的下一个方向，新时代的城乡规划与建设，人与城都将融入自然形成生命共同体，规划工作也要思考从服务"人"，向服务更高维度的"生命共同体"转变。

参考文献

[1] 刘秉镰，范馨 . 以经济建设为中心的区域协调理论逻辑与路径选择 [J]. 北京社会科学，2023（3）：24-34.

[2] 詹国彬 ."多规合一"改革的成效、挑战与路径选择——以嘉兴市为例 [J]. 中国行政管理，2017（11）：33-38.

[3] 仇保兴 . 我国城镇化高速发展期面临的若干挑战 [J]. 城市发展研究，2003（6）：1-15.

[4] 谷树忠，胡咏君，周洪 . 生态文明建设的科学内涵与基本路径 [J]. 资源科学，2013.35（1）：2-13.

[5] 包存宽 . 生态文明视野下的空间规划体系 [J]. 城乡规划，2018（5）：4-13.

[6] 王天青 . 生态文明体制下的国土空间规划技术逻辑思考 [J]. 规划师，2021.37（S2）：5-10.

[7] 郑杭生 . 改革开放三十年：社会发展理论和社会转型理论 [J]. 中国社会科学，2009（2）：10-19，204.

[8] 陈磊，姜海 . 国土空间规划：发展历程、治理现状与管制策略 [J]. 中国农业资源与区划，2021.42（2）：61-68.

[9] 李治君，赵越，邓颂平 . 国土空间规划"一张图"统筹协调专项规划总体思路与实现路径 [J]. 自然资源信息化，2024（4）.

[10] 周感华 . 论城乡统筹与全面建设小康社会 [J]. 理论学刊，2003（6）：71-72.

[11] 苏涵，陈皓 ."多规合一"的本质及其编制要点探析 [J]. 规划师，2015，31（2）：57-62.

[12] 严金明，陈昊，夏方舟 ."多规合一"与空间规划：认知、导向与路径 [J]. 中国土地科学，2017，31（1）：21-27，87.

[13] 苏文松，徐振强，谢伊羚 . 我国"三规合一"的理论实践与推进"多规融合"的政策建议 [J]. 城市规划学刊，2014（6）：85-89.

[14] 刘奇志，商渝，白栋 . 武汉"多规合一"20 年的探索与实践 [J]. 城市规划学刊，2016（5）：103-111.

[15] 陈利顶，孙然好，刘海莲 . 城市景观格局演变的生态环境效应研究进展 [J]. 生态学报，2013，33（4）：1042-1050.

李曾袁何
奇夏
刚悦峰萱

后，助理研究员

全国重点实验室博士
亚热带建筑与城市科学
南理工大学建筑学院、
生，工程师（通讯作者），华
李刚（通讯作者），华
筑学院在读博士研究
悦，华南理工大学建
曾
博士生导师
授，全国重点实验室教
科学院、亚热带建筑与城市
华南理工大学建筑学
建设分会副主任委员，
员会委员，乡村规划与
规划与城市经济专业委
学术工作委员会、区域
学会组织工作委员会、
袁奇峰，中国城市规划
工程学院在读博士研究
生，广西民族大学建筑
筑学院在读博士研究
何夏萱，华南理工大学建

基于城市POIs大数据与电路理论的生态网络构建与评估

——以东莞市为例 *

1 引言

生态网络（Ecological Network）是在国土空间规划中保障生态安全格局的重要环节，生态网络的构建能够有效提升生态源地之间的连通性，增强区域生态系统的服务功能，解决生态环境问题，提高生态环境景观对于城市的正面效应，其中的生态廊道也是保证区域物种迁徙以及物质能量交流的重要通道。自20世纪80年代起，关于生态网络系统搭建以及生态安全格局构建的议题备受国内外学者的关注，Knaapen JP[1]和俞孔坚[2]等学者提出了生态格局构建"生态源地识别—生态阻力面搭建—生态廊道提取"的基本思路。在生态源地的识别方面，朱捷[3]等学者采用人工模拟景观法对于生境质量较高的区域进行识别，李晟[4]等学者利用生态系统服务功能叠加的方法对源地进行识别，通常包括土壤保持、水源涵养等影响因子，目前较为主流的使用形态学空间格局分析法（MSPA）[5-7]，对不同土地利用类型斑块的空间连接特质进行分析，从而提取生态源地。在生态廊道的提取方面，吴昌广[8, 9]等学者针对动物种群的迁徙行为进行了实证研究，并通过最小累计阻力模型（Minimum Cumulative Resistance, MCR）模拟了从"生态源"经过不同阻力值的景观类型所消耗的成本构成的最小成本路径，该模型被广泛用于生态节点连接和生态廊道提取，McRea[10]等学者将物理学中的电路理论用来模拟生物种群的迁徙路径和扩散的途径，相较于最小累计阻力模型，电路模型能够

* 基金资助：国家社会科学基金重大项目（编号：21&ZD175）"中国特色郊区社区社会形态研究"。

更为简洁地识别生态廊道，避免冗余重复的廊道，但也忽略了动物种群对于之前迁徙路径的记忆等影响因素。随着城市大数据的兴起和应用，许多学者[11, 12]也将城市大数据运用于人地关系识别以及生态网络构建等领域。本次研究在原有生态网络构建的思路基础上，加入城市大数据以提高生态网络构建的精准度，同时采用电路理论对生态源地之间的联系进行模拟，对高精度识别市域生态源地，精准构建生态安全网络格局具有重要意义。

　　本次研究选取广东省东莞市作为研究区域。东莞市作为珠三角区域经济高速增长的典型城市，近年来建设用地急剧扩张，人地矛盾冲突剧烈，生态空间受到挤压，原有的生态空间被工业厂房大量占用，城市生态斑块被孤立，是城市高速建设导致环境污染的代表性城市。如今，在城市由增量扩张转向存量提升的背景下，东莞市生态源地的保护与生态安全网络的构建成为近期国土空间规划的重点议题，故本次研究拟通过分析东莞市现有土地利用情况，提取其中的生态斑块，建立生态廊道联系，找出生态廊道的夹点与障碍点，提出东莞市生态安全网络格局构建的建议，并有针对性地提出东莞市生态修复策略，以期为后续相关国土空间规划与相关专项规划的编制和调整提供一定的科学依据。

2　研究范围与数据来源

2.1　研究范围

　　本次研究区域为东莞市域，隶属于广东省，介于东经 113°31′—114°15′，北纬 22°39′—23°09′ 之间，属亚热带季风气候，总面积约为 2542.67 平方千米，常住人口为 1053.68 万人，2022 年城镇化率为 92.24%。东莞市生态资源充足，拥有多样化的地质地貌，是珠三角片区重要的生态功能区。

　　东莞市是珠三角片区重要的中心城市，城镇化起步较早，拥有制造业、创新产业、新型工业等一系列重要产业，是粤港澳大湾区重要的产业布局战略节点，也是珠三角生态绿色发展的核心片区。东莞市的高速发展是中国沿海地带城镇化和快速工业化的缩影。2000—2021 年间，东莞市的 GDP 从 0.08 万亿元增长到 1.09 万亿元，建设用地面积从 548.15 平方千米增长至 1135 平方千米，城镇化率从 60.04% 增长至 92.24%。东莞市建设初期，地区以经济高速发展为导向，大量林地、草地、水田被建设用地快速蚕食，也引发了后续一系列的区域生态环境问题，如水源污染、河流水质恶化、土壤污染等。本次研究旨在通过识别东莞市重要生态源地，串联山水林田湖草沙，构建生态安全网络，为东莞市国土空间规划、生态修复类相关规划提供一定的参考。

2.2 数据来源

本次研究中使用的数据包括东莞市土地利用与地形数据，东莞市道路与交通数据和城市 POIs（Points of Interest）大数据（表 1），其中 POIs 数据包括 2022 年 10 月在百度与高德爬取的东莞市域范围内的公园广场、风景名胜和公司企业与生态环境有关的三类数据，并进行清洗、降噪等预处理。为保证数据的精确性和有效性，本次研究统一采用 WGS_1984 地理坐标系，WGS_1984_UTM_Zone_50N 投影坐标系，栅格数据统一重采样为 30 米 ×30 米精度。

本研究使用的数据名称、精度和来源   表 1

数据名称		年份	类型	研究精度（平方米）	来源
基本地理信息数据	LUCC 东莞市土地利用数据	2022 年	栅格数据	30×30	中国科学院地理与资源研究所（https：//www.resdc.cn/DOI/）
	东莞市数字高程模型（DEM）	2022 年	栅格数据	30×30	地理空间数据云（www.giscloud.cn）
交通信息数据	高速公路	2022 年	矢量数据	—	Open Street Map（https：//www.openstreetmap.org）
	城市快速路	2022 年	矢量数据	—	
交通信息数据	国道/省道	2022 年	矢量数据	—	Open Street Map（https：//www.openstreetmap.org）
	铁路	2022 年	矢量数据	—	
城市 POIs 大数据	公园广场	2022 年	矢量数据	—	百度地图（https：//map.baidu.com/）高德地图（https：//www.amap.com/）
	公司企业	2022 年	矢量数据	—	
	风景名胜	2022 年	矢量数据	—	

3 研究方法

3.1 研究方法概述

传统的生态网络格局通常是以省域范围或者跨省域范围进行研究，对于市域尺度的研究较少。由于原本的生态网络格局属于大范围研究，所采用的数据精度在市域尺度的生态网络格局构建中存在误差，在生态源识别以及生态廊道的建构中通常存在数据遗漏的情况，本次研究拟通过城市 POIs 大数据对土地利用数据精度进行补充，进而提高生态格局构建的整体精度。技术路线主要分为五个部分（图 1）：①采用形态学空间格局分析进行生态源地识别，提取区域生态源地；②采用层次分析法（AHP）以及 ArcGIS 叠加分析进行区域阻力面构建；③采用电路理论[13-15]进行生态廊道的构建，构建区域生态网络，并识别区域的生态障碍点

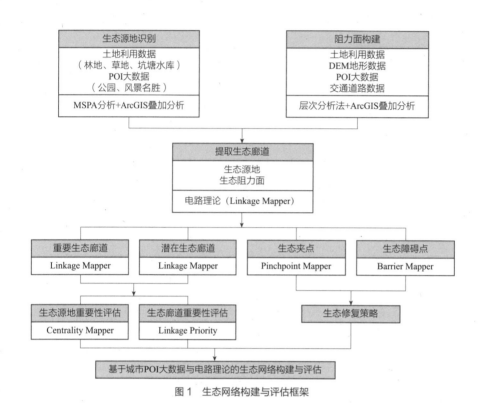

图 1　生态网络构建与评估框架

和夹点；④通过电路理论计算生态源地和生态廊道的优先级，进行生态网络评估；⑤提出相应的生态修复策略。

3.2　生态源地识别

　　生态源地是构建生态网络的重要基础，也是维持地区生态安全格局的重要组成部分。传统的生态源地识别方法包括三种：一是直接以林地或生态保护区作为生态源地[16]；二是通过形态学空间格局分析进行分析[17]，从而确定生态源地；三是通过生态敏感性、生态服务功能等属性进行叠加分析，进而确定生态源地。本次生态源地识别以形态学空间格局分析为主，识别区域不仅包括土地利用类型中的林地、草地、坑塘水库等，还加入了城市 POIs 大数据中的公园、风景名胜等内容，提高 MSPA 对于小区域范围内生态源地图像识别的精准度。进行 MSPA 分析的前景斑块主要分为两个部分：①对东莞市土地利用数据（LUCC 分类）中的林地、草地、坑塘水库进行提取，作为前景斑块，其他地类为背景斑块。②创建30 米 ×30 米的渔网单元，将公园、风景名胜等 POIs 等与渔网进行数据关联，将公园、风景名胜所在单元定义为生态单元，并将其作为前景斑块，其他地类作为背景斑块。将以上两种前景斑块进行合并，导入 Guidos Tool Box 进行分析，提取出核心区、边缘区等 7 类景观类型，并对各类景观类型进行统计分析，提取面积在 90 公顷以上的核心区导入 Conefor 2.6 软件进行连通性计算，将其中具有良好景观连通性（$dPc>1$）的核心区斑块作为生态源地。

在识别生态源地之后，通过 Linkage Mapper 2.0 中的 Centrality Mapper 工具对生态源地的中心度与辐射度进行进一步识别。生态源地连接的生态廊道越多，其中心度与辐射度则越高，代表着该生态源地越为重要。

3.3　生态阻力面构建

生物由于生存环境的改变会在生态源地之间进行迁徙或进行物质的交换，当生态源地的距离逐渐增大时，生物将面临更为多样的生态阻力。东莞市河网密布，位于珠江三角洲河口区域的生态敏感处，且地处广东省经济发展的核心粤港澳大湾区，面临着生态修复与经济发展的双重压力。因此，在进行东莞市阻力面构建时，除了要考虑传统的地形高程、坡度、坡向的因素外，还要考虑东莞市交通运输线路对于生态区域的切割，在此基础上，考虑到东莞作为珠三角的制造业基地，其工厂的建造和使用也会对生态廊道产生影响，所以在研究中采用城市大数据中的 POIs 工厂企业以及公园景点数据进行阻力面的补充分析，以提高精准度。综上所述，在进行东莞市生态阻力面构建时，共采用三种类型的影响因素：地形与用地、道路交通、城市 POIs 大数据（图 2）。其中，地形与用地因素包含 3 个阻力因子，各因子分为 5 级；道路交通等线性要素通过 ArcGIS 进行多环缓冲区分析，近处阻力值较高，远处较低；本次研究共采集工厂企业 POIs 数据 14675 条，公园景点 POIs 数据 944 条，整体数据量较大，故而 POIs 大数据通过 ArcGIS 进行核密度分析，结果进行分层赋值，工厂企业核密度越高则阻力值越高，公园景点反之。最后通过层次分析法确定阻力因子的权重（表 2），通过一致性检验后，在 ArcGIS 中通过加权总计构建生态综合阻力面，所采用的公式如下：

$$A_i = \sum (B_i \times F_i) \quad (i=1, 2, 3, \cdots, n) \tag{1}$$

其中，A_i 是第 i 个景观单元到源单元的累积耗费值；B_i 是第 i 个景观单元到源单元的实地距离；F_i 是空间上某一景观单元 i 的阻力值；n 是基本景观单元总数。

生态阻力影响因素及权重　　　　　　　　　　　　　　　表 2

影响因素类型	阻力因子	分级指标	阻力值	权重	影响因素类型	阻力因子	分级指标	阻力值	权重
地形与用地	DEM 高程（米）	100	1	0.069	道路交通	国道省道（米）	>2000	1	0.162
		100—200	30				1500—2000	30	

续表

影响因素类型	阻力因子	分级指标	阻力值	权重	影响因素类型	阻力因子	分级指标	阻力值	权重
地形与用地	DEM高程（米）	200—300	50	0.069	道路交通	国道省道（米）	1000—1500	50	0.162
		300—500	70				500—1000	70	
		>500	100				<500	100	
	坡度（°）	<5	1			铁路（米）	>2000	1	0.162
		5—10	30				1500—2000	30	
		10—15	50				1000—1500	50	
		15—20	70				500—1000	70	
		>20	100				<500	100	
	土地利用类型	林地、草地	1	0.092		高速公路（米）	>1000	1	0.324
		水体	30				800—1000	30	
		未利用地、耕地	50				500—800	50	
		裸露地表	70				300—500	70	
		建设用地	100				<300	100	
POIs大数据	公园景点	1.03—1.49	1	0.037	POIs大数据	工厂企业	<2.27	1	0.086
		0.74—1.03	30				2.27—6.45	30	
		0.55—0.74	50				6.45—11.39	50	
		0.39—0.55	70				11.39—18.22	70	
		0.23—0.39	100				18.22—35.69	100	
		0.08—0.23	300				35.69—64.17	300	
		0—0.08	500				64.17—96.83	500	

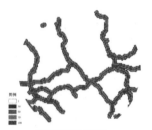

高速公路阻力面分级

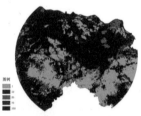

土地利用类型阻力面分级

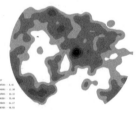

工厂企业 POI 核密度阻力面分级

铁路阻力面分级

用地高程阻力面分级

公园景点 POI 核密度阻力面分级

图 2　生态阻力基面

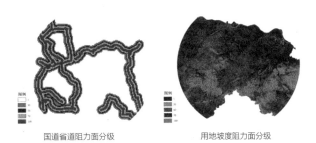

国道省道阻力面分级　　　　　　　　用地坡度阻力面分级

图 2　生态阻力基面（续）

3.4　基于电路理论的生态廊道提取

生态廊道是连接生态源地的重要通道，是生物迁徙、交流的重要空间载体，本次研究在提取生态廊道时使用电路理论作为基准模型，该模型区别于最小累计阻力模型的地方在于，假设物种会在生态源地之间随机游走（类似于电流），而不是像 MCR 模型中的会选择一条最优线路，这较为符合生物对于将要穿越未知景观空间的行为，其对于生态廊道重要性的识别也较为直观[18]。

本次生态廊道的提取是通过 ArcGIS 插件 Linkage Mapper 2.0 来进行最小成本路径（Least-Cost Paths，LCP）的模拟，主要分为五个步骤：①确定相邻的生态源地；②根据相邻源地和距离数据构建生态源地联系网络；③计算成本加权距离（Cost-Weighted Distances，CWD）和最小成本路径（Least-Cost Paths，LCP）；④消除生态源地之间的重复联系，选择最便捷路线；⑤计算成本最低的生态廊道，并将其合成为一个图层。具体计算公式如下：

$$NLCC_{AB} = CWD_A + CWD_B - LCD_{AB}　　　　　　（2）$$

其中，$NLCC_{AB}$ 是连接生态源地 A 和 B 的标准化最低成本走廊，CWD_A 是与生态源地 A 的成本加权距离，CWD_B 是与生态源地 B 的成本加权距离，LCD_{AB} 是沿着连接生态源地 A 和 B 的最低成本路径的累计成本加权距离。

但由于 Linkage Mapper 2.0 只能联系位于研究区内的生态源地，而河流一般呈大尺度网状分布，其联系的生态源地通常不位于研究区范围内，因此联系生态源地的计算方法对于识别区域河流生态廊道存在不足。为完善现有生态廊道识别机制，通过现状河流宽度、周边植被情况、周边绿道建设情况三个因子对河流生态廊道进行识别。研究认为宽度大于 300 米、周边有块状绿地分布且有绿道建设工程的河流可视为生态廊道。

3.5　生态夹点识别

在通过 Linkage Mapper 2.0 识别最小成本路径（LCP）的基础上，通过

Pinchpoint Mapper 调用 Circuitscape 4.0 程序来进一步识别区域中的生态"夹点"，即构成整体生态网络的关键"瓶颈"区域，也是生态网络中需要重点修复和维护的片区。生态夹点的运算方式为：给区域内的生态源地注入电流（每次 1A），进行迭代运算，计算通过每个像元的累计电流值，电流值较大的区域即可识别为生态夹点，即对构建景观格局具有关键影响力的重要节点。在计算中有两种生态夹点计算方式，一种是相邻生态源地夹点（Adjacent Pair Pinch Points）计算，另一种是全局生态源地夹点（All to One）计算，前者仅能识别相邻两个生态源地之间生态廊道的夹点，对维持整体生态网络意义不大，而后者识别出来的生态夹点则是维持整体生态网络的重要区域，故而本次研究使用全局生态源地夹点的计算方法，生态夹点的识别区域设定为生态廊道周边 500 米的范围。

3.6　生态障碍点识别

生态障碍点即为生态廊道中阻力值较大的区域，也是生态网络格局构建中需要重点进行生态修复或维护的区域节点。在本次研究中，通过 Linkage Mapper 2.0 中的 Barrier Mapper 进行障碍点的识别，其计算逻辑为：给区域内的生态源地注入电流（每次 1A），进行迭代运算，电流通过生态廊道进行流通，在廊道的某些地方遇到电阻值较大的片区，导致电流无法通过或者电流较低，即随机移动行为在该片区无法进行，则该片区为生态障碍点。本次研究中生态障碍点识别的最小辐射范围（Minimum Detection Radius）为 200 米，最大辐射范围（Maximum Detection Radius）为 1200 米，间隔（Radius Step Value）设置为 200 米。

4　结果与分析

4.1　重要生态源地识别及评估

4.1.1　生态源地识别结果

通过形态学空间格局分析发现东莞市具有较好的生态基质条件，研究提取出前景斑块面积为 87721.17 公顷，其中核心区面积共为 74993.94 公顷，占前景要素面积的 85.49%，占研究区面积的 29.49%（表 3）。核心区大面积斑块分布于研究区南部，北部的生态斑块主要沿东江三角洲水网分布，其整合度较低，略为破碎，中部主要为东莞中心城区，建设用地面积较大，人为活动因素影响大，核心区斑块较少，因而形成了东莞市中部的"生态空白地带"。除核心区外，边缘区占前景要素面积比例最大，为 10.78%，占研究区比例为 3.72%，边缘区主要为核心区与

30 米 ×30 米精度 MSPA 分析结果分类统计   表 3

景观类型	景观面积（公顷）	占前景要素面积（%）	占研究区面积（%）
核心区（Core）	74993.94	85.49	29.49
桥接区（Bridge）	611.91	0.70	0.24
边缘区（Edge）	9456.3	10.78	3.72
支线（Branch）	1155.42	1.32	0.45
环道（Loop）	63.63	0.07	0.03
孤岛（Islet）	58.23	0.07	0.02
空隙（Pore）	1254.06	1.43	0.49

外部区域的缓冲地带，起到维持核心区生态稳定的作用，边缘区主要集中在南部片区，将核心区大面积斑块与城区的建设用地斑块相隔离；其余分布于东江三角洲片区，由于该区域水系密集，核心区斑块较为破碎，产生较多的边缘区。孤岛代表生态斑块的破碎度，孤岛总面积为 63.63 公顷，仅占前景要素面积的 0.07%，意味着该研究区生态斑块整体性较强。桥接区与环道是核心区之间用来连接的路径，支线则代表核心区与其他区域的连通廊道，空隙是核心区中的空白区域，这四者所占前景要素面积比例分别为 0.70%、0.07%、1.32%、1.43%，整体数值较小，代表核心区之间相互较为独立，且核心区较为完整，中间所含空隙不多。

本次研究根据形态学空间格局分析所识别出来的核心区面积大小以及连通性进行筛选，共筛选出 29 个符合要求的生态源地，生态源地总面积为 52010 公顷，占研究区面积比例为 20.45%，其主要位于东莞市南部片区，部分零散斑块位于北部东江三角洲河网片区（图 3、表 4）。其中东莞南部片区的 16—22 号生态源地斑块面积较大，包含东莞市旗岭森林公园、大岭山森林公园、清溪大王山森林公园、南门山森林公园等重要生态景点，是构成东莞市域生态网络的重要组成部分。

生态源地编号及包含景点   表 4

生态源地编号	景点	生态源地编号	景点
1	中堂水道—芙蓉沙公园	6	水乡湿地公园
2	华阳湖湿地公园	7	虎尾岭
3	东丫湖水库	8	燕岭湿地—月湖
4	交椅岭	9	寒溪水
5	东莞下沙湿地公园	10	石马河上游

续表

生态源地编号	景点	生态源地编号	景点
11	同沙生态公园	21	清溪大王山森林公园—南门山森林公园
12	焦坑水库—百果洞公园	22	宝山森林公园
13	松木山水库—松山湖景区	23	塘下福地公园
14	石山	24	塘狗岭
15	穗丰年湿地公园	25	观澜湖
16	银瓶山—旗岭森林公园—雁田水库	26	凤岗人民公园
17	清泉水库—水流石水库—罗田水库—枫树坑水库—白鸽坡水库—螳螂地水库	27	樟木山
18	大岭山森林公园	28	凤凰山国家矿山公园
19	鲤鱼塘水库	29	新田公园—白鸽湖文化公园
20	芦花坑水库—五点梅水库		

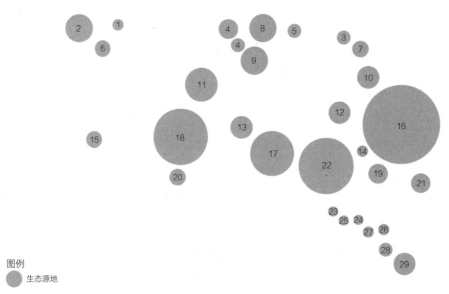

图例
● 生态源地

图3　东莞市生态源地分布

4.1.2　生态源地重要性评估结果

通过 Linkage Mapper 2.0 的 Centrality Mapper 工具对生态源地的中心度数值（Central）以及辐射度数值（Ratio）进行归一化评估，标准化数值大于 0.5 则视为高值，将生态源地根据中心性与连通性分为四种类型（图4），即：高中心

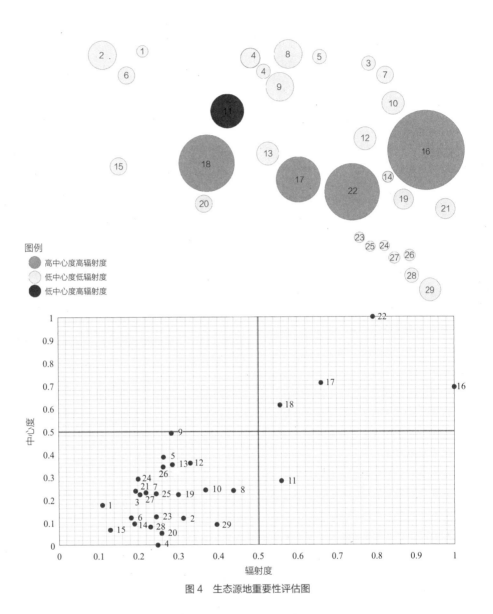

图 4　生态源地重要性评估图

度高辐射度、高中心度低辐射度、低中心度低辐射度、低中心度高辐射度。结果表明，东莞市内具有高中心度高辐射度的生态源地仅有 4 个，分别是 16、17、18、22 号源地，斑块位于东莞市域南部，面积较大，包括旗岭森林公园、大岭山森林公园、宝山森林公园等重要森林公园，以及清泉水库、水流石水库等重要水库区域，高中心度高辐射度的生态源地对于提升城市整体生态网络质量有着关键的作用，也是未来生态修复与维护的重要区域，在生态网络中占据重要位置。11 号生态源地为低中心度高辐射度类型，其放射出的生态廊道数量较多，但对于生态网络而言，11 号生态源地并未处于中心区域，其余生态源地均为低中心度低辐射度生态源地，并不存在高中心度低辐射度生态源地。

4.2　生态廊道构建及特征分析

4.2.1　生态廊道空间格局分布

在识别生态源地以及构建形成综合生态阻力面（图5）后，通过 Linkage Mapper 2.0 以电路理论为基础对加权成本距离（CWD）以及最小成本通道（LCP）进行模拟计算，共生成 57 条生态廊道以及 12 条潜在生态廊道，再通过综合指标法确定 5 条河流生态廊道，共计 74 条生态廊道（图6），总长 607 千米。受到大面积生态源地在东莞南部片区集中分布的影响，生态廊道也出现了集聚性，且多呈现东西向联系：南部片区以银瓶山、旗岭森林公园、大岭山森林公园、清泉水库等大面积绿地及水库为中心，向外辐射 20 余条生态廊道；北部片区以华阳湖湿地公园为核心向外辐射 10 余条生态廊道；东南部生态廊道呈现网状形式，串联较为零散的生态斑块；河流生态廊道南北串联东莞市域范围内的生态源地。东西向的陆地生态廊道与南北向的河流生态廊道交织构成东莞市域整体的网状生态网络格局。

潜在生态廊道则主要呈现环状分布，主要连接东莞下沙湿地公园、松山湖景区、宝山森林公园、旗岭森林公园等生态源地，潜在生态廊道的建立与维护能够有效提升区域生态网络的整体性能，是建设过程中需要重点避让的生态空间。

4.2.2　生态廊道重要性评估

生态廊道重要性评估不包括潜在生态廊道与河流生态廊道，针对联系生态源地之间的陆地生态廊道进行评价，该评价综合了生态廊道中心度与生态廊道辐射

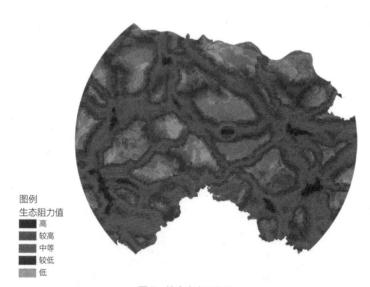

图例
生态阻力值
■ 高
■ 较高
■ 中等
■ 较低
■ 低

图5　综合生态阻力面

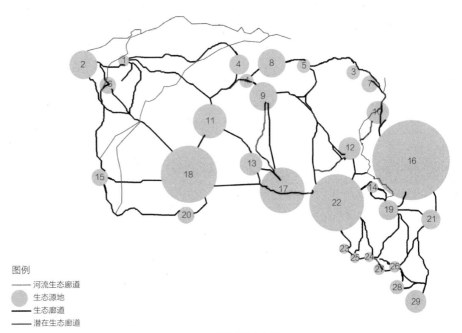

图例
—— 河流生态廊道
⬤ 生态源地
—— 生态廊道
—— 潜在生态廊道

图 6　生态廊道布局图

度这两个数值，与生态源地的分类相似，同样将生态廊道的中心度与辐射度数值进行归一化。通过经验总结、现场调研等综合评判，将大于 0.3 的数值视为高值，并分为四个象限（低中心度低辐射度、高中心度高辐射度、低中心度高辐射度、高中心度低辐射度），其中位于高中心度高辐射度象限的生态廊道最为重要，低中心度高辐射度、高中心度低辐射度次之，低中心度低辐射度最次。结果表明，重要性最高的生态廊道主要位于东莞市域东南片区，共有 6 条（图 7），主要以环状联系大岭山森林公园、清泉水库、宝山森林公园等重要生态源地，部分重要性最高的生态廊道位于华阳湖湿地公园附近，连接华阳湖与大岭山森林公园、水乡湿地公园等生态源地；一般重要的生态廊道共有 30 条，主要位于南部大面积生态源地周边，以及西北部华阳湖湿地公园周边；重要性较低的生态廊道共有 21 条，主要位于东江入海口片区以及水乡片区。

4.3　生态修复区域识别与相关策略

4.3.1　生态修复区域识别——生态夹点空间

通过 Pinchpoint Mapper 调用 Circuitscape 4.0 对东莞市域的生态夹点进行识别，生态夹点在电路理论中为电流强度较高的节点，意味着该区域的生物迁徙量以及物质能量流动性较高，也是区域中需要重点进行生态修复与维育的关键节点。研究结果表明，生态夹点共 12 处（图 8），其空间普遍分布于东莞市域边缘

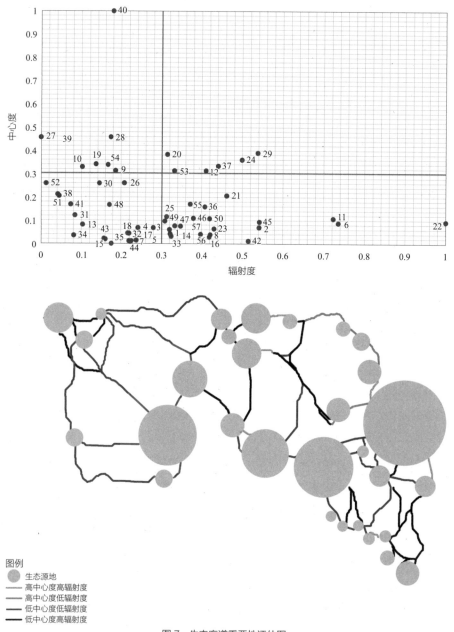

图7　生态廊道重要性评估图

处，主要集中于市域东南片区以及西北片区。东南片区夹点集中在 13 号生态源
地（松木山水库、松山湖景区）和 17 号生态源地（清泉水库、水流石水库、罗
田水库）之间，以及南部 19—29 号生态源地所围合的区域。西北片区夹点集中
在 2 号生态源地（华阳湖湿地公园）与周边 18 号、11 号以及 9 号生态源地联系
的生态廊道周边区域。但目前生态夹点区域多为城镇建设用地，部分区域还存在
污染型工业，在后续生态修复过程中，需要对存在土地污染、水源污染的夹点区

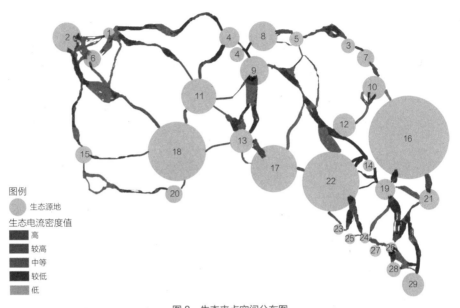

图 8　生态夹点空间分布图

域进行重点的土壤和水环境修复，以维持区域整体的生态网络畅通。

4.3.2　生态修复区域识别——生态障碍点空间

通过 Barrier Mapper 对东莞市域的生态障碍点进行识别，障碍点为动物迁徙以及物质流动遇到较大阻碍的节点，需要重点进行生态维护及修复，本次研究对生态廊道周边进行了 200 米、400 米、600 米、800 米缓冲区内的生态障碍点分析（图 9）。研究结果表明：生态障碍点共 24 处，主要集中在城市建设用地片区，是人群活动较为密集的区域，其中凤岗镇、塘厦镇、虎门镇、厚街镇以及中堂镇生态障碍点较为密集。结合实地调研分析，发现识别出的生态障碍点目前土地利用方式多为港口码头、工业用地以及仓储用地。该类型土地对于生态廊道的流动性障碍较大，也是东莞市域范围内需要重点进行生态修复的区域。在后续的相关规划中，应对生态障碍点区域的土地利用方式进行调整，使其在满足城市功能需求的同时，也能减少对于生态系统物质流通的障碍。

4.3.3　生态修复相关策略

根据生态源地以及生态廊道重要性评估结果，综合生态夹点的空间分布，目前需要重点修复的生态夹点共有 6 处，主要位于华阳湖湿地公园、松山湖景区以及清泉水库周边，主要的土地利用类型包括耕地、水利设施以及建设用地等，本次研究针对生态夹点提出的生态修复策略有三点：①在建设用地区域加入景观绿化以及生态斑块，增加物质流动的踏足点。②发展地域特色的林业经济、农业特色经济等，增加片区的绿化覆率。③建立河流保护区、重点生

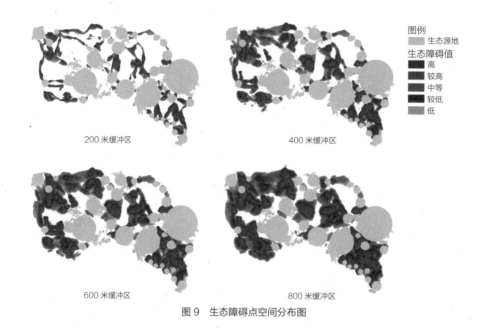

图例
生态源地
生态障碍值
高
较高
中等
较低
低

200 米缓冲区　　　　　400 米缓冲区

600 米缓冲区　　　　　800 米缓冲区

图 9　生态障碍点空间分布图

态保护区，对生态夹点周边地区进行生态维护或划定保护区，提升夹点区域的生态环境。

目前需要重点修复的生态障碍点共有 12 处，主要位于中堂镇、凤岗镇以及东莞滨海湾片区，主要针对低效率工业用地以及仓储用地，主要生态策略包括：①土壤修复：采用生物或物理方法，对于污染严重的土地进行处理，在处理过后的土地上种植植被，利用植物的固定及萃取能力降低土壤污染。②水岸修复：对水岸周边的硬质驳岸进行生态改造，种植本土树种，提升水岸生态环境质量。③退化生态斑块修复：采用生态应急补水工程，对退化的绿洲等生态斑块补充水量，满足其最小生态需水量，从而促进其生态功能的恢复。

综上所述，本次研究识别出的生态夹点与生态障碍点是未来需要进行重点生态修复的区域，结合前文的生态廊道重要性等级，规划后续生态修复工程的时序，对人—地—环境重点冲突区域进行近期优先修复，其余次要部分进行远期修复，从而达到逐步构建生态安全网络格局的最终目的。

5　结论与讨论

本次研究结果显示东莞市生态网络共由 29 个生态源地与 74 条生态廊道组成，生态源地主要分布在东莞市域中南部片区，生态廊道则主要由南部四个大型生态斑块以及北部华阳湖湿地公园生态斑块向外放射形成，并在城市中部片区形成较强的联系。本次研究对生态源地和生态廊道的重要性都进行了评估，并得到 4 个重要生态源地以及 6 条重要生态廊道，总结得到 3 点重要结论：①重要生态源地中有 68.2% 的土地利用类型为水库，其余为林地及草地，且生态源地包含了市域范围内 81.2% 的水体，体现出水体对于生态网络构建的重要性；②重要性较高的生态廊道位于东莞市域南部片区大岭山森林公园、清泉水库、旗岭森林公园周边呈环状分布，应针对该重点区域进行景观维护，建立生态保护区，以增加整体生态系统的稳定性；③重要性较低的生态廊道主要分布于东莞北部水乡片区，由华阳湖湿地公园生态源地向外放射，由于水乡片区生态斑块较为破碎，建设用地比例较大，部分城镇建设用地与水系缺少缓冲区，生态廊道周边绿色空间以及迁徙通道较少，在未来的规划中，应对该片区的生态斑块进行重点保护与提升，从而提升整体生态网络的稳定性。本次研究相较于《东莞市国土空间总体规划（2020—2035 年）》《东莞市国土空间生态保护修复规划（2021—2035 年）》等已编、在编规划的前期生态分析而言，通过多源大数据和电路理论提高了生态源地和生态廊道的识别精度。同时更加侧重于对重要生态源地的识别，以及对于生态廊道重要性的评估，能够有效地鉴别出不同时期需要重点规划治理的区域，为近期生态建设以及远期规划调整提供具有针对性的参考意见。

对于生态网络构建的研究在国内外已有较多积累，但多数是基于生态系统服务评价以及最小累计阻力模型识别生态源地以及生态廊道，对于生态廊道宽度是否满足物质流通的考虑相对较少。本次研究框架的新颖之处在于引入城市大数据兴趣点，增加生态网络构建中对于城镇用地范围内廊道识别的精度，以及通过公园及风景名胜兴趣点增加生态源地识别的范围，更为精准地识别以往研究中忽略的城镇范围内的生态源地。同时，本次研究采用的电路理论模型相较于以往的 MCR 模型而言，识别精度更高，且去除了 MCR 模型的冗余重复的生态廊道，并增加对于生态廊道的宽度以及物质流通性的考量，使整体生态格局更为清晰。

本次研究仍存在待完善之处。首先，本次研究所选取的城市大数据类型属于静态空间分布类型，对于动态的人群活动以及交通活动强度对生态廊道构建的影响考虑不足。其次，在生态源地以及生态廊道重要性评价时仅考虑了中心性与辐射性两个影响因子，判定略显主观。最后，本次研究主要基于 30 米精度遥感解译的土地数据进行空间模拟，数据精度有待提高，同时对于未来规划考虑不足，未将相关上位规划成果纳入研究框架。今后的研究将进一步结合上位规划数据以及人群动态数据，提高生态网络格局识别的精度。

本次研究基于城市大数据与电路理论对东莞市域生态网络进行构建，可为未来国土空间相关专项规划提供参考和助力，以及为将来生态保护红线的优化和调整提供一定的参照。

（致谢：真诚感谢匿名评审专家在论文评审中所付出的时间和精力，评审专家对文章整体结构、图表格式以及生态策略方面的修改意见，使本文获益匪浅。）

参考文献

[1] Knaapen JP, Scheffer M, Harms B. Estimating habitat isolation in landscape planning[J]. Landscape and Urban Planning, 1992, 23: 1-16.

[2] 俞孔坚. 生物保护的景观生态安全格局 [J]. 生态学报, 1999（1）: 10-17.

[3] 朱捷, 苏杰, 尹海伟, 等. 基于源地综合识别与多尺度嵌套的徐州生态网络构建 [J]. 自然资源学报, 2020, 35（8）: 1986—2001.

[4] 李晟, 李涛, 彭重华, 等. 基于综合评价法的洞庭湖区绿地生态网络构建 [J]. 应用生态学报, 2020, 31（8）: 2687-2698.

[5] 史学民, 秦明周, 李斌, 等. 基于 MSPA 和电路理论的郑汴都市区绿色基础设施网络研究 [J]. 河南大学学报：自然科学版, 2018, 48（6）: 631-638.

[6] 张豆, 渠丽萍, 张桀滈. 基于生态供需视角的生态安全格局构建与优化——以长三角地区为例 [J]. 生态学报, 2019, 39（20）: 7525-7537.

[7] 许峰, 尹海伟, 孔繁花, 等. 基于 MSPA 与最小路径方法的巴中西部新城生态网络构建 [J]. 生态学报, 2015, 35（19）: 6425-6434.

[8] 吴昌广, 周志翔, 王鹏程, 等. 景观连接度的概念、度量及其应用 [J]. 生态学报, 2010, 30（7）: 1903-1910.

[9] 吴昌广, 周志翔, 王鹏程, 等. 基于最小费用模型的景观连接度评价 [J]. 应用生态学报, 2009, 20（8）: 2042-2048.

[10] Mcrae BH, Beier P.Circuit theory predicts gene low in plant and animal populations[J]. Proceedings of the National Academy of Sciences of the United States of America, 2007, 104: 19885-19890.

[11] 薛冰, 李京忠, 肖骁, 等. 基于兴趣点（POI）大数据的人地关系研究综述：理论、方法与应用 [J]. 地理与地理信息科学, 2019, 35（6）: 51-60.

[12] 战明松, 等. 基于 POI 数据的特大城市生态空间廊道识别与空间布局优化研究——以沈阳市中心城区为例 [J]. 中国园林, 2021, 37（10）: 112-117.

[13] Yue Cao, Rui Yang, Steve Carver. Linking wilderness mapping and connectivity modelling: A methodological framework for wildland network planning[J]. Biological Conservation, 2020, 251: 108679.

[14] Sun Hui, Liu Chunhui, Wei Jiaxing. Identifying key sites of green infrastructure to support ecological restoration in the urban agglomeration[J]. Land, 2021, 10（11）: 1-13.

[15] 杜雨阳, 王征强, 于庆和, 等. 基于生境质量模型和电路理论的区域生态安全格局构建——以秦岭（陕西段）为例 [J]. 农业资源与环境学报, 2022, 39（5）: 1069-1078.

[16] 吴静, 黎仁杰, 程朋根. 城市生态源地识别与生态廊道构建 [J]. 测绘科学, 2022, 47（4）: 175-180.

[17] 谢于松, 王倩娜, 罗言云. 基于 MSPA 的市域尺度绿色基础设施评价指标体系构建及应用——以四川省主要城市为例 [J]. 中国园林, 2020, 36（7）: 87-92.

[18] 宋利利, 秦明周. 整合电路理论的生态廊道及其重要性识别 [J]. 应用生态学报, 2016, 27（10）: 3344-3352.

汪
芳

张
悦
华

吴
莹

汪芳，北京大学建筑与
景观设计学院教授，流
域人居系统研究中心
主任

张悦华，北京大学建筑
与景观设计学院硕士研
究生

吴莹，北京大学建筑与
景观设计学院硕士

旅游型传统村落居民地方依恋研究与"共建共治共享"路径探索 *

传统村落是中国传统社会的基石，孕育了中国的乡土文化，它不仅承载着历史文化价值，也是当地居民生产、生活的空间，是居民寄托乡愁、承载记忆的场所。乡村振兴战略的提出，为保护、利用和发展传统村落提供了新的机遇。利用传统村落独特的自然景观、民俗文化、历史故事、文化遗产等资源发展乡村旅游成为乡村振兴的重要途径。然而，在带来经济发展的同时，旅游化影响下的传统村落也产生了一系列人地关系危机，如多元主体利益的冲突化、村落建成环境的同质化、村落传统文化的变异化、村落人地关系的断裂化等。面对这一系列人地关系危机，需要立足于传统村落最重要的主体——居民。传统村落的价值在于其地方性特色和精神文化，在于居民对于乡土的情感和人文的情怀，传统村落的保护和发展不仅要保留其丰富的历史文化资源，而且要保留居民传统的生活方式和文化特征，重塑和谐的人地关系。同时，乡村旅游的主体是居民，乡村振兴最广泛的参与者也是居民，唤起居民对地方的依恋，有利于增强居民在旅游化的过程中的积极性和主观能动性，充分发挥"共建治共享"机制作用。

1 地方依恋相关研究

"地方依恋"是"地方理论"诸多研究要素之一，也是地理学中人地关系研究的一个重要视角。人文地理学家段义孚将"地方"定义为"在一个特定空间中，人与场所形成的情感和关系"[1]。"地方性"是地方本身所具有的自然特质和文化

* 基金项目：国家自然科学基金重点项目（编号：52130804）。

特性 [2]，地方性景观的分化重构体现在背后的多主体参与和互动过程 [3]。而"地方感"可被定义为"地方"的感觉属性，是对人居环境的主观感受。"地方依恋"是"地方感"的一种，是以地方为基点，发展其本身的独特性，同时满足人们的心理需要，对一个地方具有情感、认知和行为三重属性，包含"情感依恋""地方认同"和"地方依赖"三个维度。

人文地理学中，将地方依恋定义为人与有意义的空间形成的一种情感纽带 [4]，强调个体所建构的地方意义。环境心理学中，将地方依恋定义为人与某个特定地方之间的情感和认知联系。Scannell 和 Gifford 提出了地方依恋理论的三维概念模型 [5]，有效地构建了地方依恋的多维度概念（图 1），包含人—地方—过程。其影响因素是多方面并且是交互的，主要包括人口预测因素、社会因素和物理环境因素三个方面 [6]。

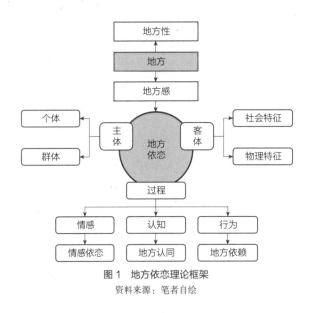

图 1　地方依恋理论框架

资料来源：笔者自绘

研究地方依恋与旅游态度的影响机制，对建立和维系居民与地方良好的情感联系，实现地方性旅游可持续发展具有重要现实意义。本文从地方依恋的三维框架出发，构建起主体、客体、过程的地方依恋影响机制，研究旅游型传统村落居民地方依恋的影响因素，探究"共建共治共享"发展路径。

2　研究设计

本文以古北口村为案例地，通过问卷调查与深度访谈，探究了旅游型传统村落居民地方依恋的情感、认知和行为特征，并通过构建结构方程模型，探究地方依恋的影响因素及其对旅游态度的影响机制。古北口村位于北京市密云区东北部，历史上是沟通关内外的要道，南北物资的集散中心，素有京师琐钥、燕京门户之称，留存着蟠龙山长城、将军楼等历史文物，鲜明的地域属性和文化属性使其具备独特的地方特征。然而，在近二十年的旅游开发过程中，社会和空间环境的快速变化导致人地关系发生巨大变化。因此，古北口村是研究旅游型传统村落居民地方依恋的一个典型范本。

研究首先结合对居民、村委会干部和游客的深度访谈，并采用 5 分制的李克特量表 [7] 设计调查问卷，探究旅游型传统村落居民地方依恋的情感、认知和行为特征（见附表）。收集整理后的调查问卷，共得到 207 份有效样本。研究采用结构方程模型对居民地方依恋和旅游态度的形成机制进行分析。结构方程模型一般由测量模型和结构模型构成，变量可分为观察变量和潜在变量。其中，观察变量可以被直接测量，在问卷中体现为各个问项。而潜在变量则不能直接测度，需要由观察变量进行描述。测量模型能够反映观察变量和潜在变量之间的关系。结构模型则可以刻画不同潜变量之间的关系。结构方程通常包括三个矩阵方程：

$$\beta = A\beta + T\lambda + \xi \tag{1}$$

$$Y = \Delta y \beta + \varepsilon \tag{2}$$

$$X = \Delta x \lambda + \nu \tag{3}$$

式（1）是结构模型，其中 β 为内生潜变量，λ 为外生潜变量，A 和 T 为系数矩阵，ξ 为方程中的干扰项。式（2）、（3）为测量模型，Y 为内生潜变量的观测变量，Δy 为内生潜变量与其观测变量的相关系数矩阵，ε 为 y 的测量误差，X 为外生潜变量的观测变量，Δx 是外生潜变量与其观测变量之间的相关系数矩阵，ν 为 x 的测量误差。本文将估计各个方面的影响因素对居民地方依恋的路径系数以及显著程度。

3　居民感知与地方依恋特征分析

从样本人口特征来看，问卷调查涵盖了不同性别、年龄、学历、职业状况和收入状况，具有较强的代表性。古北口村本地居民较多，约有 79.23% 的居民居住时间达到 20 年以上，其中，女性占比略高，因为留守村里经营民宿或民俗饭庄的一般为女性。古北口村居民经济来源主要为农业和旅游服务业，旅游相关从业人员占全村人口的 34%，占全村劳动力的 73%，包括民宿经营个体户、民俗饭庄经营个体户以及旅游服务人员等。

空间感知包括自然景观、人文景观、民居建筑、公共服务、道路交通等方面（图2），其中，居民对人文景观的感知最为积极，约 39.1% 的受访者对"村里的长城遗迹、宗祠庙宇等人文景观有吸引力"表示非常同意，说明居民对于村里的人文景观有较高的认知度和强烈的认同感。居民社会感知包括社会交往、节庆活动、组织管理、社会经济、传统文化等方面（图2），其中，居民对传统文化的感知最为积极，大部分居民都认可村内的历史文化资源必须在保护的基础上开发。

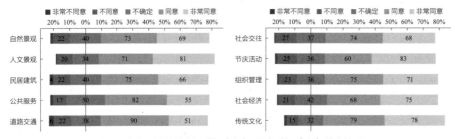

图2　古北口村居民空间感知（左）、社会感知（右）基本情况

资料来源：笔者自绘

古北口村居民地方依恋的三个维度中，情感依恋最强，其次是地方认同，行为依赖最低（表1）。居民普遍对于古北口村持有强烈的情感依恋，是由于本地居民较多，长期的生活和稳定的家庭关系建立起了强烈的社会连结和情感依托。古北口村保留着传统的村落格局和建筑风貌，居民对当地的地方性特色产生一定的认同感。古北口村居民的行为依赖较弱，这与当地产业发展模式单一、经济收入不稳定等有关系。

地方依恋测度结果　　　　　　　　　　　　　　　　　表 1

维度	测量项目	均值	标准差	均值	标准差
情感依恋	当我离开古北口村时，我会很想念这里	4.343	0.751	4.314	0.770
	我在古北口村的生活非常快乐	4.329	0.773		
	我喜欢住在古北口村，这里的生活让我满意	4.271	0.783		
地方认同	我为生活在古北口村而感到自豪	3.928	0.748	4.061	0.778
	古北口村对我来说有重要意义	4.072	0.761		
	我了解并热爱村里的历史文化	4.184	0.802		
行为依赖	我觉得古北口村很适合工作和生活	3.903	1.026	3.902	0.982
	除非外出办事，平时我更愿意待在村子里	3.928	0.927		
	未来我不愿意离开古北口村搬到其他地方	3.874	0.990		

4 地方依恋影响机制

分别对地方依恋量表、居民感知量表和旅游态度量表三个量表进行信度与效度检验，表明调查问卷量表具有良好的显著性。进一步采用主成分提取法，对古北口村居民地方依恋量表进行探索性因子分析，结果表明量表建构限度良好，可以较为准确地反映居民感知和旅游态度。通过 Amos 21 绘制结构方程模型，进行验证性因子分析，根据参数指标多次修改，直到模型的拟合程度可以接受（表 2）。

模型拟合结果　　　　　　　　　　　　　　　表 2

拟合指标	指标值	拟合情况
CMIN（卡方值）	535.648	—
DF（自由度）	276	—
P（绝对拟合指数）	0.000	—
CMIN/DF	1.941	<3，可接受
GFI（绝对拟合指数）	0.843	>0.8，可接受
NFI（相对拟合指数）	0.800	>0.8，可接受
RMSEA（近似误差均方根）	0.068	<0.08，可接受

结构模型中，路径系数大于 0.19 表示自变量对因变量的影响较小，大于 0.33 表示影响适中，大于 0.67 表示影响较大。根据模型结果（图 3）可以看到，在地方依恋的三个建构维度中，情感依恋主要受到空间感知因素的影响（路径系数为

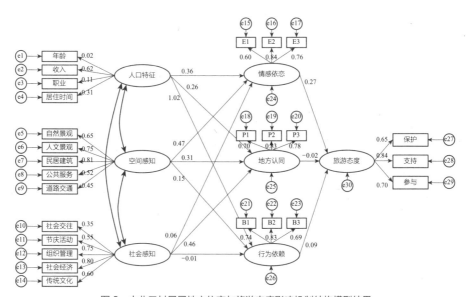

图 3　古北口村居民地方依恋与旅游态度影响机制结构模型结果

资料来源：笔者自绘

0.47），地方认同主要受到社会感知因素的影响（路径系数为 0.46），而行为依赖主要受到人口特征因素的影响（路径系数为 1.02）。结合对居民的深入访谈以及古北口村村情概况，进一步揭示地方依恋影响机制。

4.1　空间感知对情感依恋的影响

古北口村居民情感依恋受空间感知影响最为明显，其路径系数为 0.47。物质空间是居民地方依恋得以存在的基础。对于当地居民而言，地方的建筑及其周围的环境不仅构成了当地的空间格局，也传达着地方意义和个人情感，这种可感知的空间意向为居民的地方依恋建立提供了物质基础（图 4）。

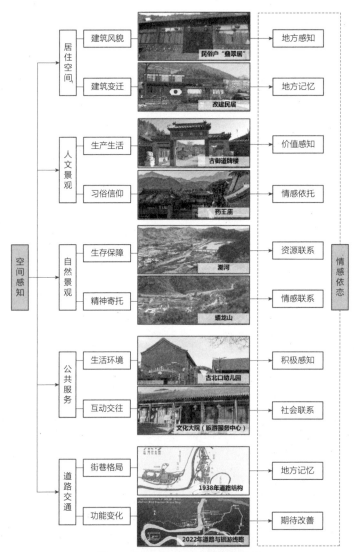

图 4　空间感知对情感依恋的影响机制

资料来源：笔者自绘

对民居建筑的感知是最直接和最重要的影响因素，其因子载荷为 0.81。民居建筑是居民日常生活中最易被感知到的空间，也最有可能被赋予地方意义。古北口村的传统民居建筑包括街屋建筑和住宅建筑，在发展民俗旅游后，居民自发改建自家住宅经营旅游民宿，政府出台资金补贴政策支持将院落改造，保持了村内整体风貌特色的一致性。空间的建构与重构，本质上是人居环境对社会文化及其变迁的响应，旅游化过程中的各种经济社会活动影响了古北口村的空间风貌，民居建筑的独特风貌又进一步强化了居民对古北口村的认同感，一些居民还会结合自身记忆，将民居建筑的变迁与自身的成长经历联系在一起，从而对古北口村产生更强烈的地方依恋[8]。

人文景观感知也是影响情感依恋的重要因素，其因子载荷为 0.75。历史和物质文化景观是形成地方依恋的基础，在旅游化过程中，古北口村保存修缮了药王庙、令公祠、古长城等体现地方历史意义和地方特色的人文景观。这些文化遗产经由地方生产，代代相传，由当地的"信仰"塑造，源于长期的习俗，是古北口村地方性的重要体现，当地居民对人文景观的价值感知和情感依托，赋予了这些人文景观特殊意义，从而强化了居民的地方依恋。

自然景观、公共服务与道路交通也在不同程度上影响着居民的情感依恋，其因子载荷分别为 0.65、0.52、0.45。自然景观方面，古北口村具有独特的山水格局和农业生产型景观，蟠龙山、卧虎山寄托着居民对自然的崇拜与敬畏，农田是古北口村居民生存的重要保障和精神的重要寄托，与自然环境建立起的资源联系和情感联系加强了地方依恋[9]。公共服务方面，旅游化过程中，古北口村的医疗、教育、休闲设施逐步完善，既作为旅游基础设施服务游客，也兼顾了本地居民的交往休闲需求，使得居民对公共服务设施产生积极感知。道路交通方面，古北口村的内街骨架基本保持了民国时期"一纵五横"的鱼骨型格局，基本保持了原来的空间尺度，街巷名称与街道特定的自然社会状况、历史记忆特殊性标志关系密切，但在使用人群、利用方式、铺装材质等的变化下，居民对道路交通的感知具有一定差异。

地方不仅是各种物质景观的载体，更是社会构建的意义系统。段义孚认为，对本地环境的依附是人类的一种普遍感情，在乡土环境中特有的自然事物，以及具有象征性意义的地标物，可以增强民族认同感，使人产生对地方的忠诚与热爱[1]。古北口村是本地居民的栖居之地，居民的情感依恋源于对传统村落古朴、和谐的空间环境的怀旧，也寄托着对便捷、宜居的生活设施的期待。传统村落的空间不断发生着自然演化，在旅游化的过程中也在经历着以政府主导、居民自主为主要模式的空间"共建"，在这一过程中，应坚持"有机更新"的原则，延续地方要素，维系居民的情感依恋。

4.2　社会感知对地方认同的影响

古北口村居民地方认同受社会感知影响较大，其路径系数为 0.46。旅游化不仅为古北口村带来了物质空间的重塑，也带来了村内日常生活组织的结构性变化，包括更加开放的社会联系网络、多元文化的共存共生、新的群体的价值输入等。

社会经济是影响地方认同最重要的因素，因子载荷为 0.80。发展民俗旅游促进了古北口村居民的就业，稳定的经济收入来源提升了居民的主观能动性，旅游开发带来的集体收入也让居民从村集体中有直接的经济受益，从而强化了集体认同。然而，经济模式的转变带来了传统生活方式的变化，也在一定程度上导致一部分人失去了传统的身份认同。旅游开发带来的地方性生计转变与现代化经济发展，从不同的维度影响着居民的地方依恋[10]。

管理组织的因子载荷为 0.75。古北口村的民俗旅游，最初为个别居民利用自家房屋开办的简单的食宿接待。村里成立旅游管理机构后，制定了古北口村民俗户管理办法，并对所有民俗户进行培训，居民在经营过程中也主动反馈诉求和意见。在自上而下的基层管理组织中，村委的集中统一管理能建立有效的机制，加强民俗旅游经营的秩序，提升居民的认可度。同时，居民自下而上的参与自治，也有助于提升居民对地方的认同感和集体归属感。

传统文化、节庆活动、社会交往的因子载荷分别为 0.60、0.55、0.35。传统文化是创造和延续地方认同的重要载体，旅游化过程促使居民对地方传统文化的态度从过去的不重视转变为主动加深认知，客观上也加强了居民文化自信和身份认同[11]。庙会等节庆活动是古北口村居民获得集体记忆、建构地方认同的重要来源，随着旅游化的发展、节庆活动的规模扩大，文化特色更加显著，也成为居民日常生活中共享的主要集体活动。社会交往沿袭着传统乡村社会的特色，基于原有的亲缘、血缘、地缘关系而产生的乡村社会记忆使居民建立起对自身身份的认知和对亲友的感情依附，但在旅游化的进程中，社会网络重建和人口流动使原先的社会关系逐渐松散化。

旅游化的过程伴随着多元文化共存，以及新价值观念输入等，带来了古北口村日常生活组织的结构性变化。传统村落居民的地方认同一部分源于在长期的传统生活中连贯统一的归属感，也有一部分源于在现代社会生活中建立起的新的社会身份认同。在社会组织管理中，应建立多元化的"共治"渠道，充分保障居民的社会权益和利益诉求，建立完善的社会支持体系。

4.3　人口特征对行为依赖的影响

古北口村居民行为依赖受人口特征影响最为明显，其路径系数为 1.02。地方依恋是个体对地方的一种态度，是对地方长期感受而得到的深刻意义。在长期的人地交互过程中，居民对于所居住的村落产生了居住生活功能和社会关系的依赖，从而建立起地方依恋。居民具有个体差异，其年龄、居住时间、职业、收入等的差别会影响到他们与地方互动的行为，从而产生不同程度的地方依恋。

居住时间和年龄的因子载荷分别为 0.31、0.02。行为依赖主要是由居住时间和生活状态决定，年龄的直接影响并不显著。居住时间较长的本地居民，更容易对现有的生活环境和文化背景产生行为依赖；而一些外来的年轻人的居住时间较短，因休闲生活单一、发展空间有限而渴望生活状态的改变，其行为依赖的程度并不高。

收入和职业的因子载荷分别为 0.62、0.11。古北口村居民经济收入来源主要为农业和旅游服务业，最主要的职业分布也是务农人员和民俗户两种类型，而这两种职业的收入都依赖于地方提供的自然资源或人文资源，因此建立起了较强的行为依赖。人们在日常生活中身体动作具有连续性和重复性的特征，这种时空规律性行为则形成了"空间芭蕾"，不同收入和职业的人们经历着不同的"身体芭蕾"，在时空惯例中获得了地方的内部经验，而地方独特的生活规律又塑造着人们的地方依恋。

在长期的人地交互过程中，居民对于所居住的村落产生了居住生活功能和社会关系的依赖，从而更加深入地参与乡村发展。乡村旅游发展需要充分发挥居民的主人翁意识，通过均衡利益分配，建立多元"共享"途径，提升居民的能力素养，强化居民对地方的行为依赖，调动居民发展乡村旅游的主动性。

4.4　旅游态度影响机制

根据古北口村居民地方依恋与旅游态度影响机制结构模型结果（图 5）可知，旅游态度主要受到情感依恋的影响，地方认同和行为依赖对旅游态度的影响并不显著。首先，在旅游发展过程中，居民的情感依恋越强，对当地的文化遗产就寄托着越深刻的感情，越愿意积极地保护文化遗产。其次，旅游化带来的公共服务与道路交通的改善和结构性变化，提升了当地的基础设施水平[12]，也使居民的生活需求得到满足，因此情感依恋较强的居民更倾向于支持村里的旅游发展。最后，有着强烈的地方情感和文化自豪感的居民，更倾向于通过经济参与、文化参与或是管理参与等方式参与到旅游发展过程中，并进一步强化积极的情感记忆，也激

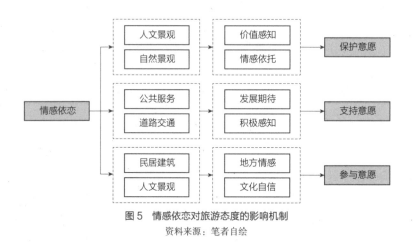

图 5　情感依恋对旅游态度的影响机制
资料来源：笔者自绘

发了居民通过旅游开发实现自我与地方共同增权的美好期待[13]。

地方认同对旅游态度影响的显著性不高，可能是由于地方认同的建构过程对不同个体而言具有多样性，从而在正反两方面影响着居民旅游态度的形成。行为依赖对旅游态度影响的显著性也不高，可能是由于不同个体的人口特征具有差异，其行为依赖的表现形式不同，从而具有较大的个体差异。

5　研究结论及讨论

本文从地方依恋的三维框架出发，构建起主体、客体、过程的地方依恋影响机制，并构建其与旅游发展态度的结构模型，探究传统村落居民地方依恋与旅游态度的影响机制，主要结论如下：①地方依恋的影响因素是多方面的并且是交互的，其中，情感依恋主要受到空间感知因素的影响（包括民居建筑、人文景观、自然景观、公共服务、道路交通），地方认同主要受到社会感知因素的影响（包括社会经济、组织管理、传统文化、节庆活动、社会交往），行为依赖主要受到人口特征因素的影响（包括居住时间与年龄、职业与收入）；②古北口村居民的传统文化保护意愿、旅游发展支持意愿和民俗旅游参与意愿总体呈现积极态度[14]。情感依恋对旅游态度有显著的正向影响，情感依恋越强，居民的文化保护意愿就相对越高，也更希望古北口村能够得到更可持续的发展，强烈的地方情感和文化自豪感也会让他们更容易成为旅游参与的地方精英[15]。

地方依恋的主体、客体和过程三个维度的建构过程是连贯一致的。人这一主体在时间和空间中的规律性行为构成了"时空芭蕾"，从而产生行为依赖；人的活动形成了地方的物质空间格局，人对物质空间的感知又反过来影响了人的心理过程，产生情感依恋；人在以地方为范围的各类社会活动中，形成群体性的集体记忆与身份认同，从而产生地方认同。地方依恋将人、时间和地方连接在一个有机的整体中，人和地方的相互作用构成了重要的地方意义。

　　旅游型传统村落居民的地方依恋对于传统村落旅游发展起着重要作用。传统村落的旅游发展应建立以人为本的可持续发展理念，基于地方依恋与旅游态度的影响机制，通过多种有效途径提升居民的地方依恋，包括通过空间"共建"，延续地方空间要素，建立居民与地方良好的情感连结；通过社会"共治"，建立多元化的社会参与渠道，强化居民的地方认同；通过均衡利益分配，实现发展成果"共享"，调动居民发展乡村旅游的主动性，提升居民的行为依赖。通过"共建、共治、共享"路径的不断更新强化，提升居民对文化保护和旅游发展的支持和参与意愿，从而探索可持续旅游发展的有效途径。

参考文献

[1] Tuan Y F. Space and Place: The perspective of experience [M]. Minneapolis: Minnesota Press, 1977.

[2] Wang F, Prominski M. Urbanization and locality: Strengthening identity and sustainability by site-specific planning and design [M]. Heidelberg: Springer, 2016.

[3] 汪芳, 章佳茵, 卞辰龙, 等. 生态适应中乡村地方性景观的分化重构与机制分析 [J]. 中国园林, 2023, 39（4）: 14-19.

[4] Relph E. Place and placelessness [M]. London: Pion Limited, 1976: 10-20.

[5] Scannell L, Gifford R. Defining place attachment: A tripartite organizing framework [J]. Journal of Environmental Psychology, 2011, 30（1）: 1-10.

[6] Lewicka M. Place attachment: How far have we come in the last 40 years? [J]. Journal of Environmental Psychology, 2011, 31（3）: 207-230.

[7] Williams D R, Patterson M E, et al. Beyond the commodity metaphor: Examining emotional and symbolic attachment to place [J]. Leisure Sciences, 1992, 14（1）: 29-46.

[8] Jansen S J T. Place attachment, distress, risk perception and coping in a case of earthquakes in the Netherlands [J]. Journal of Housing and the Built Environment, 2019, 35（2）: 407-427.

[9] Zenker S, Ruetter N. Is satisfaction the key? The role of citizen satisfaction, place attachment and place brand attitude on positive citizenship behavior [J]. Cities, 2014, 38: 11-17.

[10] 王纯阳, 屈海林. 村落遗产地社区居民旅游发展态度的影响因素 [J]. 地理学报, 2014, 69（2）: 278-288.

[11] Shaykh-Baygloo R. A multifaceted study of place attachment and its influences on civic involvement and place loyalty in Baharestan new town Iran [J]. Cities, 2020, 96（2）: 102473.

[12] 车震宇. 旅游发展中传统村落向小城镇的空间形态演变 [J]. 旅游学刊, 2017, 32（1）: 10-11.

[13] 柴健, 唐仲霞, 白嘉奇, 等. 国家公园背景下旅游地居民参与旅游的能力和意愿关系研究——以祁连山国家公园青海片区为例 [J]. 干旱区资源与环境, 2022, 36（4）: 192-199.

[14] 刘小同, 刘人怀, 文彤, 等. 认同与支持: 居民对旅游演艺地方性感知的后效应 [J]. 旅游学刊, 2021, 36（5）: 42-54.

[15] 蔡天抒, 袁奇峰. 以"地方文化认同"为动力的历史文化遗产保护——基于广东地方文化保育行动的实证研究 [J]. 国际城市规划, 2017, 32（2）: 114-120.

附表

地方依恋、居民感知、旅游态度测量量表

	维度	问项
地方依恋 测量量表	地方认同	我为生活在古北口村而感到自豪
		我认为古北口村具有独特的地方特色
		我了解并热爱村里的历史文化
	情感依恋	当我离开古北口村时，我会很想念这里
		我认为古北口村对我而言有重要意义
		我喜欢住在村里，这里的生活让我满意
	地方依赖	我住在村里感到舒适和安全
		我非常习惯在村里的生活方式
		未来我不愿意离开本村搬到其他地方
居民感知 测量量表	社会感知	我的家人朋友都住在古北口村并常常联系
		我经常参与村里的节庆活动
		村里的管理组织协调有序
		旅游发展为居民提供了就业机会和收入来源
		旅游发展促进了地方文化的保护和发展
	空间感知	村里的河流、山脉等自然景观优美
		村里的长城遗迹、宗祠庙宇等人文景观有吸引力
		村里的民居建筑风格与整体风貌独具特色
		旅游发展促进了基础设施和公共空间的建设
		村里的道路平整，对外交通便捷
居民旅游态度 测量量表	旅游态度	在旅游发展过程中保护村里的历史文化很重要
		我对本村的旅游发展前景抱有积极态度
		我愿意积极参与村里的旅游业

李健，博士，上海社会科学院研究员

张剑涛，博士，中国城市规划学会学术工作委员会委员，上海社会科学院城市与区域研究中心客座研究员

刘玉博，博士，上海社会科学院城市与人口发展研究所副研究员

杨传开，博士，上海社会科学院城市与人口发展研究所副研究员

李健
张剑涛
刘玉博
杨传开

中国城市高质量发展指标体系构建及实证测度研究 *

1 前言

2017 年 10 月，党的十九大报告指出：我国经济已由高速增长阶段转向高质量发展阶段。推动高质量发展是我们当前和今后一个时期确定发展思路、制定经济政策、实施宏观调控的根本要求。党的十九届五中全会上明确提出："十四五"时期经济社会发展要"以推动高质量发展为主题"。因此，高质量发展必将成为我国经济社会未来发展的主线，其中城市是我国经济社会高质量发展的重要实践体。高质量发展是在新阶段、新理念和新格局下，推动我国今后经济转型和动能转换、保持经济健康持续发展的必然要求，也是适应经济发展规律及我国经济社会主要矛盾变化的必然选择，必将更好地推动我国经济社会可持续发展总体目标的实现。因此，构建科学的高质量发展评价体系，对于今后经济增长方式转型、发展方式转变和发展模式变革进行更好监测具有重要意义，可以更好地督促地方政府将质量、效率和动力变革融入经济社会发展实践中。

一般认为，高质量发展研究源自对经济质量的研究。早期经济增长理论单纯将经济增长归因于资本积累，盲目追求经济总量的增长而忽略由此带来的社会收入不公平问题、生态环境污染问题和区域发展不平衡问题等，经济增长并没有带给人们更多的生活改善。直到 20 世纪中期，经济学界开始探讨经济质量的问题，Solow 突破传统要素的局限，将经济增长归因于技术进步 [1]。卡马耶夫认为经济

* 基金资助：本文由国家自然科学基金项目（编号：41001106）、上海市软科学研究重点项目（编号：22692111000）资助。

增长质量是资源效率决定的[2]。Robert J. Barro 认为，经济增长质量是经济、社会、政治及宗教等多要素综合作用的结果[3]。在国内，王积业认为经济质量包括投入产出质量、要素组合质量、效率质量及再配置质量[4]。向书坚、郑瑞坤认为经济质量包括经济运行质量、物资运行质量、人民生活质量及生态环境质量四方面[5]。王薇、任保平将经济质量分为狭义和广义，狭义即经济效率，广义包括更宽泛的社会发展、生态环境等因素[6]。叶初升、李慧将经济增长质量界定为蕴含于经济增长过程中并由经济增长所带来的综合能力的提升[7]。

2017 年 12 月的中央经济工作会议指出：高质量发展，就是能够很好满足人民日益增长的美好生活需要的发展，是体现新发展理念的发展，是创新成为第一动力、协调成为内生特点、绿色成为普遍形态、开放成为必由之路、共享成为根本目的的发展。高质量发展研究提供根本方向和思路，就是跳出过去经济发展进程中的固有思维模式和发展路径，突出解决当前社会主要矛盾，以"创新、协调、绿色、开放、共享"五大新发展理念为根本指导，形成引领城市高质量发展的指标体系，再推进政策体系、标准体系、统计体系及绩效体系等建设，最终支撑我国高质量发展目标不断突破。

2　文献综述

在党的十九大作出"我国经济已由高速增长阶段转向高质量发展阶段"重大判断之后，学术界围绕高质量发展内涵、高质量发展指标体系、高质量发展测度方法、高质量发展影响因素、高质量发展特征、新时代经济社会主要矛盾等命题，从区域、省域、市县到特定园区甚至是产业、企业层面都展开了积极探索，相关研究成果不断丰富。诸多学者在研究中较好地考虑了高质量发展的多维性特征，选取了形式多样且各具特色的测度指标。

在高质量发展内涵方面，学者普遍认为高质量发展是五大新发展理念的具体体现，新时代城市高质量发展必须是以质量、效率、公平、可持续发展等为导向，能够满足人民日益增长的美好生活需求，发展中以创新为引擎、兼顾效率与公平、推动双循环发展格局、实现经济增长与生态保护双赢的发展模式，不断提升人民幸福感和获得感。钞小静、惠康认为，应从经济增长结构和经济增长波动等动态维度，经济增长的福利变化与分配、资源利用和生态环境代价等静态维度来衡量高质量发展的水平[8]。任保平、李禹墨认为高质量发展的内涵包括：经济发展、改革开放、城乡建设、生态环境及人民生活[9]。施洁认为高质量发展有时代特性，涵盖经济发展有效性、协调性、创新性、共享性和可持续性等内涵特征[11]。裴玮认为高质量发展要注重结构优化、绿色生态、质效提升、动能转化、民生改善、风险防控[12]。

在高质量发展评价指标方面，2017 年中央经济工作会议之后，学界对指标体系的宏观维度研究基本一致，围绕五大理念构建的创新发展、协调发展、绿色发展、开放发展和共享发展作为基本评价面、进而展开级指标直接设计或变形设计是主流的研究路径。另外也增加有效、动能转换、信息基础设施、经济稳定或经济增长、结构优化等内容[13]。杨仁发、杨超从经济活力、创新效率、绿色发展、人民生活和社会和谐等共 20 个具体指标，对长江经济带 108 个城市的高质量发展情况进行测度[14]。丁舒燮、肖谷从城市发展质量、城市生态质量、城市生活质量三个维度包含经济、人口、创新、环境和社会生活五个层面 19 项指标，构建黄河流域高质量发展评价指标体系[15]。杜春丽、杜子杰立足于五大新发展理念，从产出效益、结构优化、绿色生态、开放合作和创新发展五大维度，对我国省级经开区高质量发展进行了评价[16]。丁浩、王赛通过对高质量发展内涵的分析，构建包含创新、协调、绿色、开放以及共享五个维度，R&D 投入强度、万人有效发明专利数等 24 个二级指标经济高质量发展评价指标体系[13]。田时中等认为创新维度包括创新投入、创新产出两方面，协调维度主要包括产业协调、城乡协调，绿色维度包括资源利用和环境治理，开放维度主要考察城市群的人均消费情况和对外贸易开展情况，共享维度考察医疗、社会保障和文化发展[17]。

在高质量发展测度方法方面，已有研究主要借助层次分析方法，差异主要在指标赋权方法方面，包括离散系数法与综合指数法结合、主观赋权 AHP 与客观赋权 EVM 相结合的多目标线性加权和法、组合加权主成分法及熵权 TOPSIS 相结合的方法都得到较好的应用。此外，詹新宇、崔培培利用主成分分析方法对中国各省经济增长质量进行了测度[18]。田光辉、赵宏波等采用模糊综合判别法、系统协调度和聚类分析方法对河南省区域发展的质量进行了评价[19]。马茹、罗晖等（2019）用等权重线性加权法测算了 2016 年中国 30 个省（自治区、直辖市）的经济高质量发展指数[20]。

从既有文献综述看，关于城市高质量发展内涵和评价体系的构建已经具备了相当基础，在内涵解释和测度方法、相关因素分析等方面形成了丰富的研究成果，并且很好地集成了可持续发展的理念。但已有研究仍有显著缺陷：一是研究仍处于探索阶段，多数学者都是从某一角度进行研究，体现在指标体系较为单薄，很多评价结果彼此间差异较大；二是很多指标体系的构建与现实联系不够紧密，体现为指标设计的突兀，不是常规的统计指标，从而导致指标标准化和可统计性不强；三是研究尺度窄，到目前为止尚未有全国尺度的城市评价研究，多为省域或区域层面的研究，城市层面研究多为某区域的城市评价分析。本文试图弥补以上不足。

3　城市高质量发展测度指标体系与方法

3.1　研究对象

本次评价样本城市为中国 297 个地级及以上城市（不含港、澳、台地区），其中，海南省三沙市因为数据缺失严重，不在本次研究范围。不同类型和规模城市在发展基础、发展阶段和发展导向等方面都存在巨大差异性，高质量发展水平具有不可比性。因此，本文对 296 个地级及以上城市，以特定行政级别、人口规模为标准，划分为四个典型类型，分别进行研究。一是特定行政级别的城市。包括直辖市、副省级城市、省会城市、计划单列市，总计 36 个城市，在人口规模、经济基础、社会发展、资源分配等方面具有区域优势。二是城区人口 100 万以上的城市。这些城市普遍是经济比较发达，产业基础好，同时在区域交通、对外联系、资源环境等方面有独特的优势。该类型城市总计 50 个。三是城区人口 50 万—100万的城市。这些城市有较好的发展基础并集聚较大规模的人口，但经济社会发展水平、基础设施、公共服务等方面存在较大差异。该类型城市总计 89 个。四是城区人口少于 50 万的城市。这些城市一般在经济社会综合发展方面存在不足，但在某些细分领域可能有突出优势，表现为"小而美"的精品城市。该类型城市总计121 个。

3.2　指标体系及数据来源

本文围绕高质量发展的战略目标和现实需求，系统梳理高质量发展内涵及与"创新、协调、绿色、开放、共享"五大新发展理念的内在逻辑关系，构建评价指标体系，旨在测算中国地级及以上城市高质量发展的现状水平。围绕以"人民城市"为发展目标，以"能很好满足人民日益增长的美好生活需要"为导向，坚持"大中小城市协调发展"，注重挖掘标杆城市和特色城市，坚持综合发展的导向，贯彻高质量发展是创新成为第一动力、协调成为内生特点、绿色成为普遍形态、开放成为必由之路、共享成为根本目的的发展根本指导。评价指标体系是由五大新发展理念界定的五个维度构成 5 个一级指标，选取 13 个二级指标、36 个三级指标，研究内容较丰富，选取的指标都是可统计性指标，借助主成分分析客观赋权方法对中国地级及以上城市高质量发展水平进行全面测算和评价。

从发展逻辑看，五大理念形成紧密的相互阐释关系。其中，创新是寻求新的动力，改变过去要素驱动、资本驱动型的传统路径，构建依靠人才、依托科技的新型发展模式；协调是缩小产业、区域、城乡发展差距，推动发展要素跨领域、跨区域顺畅流通，强调发展覆盖面的扩大；绿色是为了人民群众拥有更好的城市生态环境，建构宜业宜居的生态空间；开放是为了更好地利用两种资源、两个市场，获取更多更好的资源，强化人文交流和国际沟通；共享是让更多的人民群众享受城市发展的红利，提升城市民生服务水准，营造高品质城市生活（表1）。

中国城市高质量发展评价指标体系构成　　　　　表1

一级指标	二级指标	三级指标	指标解释	指标属性
创新	经济基础	常住人口规模（万人）	反映城市生产和消费的综合能力	+
		人均GDP（元）	反映城市的人均经济能力	+
		人均全社会固定资产投资（万元）	反映城市的人均投资水平	+
		人均全社会消费品零售总额（万元）	反映城市的人均消费水平	+
	科技投入	R&D经费规模（亿元）	反映科技研发规模	+
		R&D从业人员（万人）	反映科技人员规模	+
		R&D经费占GDP比重（%）	体现城市对科技研发重视程度和投入水平	+
	科技产出	每万人专利授权量（件）	反映城市专利产出的强度和能力	+
		发明专利占专利授权量比重（%）	反映城市专利产出的质量	+
协调	产业协调	二、三产业增加值占GDP比重（%）	反映城市经济非农产业化的程度	+
		科技人员占就业人员比重（%）	反映产业科技化	+
		现代服务业从业人员占第三产业从业人员比重（%）	反映产业服务化	+
	区域协调	区县最高人均GDP与区县最低人均GDP之比	反映市域范围经济发展差异程度	−
		城区人口占市域人口比重（%）	反映通过人口集聚缩小区域经济发展差距的能力	+
	城乡协调	城乡居民人均可支配收入比	反映城乡居民收入差距	−
		城镇化率（%）	反映城乡人口空间配置协调程度	+
绿色	绿色经济	每万元GDP SO_2 排放强度（吨）	反映单位经济产出的污染排放量	−
		每万元GDP耗电量（千瓦时）	反映单位经济产出的碳排放量	−
	绿色生活	人均绿地面积（平方米/人）	反映市域范围内的绿色生活质量	+
		污水处理厂集中处理率（%）	反映城市对各种污水的集中处理能力	+
	绿色环境	建成区绿化覆盖率（%）	反映城市建成区绿色生态环境的质量	+
		可吸入细颗粒物年平均浓度（微克/立方米）	反映城市的空气质量情况	−

续表

一级指标	二级指标	三级指标	指标解释	指标属性
开放	经济开放	实际利用外资规模（亿元）	反映吸纳外资能力	+
		货物进出口总额（亿元）	反映对外贸易能力	+
		实际利用外资占全社会固定资产投资比重（%）	反映外资在社会投资中的重要性	+
		外贸依存度（%）	反映进出口贸易对城市经济的贡献和水平	+
	文化交流	入境游客占全部游客比重（%）	反映居民的国际交往和文化交流程度	+
		入境游客人均外汇收入（美元）	反映城市对国际游客吸引力	+
共享	基础设施	互联网宽带接入用户比重（%）	反映城市信息化发展水平	+
		建成区路网密度（千米/平方千米）	反映城市交通便捷情况	+
		每万人公共图书馆图书藏量（册）	反映城市文化发展与文明程度	+
		市辖区万人拥有公共汽车数（辆）	反映城市公共交通发达程度	+
	公共服务	教育支出占地方一般公共预算支出比重（%）	反映城市对教育的重视情况	+
		每万人拥有的执业（助理）医师数（人）	反映城市医疗水平和质量	+
		城镇职工基本医疗保险参保率（%）	反映城市保障人民病有所医的能力和水平	+
		城镇职工基本养老保险参保率（%）	反映城市保障人民群众老有所养的能力和水平	+

注："+"代表正向指标，值越大越好；"-"代表负向指标，值越大越不好。

资料来源：笔者整理

　　从数据来源看，主要有三类：第一类是年鉴数据，包括《中国城市建设统计年鉴2020》《中国城市统计年鉴2020》《中国城市统计年鉴2021》，2020年、2021年各省和城市统计年鉴，2020年、2021年统计公报。第二类是网站公开的数据，包括政府网站公开数据、重要学术平台梳理的公开经济社会数据。第三类是插值赋值。由于本次评价城市范围广，各城市在经济社会数据统计上存在较大差异性，有些城市存在某些指标数据缺失的现象，因此，本文采用人均经济水平相近、地理临近的城市数据进行插值法赋值，补全城市缺失的指标数据。

3.3　研究方法

　　本文参考层次分析法，将一个复杂的系统决策问题分解为多个目标，进而分解为多指标。之后采用主成分分析的方法客观赋权，确定二级指标和三级指标的权重。具体评估步骤如下：

（1）指标的标准化。首先对原始数据进行无量纲化处理。通常使用的无量纲化处理方法有极值化法、标准化法和均值化法。本文采用极值化方法对三级指标原始数据进行无量纲化处理，这种处理方法不仅消除了三级指标原始数据在量纲和量级上的差异，而且保留了原始数据的关系信息。处理公式为：

正向指标的计算公式为：

$$x'_{ij} = \frac{x_{ij} - \min\{x_{ij}\}}{\max\{x_{ij}\} - \min\{x_{ij}\}} \qquad （1）$$

其中，x_{ij} 代表二级指标 x 第 i 项三级指标中第 j 个城市的统计性原始数据；$\min\{x_{ij}\}$ 为三级指标 x_i 的最小值，$\max\{x_{ij}\}$ 为三级指标 x_i 的最大值；x'_{ij} 为标准化后的数据，$x'_{ij} \in [0，1]$。

对于负向指标则采用以下计算公式：

$$x'_{ij} = \frac{\max\{x_{ij}\} - x_{ij}}{\max\{x_{ij}\} - \min\{x_{ij}\}} \qquad （2）$$

（2）指标权重确定。根据本文的研究目标，主成分分析方法具有比较明显的优势，具体体现在：第一，主成分分析法的降维处理技术能够较好地解决多指标综合评价的要求；第二，主成分分析法在进行多指标综合评价时的权数处理，有助于全面反映高质量发展各要素的不同作用。步骤如下：

第一，确定特征向量方向。协方差矩阵每一个特征根都对应一正一负的两个单位特征向量，正负特征向量的选择将直接影响各样本主成分得分。对这个问题，本文采用最优样本与最劣样本比较法确定特征方向。首先，从均值化矩阵挑选出每个指标最优值，把这些值组合在一起作为一个最优样本；同理，挑选出各指标最劣值形成一个最劣样本。其次，通过特征向量分别求出最优样本和最劣样本的各主成分值，若最优样本主成分值大于最劣样本主成分值，特征向量方向确定；否则，特征向量取相反方向。

第二，主成分个数选取及权重确定。主成分个数确定需要在主成分方差累计贡献率与主成分变量个数两者之间做出平衡。主成分提取个数较少会方便计算，个数多能提高精度。一般而言，实践中提取主成分通行的方法有以下几种：一是 Qm ≥ 85% 准则（即排名靠前的几个主成分，贡献率加和要 ≥ 85%），根据国内外学者使用主成分分析法进行多指标综合评价研究实践，Qm ≥ 85% 通常可以保证样本排序稳定；二是选取第一主成分用于综合评价。通过实际操作，根据最后计算结果，本文采用第一主成分准则，因为第一主成分携带的信息量最多，能够保证基础信息大部分被包括其中。

第三，权重变换。在基于主成分分析法得到三级指标权重后，本文按照五大维度即一级指标为相同权重（各为 20）思路，对二级指标、三级指标权重予以调整，最终保证创新、协调、绿色、开放和共享五大维度始终处于可对比的均衡状态。

（3）计算加权得分。根据无量纲化后的指标及相对应的权重，通过由下而上加权平均的方法得到城市高质量发展指数。计算公式为：

$$I_x = \sum_{i=1}^{m} x_i w_i \tag{3}$$

其中，I_x 代表二级指标 x 的综合得分，x_i 为 x 第 i 项三级指标，w_i 为三级指标 x_i 的权重，m 代表 m 个城市。计算出 13 个二级指标得分。

将相应二级指标得分加和后，分别可得 5 项一级指标初始得分 I_y，形成创新发展指数、协调发展指数、绿色发展指数、开放发展指数、共享发展指数。最后，将 5 项一级指标得分加和，得到了城市高质量发展总指数 I_z。

4　中国城市高质量发展测度及区域格局

4.1　特定行政级别的城市

从发展总指数看，北上广深四大城市居前四，体现出在城市高质量发展水平的领先性。前十位城市还包括厦门、杭州、南京、武汉、宁波和大连，以东部沿海发达地区的城市为主。第十一位到第二十位是成都、天津、青岛、长沙、太原、郑州、济南、合肥、西安和乌鲁木齐，是近些年经济发展强劲的城市。第二十一位到第三十六位的城市有沈阳、福州、海口、南昌、贵阳、长春、重庆、银川、呼和浩特、南宁、哈尔滨、拉萨、昆明、石家庄、兰州以及西宁（图 1）。

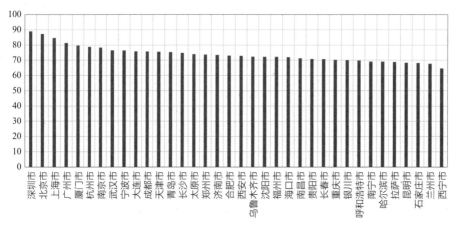

图 1　36 个特定行政级别的城市高质量发展总指数排名

从区域格局看，高质量发展水平较高的城市以长三角、珠三角及京津冀地区为主。此外东部地区的大连、青岛、厦门以及中西部地区的武汉、成都也都处于较高水平。总体上，东部地区高于中部和西部地区，但在中西部地区也会有个别"明星"城市出现。此外，分别提取出各单项指标的前十名城市进行考察，东部城市在五个单项领域都有 7 个以上的城市入围；而从南北部地区考察，南部地区占据绝对优势（表 2）。

36 个特定行政级别的城市高质量发展总指数及
分项指数前十名区域分布　　　　　　　　　　表 2

	东中西部地区				南北部地区	
	东部	中部	西部	东北	北部	南部
发展总指数	8	1	0	1	2	8
创新发展指数	8	2	0	0	2	8
协调发展指数	8	1	1	0	4	6
绿色发展指数	8	1	0	1	3	7
开放发展指数	7	1	1	1	2	8
共享发展指数	9	0	0	1	3	7

4.2　城区人口 100 万以上的城市

在发展总指数中，从 50 个样本城市的总体情况看，前十名城市分别是珠海、东莞、苏州、无锡、佛山、惠州、常州、南通、温州、扬州，全部都是长三角和珠三角地区经济发达的二级城市。第十一名到第二十名有烟台、台州、淄博、大庆、芜湖、泉州、包头、汕头、柳州和泰安。第二十一名到第三十名分别是株洲、盐城、淮安、抚顺、徐州、洛阳、唐山、潍坊、秦皇岛以及济宁（图 2）。

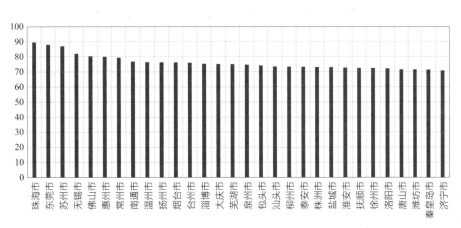

图 2　城区人口 100 万以上的城市高质量发展总指数前三十城市排名

从区域格局看，该类别城市中高质量发展水平较高的城市主要集中在珠三角、长三角及山东半岛地区，如珠海、东莞、苏州、无锡、烟台、淄博等城市。此外在东北、华北以及中西部地区有零散分布的发展水平较高的城市，如包头、抚顺、秦皇岛、柳州、株洲等城市。同样分别提取出各单项指标的前十名城市进行考察，东部城市在五个单项领域都有 8 个以上的城市入围；而从南北部区域考察，南部地区则占据绝对优势，都有 8 个以上的城市入围（表 3）。

城区人口 100 万以上的城市高质量发展总指数及
分项指数前十名区域分布　　　　表 3

	东中西部地区				南北部地区	
	东部	中部	西部	东北	北部	南部
发展总指数	10	0	0	0	0	10
创新发展指数	10	0	0	0	1	9
协调发展指数	9	0	1	0	1	9
绿色发展指数	8	0	1	1	2	8
开放发展指数	9	0	0	1	2	8
共享发展指数	10	0	0	0	1	9

4.3　城区人口 50 万—100 万的城市

在发展总指数中，从 89 个样本城市的情况看，位居前十名的城市分别是中山、嘉兴、舟山、金华、绍兴、威海、湖州、镇江、东营和江门，其中又以长三角城市为主。泰州、本溪、连云港、盘锦、马鞍山、宜昌、莆田、日照以及湘潭、攀枝花位列第十一到第二十位。而第二十一位到第三十位是肇庆、宿迁、蚌埠、黄石、营口、韶关、辽阳、廊坊、新乡、丹东（图 3）。

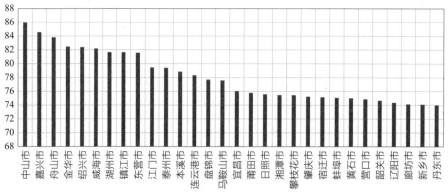

图 3　城区人口 50 万—100 万的城市高质量发展总指数前三十城市排名

从区域格局看，该类别城市中高质量发展水平较高城市主要集中在东部沿海地区，其中又以长三角地区最为密集，另外在珠三角、山东半岛、辽中南地区等也有集中。此外在中西部地区分散布局，如宜昌、湘潭、攀枝花、黄石等城市。分别提取出各单项指标的前十名城市进行考察，可以发现五个单项领域表现略有差异，其中创新发展指数、开放发展指数和共享发展指数是 10 个城市都在东部地区，绿色发展指数有 8 个城市在东部地区，而协调发展指数仅有 6 个城市位于东部地区；从南北部区域考察，创新发展指数、绿色发展指数、开放发展指数、共享发展指数都是南部地区占据绝对优势，而协调发展指数则是北部优于南部地区（表 4）。

城区人口 50 万—100 万的城市高质量发展总指数及
分项指数前十名区域分布　　　　　　　　表 4

	东中西部地区				南北部地区	
	东部	中部	西部	东北	北部	南部
发展总指数	10	0	0	0	2	8
创新发展指数	10	0	0	0	3	7
协调发展指数	6	1	1	2	6	4
绿色发展指数	8	0	0	2	3	7
开放发展指数	10	0	0	0	2	8
共享发展指数	10	0	0	0	2	8

4.4　城区人口少于 50 万的城市

在发展总指数中，从 121 个样本城市考察，前十名城市有克拉玛依、嘉峪关、鄂尔多斯、三亚、丽水、乌海、漳州、衢州、龙岩和新余。第十一名到第二十名城市有石嘴山、黄山、铜陵、白山、景德镇、鄂州、三明、鹰潭、滁州、郴州。第二十一到第三十名包括萍乡、许昌、宣城、德阳、荆门、宁德、南平、哈密、三门峡和北海（图 4）。

从区域格局看，该类型城市主要分布在中西部地区以及东北地区、福建省到珠三角地区，京津冀、山东半岛到长三角地区出现大量空白。西部地区克拉玛依、嘉峪关、鄂尔多斯、乌海等城市较为领先，但区域最集中是安徽南部、浙江南部、福建西部及江西省等地区。河南、陕西、四川等省份城市处于次级水平。分别提取出各单项指标的前十名城市进行考察，发现甚至出现了东中西部地区、南北部地区较为均衡的情况。其中，在协调发展指数、绿色发展指数、开放发展指数、共享发展指数等方面东部落后于中西部地区；在协调发展指数、共享发展指数方面，北部地区领先于南部地区（表 5）。

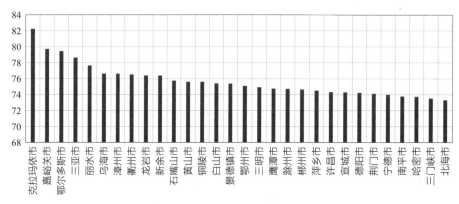

图 4　城区人口少于 50 万的城市高质量发展总指数前三十城市排名

城区人口少于 50 万的城市高质量发展总指数及
分项指数前十名区域分布　　　表 5

	东中西部地区				南北部地区	
	东部	中部	西部	东北	北部	南部
发展总指数	5	1	4	0	4	6
创新发展指数	5	3	2	0	2	8
协调发展指数	1	1	5	3	8	2
绿色发展指数	1	3	5	1	5	5
开放发展指数	2	5	3	0	3	7
共享发展指数	3	0	6	1	7	3

5　结语

　　通过对高质量发展内涵的阐释，本文构建了一个更宽泛丰富的评估指标体系，对中国 296 个地级及以上城市的高质量发展进行综合和分项评价。研究发现全国城市高质量发展水平存在较大差异，北上广深处于领先水平，副省级城市一般也都处于较高的水平，省会城市表现差异较大，但总体上行政等级高、人口规模大的城市仍然处于领先水平。从区域格局来分析，沿海地区城市在城市高质量发展总指数上处于较领先的水平，南部城市领先于北部城市，这同样体现在一些分项指标上。但从四个类型城市看，城市等级越高、规模越大，东中西、南北的区域差异就越大，这从城区人口少于 50 万的城市高质量发展考察中可以发现，发展总指数及分项发展指数前十名的城市在区域分布基本均衡。这也启示中西部地区在新型城镇化发展中更应该重视"小而美"的中小城市的建设和发展。

　　城市高质量发展是一个综合性的经济社会发展框架，提升其发展水平是一个系统性的经济社会工作体系，其内在运行机制不是靠评价指标体系能够完全揭示和描绘的，需要更好地理解各板块和要素间的互动联系和支撑关系。因此，本文对城市高质量发展的研究只能算是抛砖引玉，后续仍然需要更多研究深入到城市高质量发展内在子系统及彼此之间的互动关系研究中。此外，不同区域和等级的城市所体现的高质量发展内涵应该有所侧重，大城市更侧重综合性，而中小城市则可以侧重某个领域，实现"小而美"的发展，这在实践工作中需要注意并坚持。

参考文献

[1]　Becker G S，Murphy K M. The division of labor，coordination costs，and knowledge[J]. University of Chicago George G Stigler Center for Study of Economy & State，1992，107（4）：1137-1160.

[2]　B. D. 卡马耶夫 . 经济增长的速度和质量 [M]. 陈华山，坐东冠，何剑，等译 . 武汉：湖北人民出版社，1983：19-32.

[3]　Robert J B. Quantity and quality of economic growth[Z]. Santiago：Central Bank of Chile，2002：1-39.

[4]　王积业 . 关于提高经济增长质量的宏观思考 [J]. 宏观经济研究，2000（1）：11-17.

[5]　向书坚，郑瑞坤 . 增长质量、阶段特征与经济转型的关联度 [J]. 改革，2012（1）：33-40.

[6]　王薇，任保平 . 我国经济增长数量与质量阶段性特征：1978—2014 年 [J]. 改革，2015（8）：48-58.

[7]　叶初升，李慧 . 增长质量是经济新常态的新向度 [J]. 新疆师范大学学报：哲学社会科学版，2015（4）：8-13.

[8]　钞小静，惠康 . 中国经济增长质量的测度 [J]. 数量经济技术经济研究，2009（6）：75-86.

[9]　任保平，李禹墨 . 改革开放 40 年：从高速发展到高质量发展 [J]. 黑龙江社会科学，2018（4）：31-36.

[10]　史丹，赵剑波，邓洲 . 从三个层面理解高质量发展的内涵 [N]. 经济日报 . 2019-09-09（14）.

[11]　施洁 . 深圳经济高质量发展评价研究 [J]. 深圳社会科学，2019（1）：70-78.

[12]　裴玮 . 基于熵值法的城市高质量发展综合评价 [J]. 统计与决策，2020（16）：119-122.

[13]　丁浩，王赛 . 基于新发展理念的华东地区经济高质量发展评价研究 [J]. 河南科学，2020（7）：1189-1196.

[14]　杨仁发，杨超 . 长江经济带高质量发展测度及时空演变 [J]. 华中师范大学学报（自然科学版），2019（5）：631-642.

[15]　丁舒熳，肖谷 . 黄河流域城市高质量发展研究 [J]. 中国经贸导刊，2020（5）：7-12.

[16]　杜春丽，杜子杰 . 高质量发展视阈下省级经开区评价体系探析 [J]. 学习与实践，2019（7）：51-57.

[17]　田时中，张安楠，金自然 . 基于五大理念的长三角城市高质量发展评价实证研究 [J]. 重庆工商大学学报（社会科学版），2021（1）：1-11.

[18]　詹新宇，崔培培 . 中国省际经济增长质量的测度与评价—基于"五大发展理念"的实证分析 [J]. 财政研究，2016（8）：40-53.

[19]　田光辉，赵宏波，苗长虹 . 基于五大发展理念视角的河南省区域发展状态评价 [J]. 经济经纬，2018（1）：22-28.

[20]　马茹，罗晖，王宏伟 . 中国区域经济高质量发展评价指标体系及测度研究 [J]. 中国软科学，2019（7）：60-67.

[21]　徐瑞慧 . 高质量发展指标及其影响因素 [J]. 金融发展研究，2018（10）：36-45.

周建军，浙江舟山群岛
新区总规划师，教授级
高级工程师

陈鸿，北京市密云区住
建局副局长

高雅洁，舟山市规划管
理中心工程师

高
雅
洁

陈
鸿

周
建
军

美丽中国海岛探索

——舟山海上花园城创新性建设指标体系研究

1　引言

在国家设立舟山群岛新区的大背景下，2012 年舟山提出了"四岛一城"的城市建设目标和战略体系，即打造国际物流岛、自由贸易岛、海洋产业岛、国际休闲岛和海上花园城。"四岛"是舟山承担国家海洋经济发展重任的形象表达，具有中国海洋强国战略背景下的特殊意义，而"一城"是舟山海洋城市建设理念、建设内涵的高度概括和创新性要求，代表了未来舟山要达到的具有国际水准的理想人居环境状态，也是未来城市核心竞争力的要义所在。

"建设舟山海上花园城"是一个全新的命题和探索实践过程，尽管有新加坡、夏威夷火奴鲁鲁等国际知名海洋城市作为范本，但作为我国海洋战略和海洋城市建设的领航者，我们必须找到体现舟山群岛型海洋城市特色的建设模式，回答什么才是舟山的海上花园城？

要使这一目标导向能更好地发挥引导、激励作用，使创新的理念转化为发展的实践，必须通过评价来实现。因此，建立一套既符合舟山实际、具有舟山特色，又具有普适意义的海上花园城建设指标体系，已成为舟山全面落实科学发展观、践行五大发展理念的一项重大课题。

2　国内外相关评价体系的趋势分析及经验借鉴

2.1　"海上花园城"的概念内涵

"花园城市"源于英国建筑学家霍华德提出的"田园城市"原型，是一种旨在破解"城市病"的尊重自然、回归自然、崇尚文明、注重人性化的发展思路。

"海上花园城"即海上的"花园城市",目前国际上知名的海上花园城包括新加坡、美国的夏威夷等,其内涵一般体现在海岛生态格局完整、城市空间高效集约利用、城市公共服务均衡公平和海洋城市形象鲜明等方面。

2.2　国内外相关评价体系的特点

近年来,国内外政府、非政府组织、科研院校、企业均从不同角度出发,对花园城市(宜居城市、园林城市)做了不同的解构与分析,形成了若干有代表性的评价指标体系。

(1)"全球最宜居城市指标体系"是经济学家信息社(Economist Intelligence Unit)通过对全球 140 个城市每年 2 次调查评估后得出的,包含安全指数、医疗服务、文化与环境、教育、基础设施 5 大维度 37 项指标,适用"海上花园城"的指标包括公共医疗服务质量、居民健身活动、国际联络质量、好的居住质量、能源供给等。

(2)"中国宜居城市科学评价指标体系"是住房城乡建设部科技司委托中国城市科学研究会、中国城市网、南京大学城市与区域规划系、北京中城国建咨询有限公司等研究机构制定的,并形成了《宜居城市科学评价标准》,包含社会文明度、经济富裕度、环境优美度、资源承载度、生活便利度、公共安全度 6 大维度,并设置了加分、扣分项,具有一定参考价值和创新意义的指标包括历史文化遗产保护程度、工业用水重复利用率、主城区到景区的公交线路通达度、1000 米范围内拥有超市的居住区比例、500 米范围内拥有小学的社区比例、距离免费开放式公园 500 米的居住区比例、社区卫生服务机构覆盖率等。

(3)"滨海宜居城市评价体系"是国家海洋局东海环境监测中心委托大连海事大学、辽宁师范大学制定的,包含环境健康优美、生活舒适便利、经济繁荣富裕、社会文明和谐、公共安全有序 5 大维度 45 项指标,具有一定参考价值和创新意义的指标包括海水利用率、自然岸线比例、滨海线景观(抽样)、每 10 万人拥有免费开放式公园个数、拥有人均 8 平方米艺术公共绿地的居住区比例、R&D 人员占高技术产业职工的比重、生命线工程完善率等。

(4)"上海长宁国际城区指标体系"是上海对接上海 2040 城市总体规划,计划用 5 年打造国际精品城区提出的,包含更具竞争力的开放之城、更具创新引领力的智慧之城、更富魅力的活力之城、更有品质的宜居之城 4 大维度 52 项指标,具有一定参考价值和创新意义的指标包括跨国公司地区总部数量,区域内国际交流活动(会议、展览等)数量,双语标识(含二维码标识)覆盖率,品牌化、专业化、国际化众创空间面积，区政务数据资源共享率，入围米其林星级餐厅和大众点评必吃榜、携程美食林榜单的长宁区餐厅数，全区人才（经营管理人才、专业技术人才、高技能人才）资源总量，绿色出行占全方式出行比重，达到地面景观水标准的河道比例，生活垃圾分类覆盖率等。

（5）"生活品质（杭州）评价体系"是杭州市根据第十次党代会提出的"生活品质城市"理念，委托杭州市委政研室组织制定的，包含经济生活品质、文化生活品质、政治生活品质、社会生活品质、环境生活品质 5 大维度 50 项指标，具有一定参考价值和创新意义的指标包括国际开放度、享有休闲时间的充分程度、平均预期寿命、城乡公交便利率、文娱消费占消费性支出比重、创业环境满意度等。

2.3　国内外相关评价体系研究的启迪

本课题在借鉴国内外相关评价体系的基础上，结合舟山"海上花园城"建设的时代背景，明确了评价体系构建的"六个注重"导向。

（1）注重城市的"开放与创新"。积极融入全球新一轮贸易模式和海洋技术变革浪潮，引导形成更具开放度、创新力、共享力与智慧力的海洋城市可持续动力机制。

（2）注重空间的"集约与特色"。立足海洋城市环境脆弱和土地资源有限的现实性，引导形成海岛型的城市空间集约利用模式和城市特色形象。

（3）注重环境的"安全与健康"。严守生态安全底线，面向更高品质的人居环境，以安全与健康为核心价值导向的城市生态环境、生活环境、休闲环境和社会环境系统。

（4）注重设施的"便利与均等"。体现共建共享理念，形成覆盖全体市民的公共服务设施和基础设施网络体系。

（5）注重文化的"传承与融合"。推进海岛文化的保护利用与现代化发展，展现城市地域人文个性，形成海纳百川、开放包容的城市人文魅力。

（6）注重居民的"自由与活力"。尊重每个阶层、每个群体、每个人的发展需要，建立更加公平公正、民主自由的社会发展环境。

3　海上花园城建设指标体系构建的基本思路与基本构架

3.1　海上花园城建设指标体系构建的基本思路

海上花园城是在党的十八大、十九大精神的指引下，以科学发展观为指导，以五大发展理念为统领，以提升舟山城市的核心竞争力为宗旨，以"国际开放、智慧创新、健康宜居、人文魅力"的海上花园城为目标，以客观指标统计与主观评价调查为手段，构建立足舟山、面向国际的海上花园城建设指标体系，形成"党政主导、专家支撑、社会运作"的评价运作机制，力求将"海上花园城"理念转化为共建共享海上花园城的实际行动，将建设"海上花园城"长远目标转化为现实任务，让经济社会发展又好又快，让人民群众生活越过越好。

3.2　海上花园城建设指标体系的构建原则

（1）坚持科学性与可行性相结合。构建海上花园城建设指标体系既要准确把握"海上花园城"发展理念的内涵，按照"海上花园城"发展理念，来选择、创新、设置指标，在科学研究和充分论证的基础上，形成能准确地对海上花园城进行测量的评价指标体系；同时，要尽量考虑调查、测评、统计上的可行性，所选择的指标要便于量化，数据便于采集和计算。

（2）坚持整体性与代表性相结合。构建海上花园城建设指标体系要运用系统优化原则，以较少的指标，较全面、系统地反映海上花园城的总体情况，并兼顾区域发展、城乡发展；同时，海上花园城评价指标又不宜过多，要突出重点，把经济高度开放的海上花园城、文化高度繁荣的海上花园城、社会高度和谐的海上花园城、环境高度优美的海上花园城的代表性指标选出来，使指标体系简明扼要，具有说服力。

（3）坚持引领性与可比性相结合。海上花园城建设指标体系既要充分反映我国经济社会发展新的历史阶段的特点和变化，尤其要体现"以人为本"和科学发展，符合"海上花园城"发展理念的要求，使其具有引领性；在选择海上花园城评价指标时，又要有选择地采用国内通用的评价指标，以及国际上普遍使用的指标，使测评结果具有可比性。

（4）坚持客观性与主观性相结合。海上花园城建设指标体系既要对在经济社会发展基础上的物质条件和各类服务的能力与水平进行测量与评价，用数据对海上花园城的客观状态进行理性的分析；也要考虑人民群众的感受和要求，对个人的幸福感、满意度等主观感受进行测量和评估。

3.3　海上花园城建设指标体系的基本框架

根据"国际花园城市"发展理念，对接国家中长期发展战略，聚焦城市转型发展和竞争力提升的核心维度，突出"海上花园城"的独特性，确定了建设指标体系的基本框架，即以国际开放、智慧创新、健康宜居、人文魅力4个方面作为评价体系的4大维度。"海上国际开放之城"维度，围绕舟山国家新区的核心使命，对接新一轮国家大开放战略，突出城市在全球港口城市分工体系中的核心竞争力，由"经济开放""国际交往"2个领域的11项指标组成；"海上智慧创新之城"维度，围绕国家重要海洋科技创新试验区、海洋科技产业化孵化基地的历史使命，突出城市在未来蓝海经济中的竞争力，由"科技创新""科技产业""智慧城市"3个领域的13个指标组成；"海上健康宜居之城"维度，突出城市在理想人居环境方面的竞争力塑造，由"健康环境""健康生活""健康休闲"和"健康社会"4个领域的22个指标组成；"海上人文魅力之城"维度，突出城市在海洋文化和地域人文内涵的竞争力塑造，由"文明程度""文化自信""文化交流""文化设施"4个领域的11个指标组成。总体形成由4大维度、13个领域、57项指标组成的海上花园城建设指标体系。其中主观指标9个，约占总指标的16%。

3.4 海上花园城建设指标体系的主要指标

（1）"海上国际开放之城"维度：共2个领域11个指标。①经济开放：由世界五百强企业入驻数量、外贸进出口总额、累计实际利用外资、海洋大宗商品交易额占全国比重、国际知名时尚品牌入驻数量组成。②国际交往：由国际交流活动（会议、展览等）数量、年接待境外游客人次、境外机场＆港口通航数量、国际友好城市数量、境外人士占城市人口的比重、居民人均年出境次数组成。

（2）"海上智慧创新之城"维度：共3个领域13个指标。①科技创新：由海洋科技类研发支出占GDP比重、国省级海洋科技实验室数量、每万人海洋科技专利申请量、海洋科技类高端人才引进数量组成。②科技产业：由海洋类高新技术产业产值占GDP比重、海洋科技类上市企业数量、海水淡化＆海洋新能源等新技术应用率、企业对创新创业环境的满意度（主观）组成。③智慧城市：由智慧一卡通系统覆盖率、是否建立海洋智慧大脑、无现金社会实现程度、4G/5G网络覆盖率、智慧社区覆盖率组成。

（3）"海上健康宜居之城"维度：共4个领域22个指标。①健康环境：全年空气指数优的天数、城市森林覆盖率、建成区绿化覆盖率、人均公共绿地面积、生活垃圾＆生活污水集中处理率组成。②健康生活：由平均预期寿命、人均住房面积、非小汽车出行比重、公交站点500米覆盖率、社区公共服务中心覆盖率、社区级商业网点覆盖率、每千人拥有执业医师数组成。③健康休闲：由步行300米城市公园覆盖率、人均山体＆滨海绿道长度、主要景区＆海滩对当地居民免费率、经常性锻炼人群比重、年群体性体育活动天数、国际知名度假酒店数量组成。④健康社会：由居民社会保障覆盖率、社会贫富差距感（主观）、政府依法行政满意度（主观）、公民民主权利满意度（主观）组成。

（4）"海上人文魅力之城"维度：共 4 个领域 11 个指标。①文明程度：由平均受教育年限、市民文明程度（主观）、居民友好度（主观）组成。②文化自信：由居民对本地文化的自豪感（主观）、文化资源保护与开发满意度（主观）组成。③文化交流：由高雅艺术活动满意度（主观）、国际性人文交流活动次数组成。④文化设施：由人均文化设施建筑面积、社区级文化设施的覆盖率、人均公共图书馆藏量、居民对文化设施满意度组成（表 1）。

舟山海上花园城建设指标体系表　　　　表 1

维度	领域	序号	指标
海上国际开放之城	经济开放	1	世界五百强企业入驻数量
		2	外贸进出口总额
		3	累计实际利用外资
		4	海洋大宗商品交易额占全国比重
		5	国际知名时尚品牌入驻数量
	国际交往	6	国际交流活动（会议、展览等）数量
		7	年接待境外游客人次
		8	境外机场 & 港口通航数量
		9	国际友好城市数量
		10	境外人士占城市人口的比重
		11	居民人均年出境次数
海上智慧创新之城	科技创新	12	海洋科技类研发支出占 GDP 比重
		13	国省级海洋科技实验室数量
		14	每万人海洋科技专利申请量
		15	海洋科技类高端人才引进数量
	科技产业	16	海洋类高新技术产业产值占 GDP 比重
		17	海洋科技类上市企业数量
		18	海水淡化 & 海洋新能源等应用率
		19	企业对创新创业环境的满意度（主观）
	智慧城市	20	智慧一卡通系统覆盖率
		21	是否建立海洋智慧大脑
		22	无现金社会实现程度
		23	4G/5G 网络覆盖率
		24	智慧社区覆盖率
海上健康宜居之城	健康环境	25	全年空气指数优的天数
		26	城市森林覆盖率
		27	建成区绿化覆盖率
		28	人均公共绿地面积
		29	生活垃圾 & 生活污水集中处理率

续表

维度	领域	序号	指标
海上健康宜居之城	健康生活	30	平均预期寿命
		31	人均住房面积
		32	非小汽车出行比重
		33	公交站点 500 米覆盖率
		34	社区公共服务中心覆盖率
		35	社区级商业网点覆盖率
		36	每千人拥有执业医师数
	健康休闲	37	步行 300 米城市公园覆盖率
		38	人均山体 & 滨海绿道长度
		39	主要景区 & 海滩对当地居民免费率
		40	经常性锻炼人群比重
		41	年群体性体育活动天数
		42	国际知名度假酒店数量
	健康社会	43	居民社会保障覆盖率
		44	社会贫富差距感（主观）
		45	政府依法行政满意度（主观）
		46	公民民主权利满意度（主观）
海上人文魅力之城	文明程度	47	平均受教育年限
		48	市民文明程度（主观）
		49	居民友好度（主观）
	文化自信	50	居民对本地文化的自豪感（主观）
		51	文化资源保护与开发满意度（主观）
	文化交流	52	高雅艺术活动满意度（主观）
		53	国际性人文交流活动次数
	文化设施	54	人均文化设施建筑面积
		55	社区级文化设施的覆盖率
		56	人均公共图书馆藏量
		57	居民对文化设施满意度

4　海上花园城评价的数据采集与综合分析机制

　　海上花园城建设指标体系不仅要依靠现有政府职能部门的统计、评价、考核机制，而且应探索建立新的采集评价机制。应构建一套从指标测评数据的采集调查，到测评数据的综合分析评估，到评价成果的发布交流等全过程的运作机制。

4.1 构建海上花园城评价的数据采集调查机制

指标测评数据的采集调查，是开展海上花园城评价工作的前提。海上花园城评价的数据采集调查，要根据评价指标的类型、内容不同，确定特定的调查对象，采用相应的调查方法，获取指标测评数据。

（1）明确调查对象，建立采集网络。①明确调查对象。调查对象以城市常住人口为主体，建立涵盖专家学者、党政界人士、普通市民、媒体记者、行业界人士、外来居民、外籍人士等不同领域、不同层次的调查对象网络，并吸收各地的专家学者、媒体记者、企业家代表、市民代表等参与。②建立采集网络。充分利用现有各部门、各单位社会调查网络，重点建设若干个特殊领域、特殊群体的专题调查网络，如中小企业、外来务工人员调查专网。每个调查专网可由相关方面的管理者、投资者、劳动者、消费者组成，所有调查专网共同组成海上花园城社会调查网群，使调查对象能够真正反映海上花园城的现实状态和主流趋势。

（2）创新调查方式，组织专项调查。要根据不同的评价指标要求，采用不同的调查方式：①入户调查。入户调查获得的信息量大，准确度高，是对较复杂问题进行民情民意调查的主要方式。根据调查项目按照一定的方法抽取调查对象，由调查员到被调查者的家中或工作单位进行访问，直接与被调查者接触。②电话调查。电话调查程序简单，成本较低，是对简单问题进行调查的有效方式。现在计算机辅助电话访问得到越来越广泛的应用，可以对舟山信息化服务平台进行适当的功能拓展，为开展电话调查提供基础技术平台。③网络调查。网络调查效率较高，成本低，是随着信息技术发展而兴起的新型调查方式。可以在海上花园城网站上，建设专门的民意调查网络平台。同时，也可以运用通信网络开发短信调查平台，运用数字电视网络开发交互数字电视调查平台，使更多的人能参与到网络调查中。④媒体调查。在媒体对大众的影响日渐广泛和深刻的今天，媒体调查是一种常见的、高效率的调查方式。对于海上花园城调查而言，一般选择大众型媒体作为合作伙伴，就与大众生活密切相关的问题，在媒体上刊登调查问卷进行调查和数据采集。

4.2 构建海上花园城评价的综合分析机制

舟山海上花园城综合分析机制，是建立海上花园城建设指标体系的关键环节。要构建党政引导与社会运作相结合、理性评价与感性点评相结合、综合评价与专题评价相结合的海上花园城评价综合分析机制。

（1）建立舟山海上花园城年度综合评价机制。要依据《海上花园城评价体系》开展测评，了解和把握舟山海上花园城提升的进程，评价舟山城市发展的特点与趋势，针对问题提出对策与建议，形成《舟山海上花园城建设评价年度报告》。还可以开展专题性或阶段性海上花园城分析，为市委、市政府制定发展政策提供决策参考。

（2）建立以海上花园城为主导的舟山区、县（市）综合考核机制。建议以《海上花园城建设指标体系》为依据，对区、县（市）海上花园城状况进行测评，并以其评测结果作为综合评价、考核13区、县（市）党委、政府工作业绩的重要依据。

（3）建立舟山海上花园城总点评机制。围绕"海上花园城"发展理念，依据《海上花园城建设指标体系》，结合海上花园城点评机制特点，形成"舟山海上花园城点评体系"。通过理论研讨、互动推荐、考察展示等多个活动环节，产生体现舟山海上花园城的年度人物、区块、活动、现象，将舟山海上花园城总点评活动，打造成为宣传"海上花园城之城"城市品牌的标志性项目。

（4）建立海上花园城评价机制。条件成熟时，开展与国内其他城市的合作，建立海上花园城评价城市联盟，构建面向全球的海上花园城评价运作网络，开展海上花园城评价，发布海上花园城评价报告。积极寻求与国际相关组织合作，联合开展国际海上花园城评价活动。

4.3　构建海上花园城评价的发布交流机制

构建形式新颖、方式多样、立体呈现的发布交流机制，使海上花园城评价成为宣传推广"海上花园城"发展理念的有效载体，推动经济、文化、政治、社会建设有效平台，发挥评价成果的最大效益。

（1）论坛发布。每年发起召开国际性的海上花园城评价高层论坛，邀请国内外权威研究机构和知名专家、相关城市代表、行业代表，围绕海上花园城的城市建设、产业发展、生态环境等议题开展研讨交流，发布年度评价报告。

（2）会议发布。通过召开舟山海上花园城总点评发布交流会形式，以点评交流、现场互动、媒体参与的方式，发布交流点评成果，展示"海上花园城"建设成就，推动城市品牌、行业品牌、企业品牌有机互动。

（3）报告发布。与国际知名的专业机构合作，每两年推出国际海上花园城评价年度报告，发布海上花园城评价成果。年度报告以论坛共同形成的《海上花园城评价体系》为依据，采用客观指标统计、主观指标调查问卷等形式，选择国际上若干个典型海上花园城进行综合分析和研究评估，并公布各海上花园城指数。

（4）媒体发布。联合专业媒体，全程跟踪报道海上花园城评价活动，以海上花园城评价成果发布为重点，全方位、立体化发布海上花园城评价成果。

王富海，中国城市规划学会常务理事、学术工作委员会副主任委员、总体规划专业委员会副主任委员，深圳市蕾奥规划设计咨询股份有限公司董事长兼首席规划师，教授级高级规划师。

曾祥坤，深圳市蕾奥规划设计咨询股份有限公司高级研发主管，高级规划师。

张宸，深圳市蕾奥规划设计咨询股份有限公司研发专员，工程师。

张
宸

曾
祥
坤

王
富
海

从"刚性"走向"松弛"：为共建共治共享而规划
——推进运营时代城市发展的"一致行动"

共建共治共享，既是党的十九大报告对新时代社会治理格局提出的发展要求，也是城市规划建设一贯的理念追求。经过四十余年疾风骤雨般的快速扩张，中国城市的发展节奏逐渐回归"常态"，进入内涵提升、集约增效、渐进改善的新发展阶段。让城市规划从"刚性"走向"松弛"，是在新阶段下实现城市共建共治共享的当务之急。

1 降低一致行动成本是共建共治共享的底层逻辑

简单地说，规划就是目标加行动（彼得·霍尔，马克·图德–琼斯，2014）。城市规划作为一个涉及政府、企业、公众的多主体多层次的复杂"决策—行动"过程，要有效助推城市的高质量发展，在很大程度上取决于能否将城市各个层面不同主体的分散决策转化为一致的行动（赵燕菁，2019）。现实中，城市规划的决策和行动通常又都是围绕空间发展权——即建设许可权、用途变更权、强度提高权及其权益时限——来进行的（林坚，许超诣，2014）。在制度经济学的观点看来，当交易成本为零时，这些权益会自动界定给最有效率的使用者（赵燕菁，2005）。因此，城市规划在本质上表现为一种影响空间发展权交易成本的制度设计。透过这项制度设计去降低一致行动成本，成为城市在市场经济环境下实现共建共治共享的关键机制。

城市规划之所以能够在城市发展中发挥重要作用，其根源也在于此。城市规划在专业上聚焦空间问题，擅于综合统筹，可谓"一图胜千言"，本就有利于面向不同知识背景的主体去形象表达目标、协调利益诉求。而更重要的是，制订和实施规划的过程和效果又可以逐渐积累转化为制度性的规程和规范，如规划建设标准、规划编制规程、规划许可制度、规划委员会制度、公众参与机制等，都能大大降低各方共同参与城市规划、建设、治理的制度性成本。

城市规划作为一项空间治理活动（曾祥坤，钱征寒，2018），在一定时期内所表现出来的行为特征也是由降低共建共治共享的一致行动成本这个底层逻辑所决定的。例如，我们今天在检讨城市规划的问题时，常有目标设定静态僵化、技术表达不接地气、规范管控过于严苛等批语。但放在过去四十年的大规模快速城镇化过程中，只有"一张蓝图干到底"的宣示，才能彰显政府在方兴未艾之际对新城新区建设的信心和决心，只有图示化的技术语言才能在统筹规建管各环节时提高规范传导的力度和许可管理的效率，只有底线型的管控机制才能迅速建立起依法出让土地、依规开发建设的市场环境，减少寻租空间和行政风险——实际上，当中国城市建设刚刚进入市场经济环境时，恰恰是这些蓝图式、技术型、法条式的规划很好地发挥了降低一致行动成本的作用。不过，随着城市发展时代的切换，旧的制度又可能生出新的成本，继而不能适应城市共建共治共享的新时代需求。

2　城市建设行为特征的变化与规划行为特征的变革响应

2.1　当前城市建设行为特征的变化趋势

如果将城市建设视为一项围绕城市空间的市场化供需配置行为，那么 1990 年代以来的中国城市建设不论外在现象还是内在机理都具有鲜明的时代特征——各类"新城新区"迅速崛起，"空间生产"逐渐成为推动城镇化的重要动力，土地财政支撑着城镇化的资本循环，资本逻辑和利益博弈主导着城镇化进程（武廷海，2013）。到 2023 年，中国常住人口城镇化率已经达到 66%，步入城镇化快速发展的中后期，城市发展进入城市更新的新阶段。按照城镇化发展的一般规律，城市建设的行为特征已经较为明显地呈现出三个趋势性的变化。

一是在供需关系上，要从供方主导市场转向需方主导市场。随着三十多年来空间权益的分解、赋权、流转和沉淀，城市空间产品市场上出现了为数众多的中小业主，形成日益成熟和多元化的需方市场。业主们对空间改善提升的主张具有法理支持，他们是城市未来规划、建设、运营的过程参与者和成果分享者。过去由政府和开发商主导的供方主导模式（主要表现为"一锤子买卖"、大体量、高效率、暴利化、高周转的房地产开发）显然已不能适应城市更新时代的空间供需市场格局。

二是在供需产品上，要从空间容器生产转为服务内容生产。针对人民日益增长的美好生活需要和不平衡不充分的发展之间的矛盾，城市运营开始成为城市发展的时代主题，不仅要使已有容器不断降本提质，更要大幅度促进城市生产生活内容的创新创造。因此要用科学智慧的手段诊断城市问题，用系统创新的理念调理发展要素，促进城市生命活动稳健、有序、可持续，助力城市实现高质量发展，促进经济发展方式转型。

三是在博弈方式上，要从侧重帕累托改进转向侧重卡尔多改进（杨保军，2018）。也就是说，随着多元主体的空间权益的沉淀绑定，城市已近似于达到"帕累托最优"状态（不使任何人境况变坏的情况下，不可能再使某些人的处境变好），在今后的城市更新改善过程中，所有的权益主体（除了政府、开发商，还有广大的中小业主和租户）全部获利的情形已很难实现，任何推动整体利益提升的改变都将或多或少地触动或损害部分发展单元的利益。2023年深圳城中村统租整治过程中出现的"白芒村风波"就是一个典型的例证。在此情况下，往往需要借鉴福利经济学中关于资源配置的补偿原理——如果受益者能完全补偿受损者之后仍有改善，那么整体的效益就改进了，即"卡尔多改进"。站在新时代城市共建共治共享的角度来看，利益格局方面的建设行为特征变化明显更加重要却又最容易被忽视，是对城市规划转型发展的更大挑战。

2.2　城市规划行为特征的演变逻辑

从建设时代进入更新时代，城市规划依然要发挥降低城市共建共治共享的一致行动成本的作用，只是途径和方法会有所不同，具体表现为规划的行为特征要随着城市建设行为特征的变化做出响应和变革（图1）。

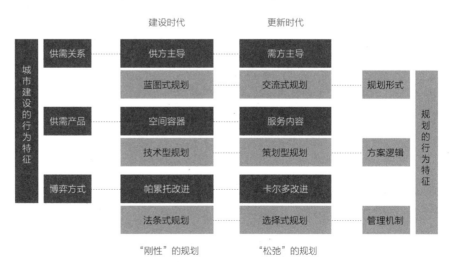

图1　城市建设行为特征变化推动下的规划行为特征演变趋势

一是供需关系的变化导致规划形式要从蓝图式规划转向交流式规划。尽管空间权益的解释权仍在政府手中，但权益主体更加多元，业主和使用者的话语权显著增强，过去空间产品完全由供方（政府和开发商）主导的格局开始被打破。城市更新的动力不再只是来自供方绘制的美好蓝图的吸引力，而更在于需方（广大业主和用户）改善自身所有或所用空间的能动性和创造力。于是，城市规划的形式就要从专业人员的技术作业转变为多元主体的经营意愿和沟通协商，只有形成了"有限且共识"的目标（王富海，曾祥坤，张宸 2022），才能切实开展一致行动。

二是供需产品的变化导致方案逻辑要从技术型规划转向策划型规划。在城市大规模快速新建阶段，规划是规建管"单线程"中的前端环节，符合统一规范标准的技术方案就足以满足后续物质空间建设环节的需要。但新时代城市更新面对的是空间的多时态并存和问题的多维度综合——相邻的不同建筑乃至不同片区可能都处于各自发展生命周期中的不同方位，空间问题与业主、产业、财务、运营等复杂问题高度交织——不是标准化、均质化、追求技术理性的方案演绎方法所能解决的，需要更具具体性、定制化、行动性的策划型规划思维，作为面向实际需求、基于创造性思维的一致行动准备，为现实和目标、目标和实施之间搭建桥梁（王富海，2018）。

三是博弈方式的变化导致管理机制要从法条式规划转向选择式规划。在中国城市大建设与社会主义市场经济体制探索双期叠加形态下，土地出让制度、城市规划制度是确保城市依法依规开发建设的制度基石，法定性、严肃性、稳定性是这一时期规划管理机制建设的主题词。在"帕累托改进"的利益格局下，规定"应该怎么做"是协调相关主体一致行动的最有效途径。当城市建设进入存量利益格局时代，"卡尔多改进"需要寻求能够兼顾效益提升和社会公平的博弈方案，过于严苛的规划管控反而容易形成项目落地和更新改造的制度性阻碍，部门博弈、舆论压力和问责机制又会促使法条式规划出现"刚而易折"的状况，导致在大建设时期行之有效的规划体系进入到运营时代反而束缚城市更新活力的"规划危机"。所以当前更需要的是选择式规划，即仅规定"不可做什么"，透过更加符合市场规律的负面清单管理，在维护公共利益底线的前提下界定利益人和补偿机制，允许有带宽可选择的政策组合，为一致行动创造更加友好的制度空间。

总之，城市规划须要整体从"刚性"的状态向"松弛"的状态切换，以交流式、策划型、选择式的规划适应新时代的城市发展需要，尽快着手建立务实、包容、有序的制度环境，促进城市从被动的外在的"为民而建"转变为主动的实际的"与民共享"，让多元主体在城市规划建设运营过程中"各美其美，天下大同"。

3 "松弛"而不"松垮":面向共建共治共享的精准规划

尽管前文指出了城市规划行为特征由紧到松的变革走向,但需要强调的是,给规划"松绑"并不代表着让规划一味地放松管制,放任自由裁量和自主选择,否则就不是"松弛"而是"松垮",并不能真正服务于城市的共建共治共享。围绕"理性的松弛",我们不妨提出规划"松弛化"变革的两个衡量标准,即:①是否有利于满足人的多元化精细化需求;②是否有利于减少空间更新改善的制度性障碍。其根本的出发点,还是为了让规划在面对更加复杂多元的城市环境和人群需求时,能够更为精准地发力,从而更容易促成全社会的一致行动。任何让规划"松弛"的变革举措,都应当用这两条标准加以检验,以免背离降低一致行动成本这一共建共治共享的底层逻辑。

一方面,多元化、精细化的需求产生于经济发展和社会结构的变化。人的社会关系日趋复杂,物质生活水平支撑的个体社会属性的叠加使得对空间产品的社会需求持续多元化(杨露,2013)。人们对于空间产品的需求不再只是简单的满足基本居住所需,而是希望能够更好地适应自己的生活方式和个性化需要。因此,规划应当在尺度、布局、用途和内容等诸多方面尝试"松弛"下来。例如,切入更加细小的空间颗粒度,采取更加灵活的布局策略,以降低使用成本,提高空间可达性,更好地贴近市场需求;打破用地性质的束缚,提倡用途在空间上的复合化多样化,以及在时间上的分时切换和渐进演化,并且为各类人群打造非标准件复制粘贴的、更具针对性的个性化内容。

我们还需认识到,随着城市发展的时代切换,规划过去单纯归属于建设大类的工作性质已经发生了根本性的变化。如今它可被视为是一种社会干预行为(类似社会救济的职能)。故此,规划不应再仅仅停留于主动为人考虑的技术输出层面,更重要的是要发挥好沟通协调的功能,让这些人都有机会实实在在地广泛参与到共建共治的过程中来。由此才能够更好地动态对接各类细分的社会需求,从而提供精准的供给,最终达到各方满意的共享。

另一方面,在直接关注人的需求的大趋势之外,规划更急迫的任务是在房地产经济动力式微前提下创造新发展格局,助力焕发城市经济,要以科学合理、刚弹有度的制度保障作为实现精准规划的前提。规划管理机制"松绑"的题眼在于,将与城市基层运营新模式、新趋势、新要求等方面相矛盾的规划制度"障碍"移除,尤其要改变房地产开发和土地财政时代遗留下来的"不合时宜"的城市更新的规章制度,转向更具包容性的规则或规程,减少空间更新改善的制度性障碍。

进入城市更新时代，能够作用于更小的时空颗粒度，是规划管理精准化的一大趋势；提倡多元混合和空间灵活性，是规划管理包容性的主要体现。与之对应的变革举措可以有很多，在此仅举例陈述。其一，推动片区统筹开发运营，打破宗地边界的束缚，探索产权的分层创新，特别是针对城市建设核心区域，应当统筹地上地下空间开发，营造特色公共空间并配置精细合理的文化设施。其二，在安全和公共利益前提下推行负面清单管理，允许灵活的局部用途改变（如"破墙开店"），鼓励土地的临时用途（如"0.5、1.5、2.5级开发"），拓展自主更新的正规的地租补缴通道（以短期地租的形式将一次性缴费转变为长期稳定收益，更有利于存量用地建筑的功能更新），制定相应的资金补助和激励政策（如减免费用、以奖代补）。其三，建立健全以实效为导向的动态的空间和政策评估机制，等等。

总之，要继续发挥规划在城市共建共治共享中的重要作用，面向人民需求和制度供给的"双精准"既是出发点，也是落脚点。

4　结语

立足于新发展阶段审视城市规划从"刚性"到"松弛"的变革，事实上可以看到，走向"松弛"的规划，不仅仅是新时代城市共建共治共享之所需，同时还是城市规划行业寻找自身发展出路之所需。

过去四十年间城市规划最辉煌的时期，莫过于本世纪初提出概念规划以迎合当时中国城市急迫的跨越式发展需求。概念规划作为极具前瞻性、统领性的规划，可谓是牵住城市发展"牛鼻子"的重要工作，一整套适配于整体规划、整体开发的规划范式也围绕概念规划的承接落实被快速建立起来。赵燕菁（2019）曾经将概念规划的实施条件总结为四个方面：市场经济环境、财务的可行性、政府信誉和政府引导开发。其核心实际就在于明确经济可行性和降低一致行动成本两个落脚点。在前四十年里，大部分城市在土地财政和土地金融的加持助推下，越是大规模的整体统筹开发，越是能够在盈利和降本上具备更大优势，能够大规模快速复制的规划业务也随着城市和开发商的体量扩张而持续增加，规划范式也在高频运用中日益固化。

而今，纯粹的规模扩张已到极限，城市真正进入"微更新"时代，已不可能再以地产开发的逻辑来组织空间。与增量建设比较，存量更新需求的总量虽然依旧巨大，但它是分散的、遍在的、随机的、个性的。这种变化势必导致建设行业业务模式的变化：一是盈利不能再靠造势而须借势；二是服务不能再标准件复制粘贴而要精准定制；三是组织不能追求"大而不倒"而是扁平化在地化。此三点特征首先是对地产行业而言，但对规划行业也同样适用。这意味着，开发商和规划机构都需在业务逻辑和模式上"化整为零"，才能更好地适应并融入共建共治共享的未来城市更新治理格局当中。

业务组织的"化整为零"必然导致规划机构更需依赖环境生态和地方平台的力量。如果将科学合理有效的规划视作更新时代城市营商环境的一部分的话，那么，对规划机构影响最大的营商环境就莫过于更加"松弛"的规划制度了。因此，促进面向新时代共建共治共享的规划改革，实际上也是规划行业的一种自我"拯救"！

参考文献

[1]　彼得·霍尔，马克·图德－琼斯. 城市与区域规划 [M]. 北京：中国建筑工业出版社，2014：1-2.

[2]　曾祥坤，钱征寒. 空间治理现代化语境下的城乡规划改革 [J]. 城市建筑，2018（3）：49-52.

[3]　林坚，许超诣. 土地发展权、空间管制与规划协同 [J]. 城市规划，2014，38（1）：26-34.

[4]　王富海. 开创城市规划 2.0：行动规划十年精要 [M]. 深圳：海天出版社，2018：142-144.

[5]　王富海，曾祥坤，张宸. 规划目标虚无现象批判——走向可行动的目标 [M]// 孙施文，等. 治理·规划 II. 北京：中国建筑工业出版社，2022：33-39.

[6]　武廷海. 建立新型城乡关系走新型城镇化道路——新马克思主义视野中的中国城镇化 [J]. 城市规划，2013（11）：9-19.

[7]　杨保军. 城市总体规划改革的回顾和展望 [J]. 中国土地，2018（10）：9-13.

[8]　杨露. 当代中国社会发展中的民生问题与改善 [J]. 探索，2013，170（2）：131-134.

[9]　赵燕菁. 制度经济学视角下的城市规划（上）[J]. 城市规划，2005（6）：40-47.

[10]　赵燕菁. 超越地平线：城市概念规划的探索与实践 [M]. 北京：中国建筑工业出版社，2019：17.

王
陈
段
璇
邓
德
　
洁
罡

段德罡，中国城市规划学会学术工作委员会委员、乡村规划与建设分会副主任委员，西安建筑科技大学教授、博士生导师

陈邓洁，西安建筑科技大学建筑学院博士研究生

王璇，西安建筑科技大学建筑学院硕士研究生

共建共治共享："千万工程"助益美丽城乡关系的发展脉络与价值逻辑

　　共同富裕是中国式现代化的重要特征，城乡关系的现代化转型作为国家实现现代化的关键问题，对实现全体人民共同富裕具有重大意义[1]。健全共建共治共享的社会治理制度，建设政府、资本、人民之间人人有责、人人尽责、人人享有的社会治理共同体，既是加强国家治理体系现代化的重要目标，也是协调城乡关系的内在要求。其中共建是基础前提、共治是关键保障、共享是目标成果，三者紧密联系，相辅相成。"千万工程"生发于浙江城镇化由快速扩张转向协调发展、农村"脏乱差"现象遍地开花之际，坚持"规律依循"与"问题导向"，始终将协调城乡关系、解决乡村突出矛盾作为逻辑主线，一以贯之又与时俱进地探寻乡村科学发展之道[2]，以其二十年深入实践，提供了共建共治共享助益美丽城乡关系的生动例证，成为各地推进乡村建设的示范样板。在此背景下，厘清"千万工程"发展脉络，分阶段、分主体、分层级提炼"千万工程"助益美丽城乡关系的三重价值逻辑，为现阶段构建中国式现代化城乡关系和探索城乡共同富裕路径提供理论与实践参照。

1 "千万工程"的发展脉络

　　二十多年来，"千万工程"历经三大阶段、七次深化（图1），已然从一项乡村建设与人居环境整治工程，发展成破解城乡二元结构难题、探索新型城镇化与乡村现代化方式路径的系统工程。为深入理解其发展脉络，文章在把握其各阶段所处宏观历史方位、微观"三农"问题的前提下，解读其阶段演进与发展特征。

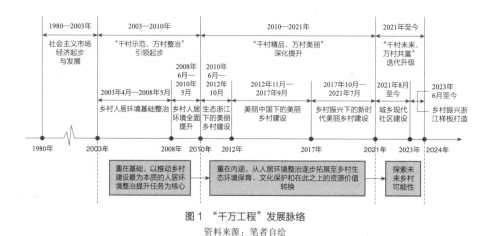

图 1 "千万工程"发展脉络

资料来源：笔者自绘

1.1 阶段一：2003—2010 年"千村示范、万村整治"引领起步

20 世纪 90 年代中期以后，工业化、城镇化的快速发展在促进经济增长的同时也深刻改变着广大乡村地域，城乡矛盾和"三农"问题愈发凸显，推进乡村发展成为全面建设小康社会的关键。彼时，浙江工业化和城镇化水平位居全国前列，伴随着民营经济和重污染、高耗能企业在乡镇散点蔓延，浙江农村普遍出现"脏乱差"现象，生态环境破坏触目惊心，农民健康受到极大威胁。面对日益分离的城乡二元结构和严峻的"三农"问题，2002 年 11 月，党的十六大确立了全面建设小康社会的目标，要求全面繁荣农村经济，加快城镇化进程，首次提出"统筹城乡经济社会发展"的任务，并期望浙江在全面建设小康社会、加快推进社会主义现代化的进程中继续走在前列。随后，浙江省委十一届二次全体（扩大）会议提出，按照党的十六大要求，继续分区域、分阶段加快现代化进程，率先基本实现现代化，其中就包括基本实现农业农村现代化。

1.1.1 2003 年 4 月—2008 年 5 月乡村人居环境基础整治

2003 年 4 月，浙江省委、省政府发布《关于进一步加快农村经济社会发展的意见》，明确今后一个时期大力推进城乡一体化等全省农业农村工作要点，并提出要继续加强农业农村基础设施和生态环境建设，根据因地制宜、统一规划、量力而行、自力更生的原则，实施"千村示范、万村整治"工程。同年 6 月，浙江省委、省政府结合上述意见发布《关于实施"千村示范、万村整治"工程的通知》，要求以村庄规划为龙头，从治理"脏、乱、差、散"入手，加大村庄环境整治的力度，用 5 年时间对全省一万个左右的行政村进行全面整治，把其中一千个左右的行政村建设成"村美、户富、班子强"的全面小康示范村，使农村面貌有一个明显改变。2004 年底，浙江正式推出并实施《浙江省统筹城乡发展、推进城乡一体化纲要》，这是全国第一个省级层面统筹城乡发展的城乡一体化纲要，为"千万工程"构建城乡一体化体制机制创造了良好条件。2005 年 8 月，时任省委书记的习近平同志在安吉余村调研时提出"绿水青山就是金山银山"的重要论断，为正在开展的"千万工程"注入了新理念。2006 年，为深入贯彻党的十六届五中全会精神和中共中央、国务院《关于推进社会主义新农村建设的若干意见》，浙江省委、省政府发布《关于全面推进社会主义新农村建设的决定》，提出浙江要按照"走在前列、干在实处"、2010 年基本实现全面小康社会目标的要求，大力推进农村新社区和中心镇建设，加快"千万工程"整治建设步伐，使全省的村容村貌和农民的生产生活条件得到全面改善，实施中心镇培育工程❶，使中心镇成为农村经济的增长极、农村人口的集聚点和公共事业服务中心。

1.1.2 2008 年 6 月—2010 年 5 月乡村人居环境全面提升

2008 年，经过五年努力，浙江乡村人居环境质量和公共服务水平大幅度提升，"千万工程"成为统筹城乡发展、全面推进社会主义新农村建设的龙头工程。浙江省委、省政府决定继续实施第二轮"千万工程"，扩大整治工作覆盖面，并通过深化方案、规划和机制，全面提高"千万工程"的建设水平。其深化提升主要体现在以下几个方面：一是加强社区服务、社区管理等"软件"建设，将城市公共服务全面向农村社区延伸，率先使中心村实现城乡公共服务均等化❷，让居住在农村社区的农民也能平等共享现代社区生活；二是充分考虑各乡镇已有的整治基础，在整治计划安排上体现串点成线、连线成片，在整治规划编制上体现共建共享，按照"多村统一规划、联合整治，城乡联动、区域一体化建设"的要求对村镇基础设施进行一体化规划；三是按照统筹城乡发展、节约利用资源和城乡建设用地增减挂钩的要求，抓住浙江省土地利用总体规划修编的有利时机❸，加强农村居民点整理，并将农村住房改造建设作为"扩内需、重民生"的应对国际金融危机的重大举措❹，通过"合并小型村、缩减自然村、拆除空心村、搬迁高山村、保护文化村、改造城中村、推进中心村"促进"节地、聚人"。另外，还从拓宽农民增收和村级集体经济发展、以文化促民生等方面进行了具体部署。[3][4]

---

❶ 2007 年 4 月，浙江省人民政府印发《关于加快推进中心镇培育工程的若干意见》，按照"依法下放、能放就放"的原则，赋予中心镇部分县级经济社会管理权限，这是浙江改革发展史上首次"强镇扩权"。
❷ 2008 年 8 月，浙江省人民政府印发《浙江省基本公共服务均等化行动计划（2008—2012）》。
❸ 2009 年 8 月，浙江省人民政府印发《浙江省土地利用总体规划（2006—2020 年）》。
❹ 2009 年 6 月，中共浙江省委、浙江省人民政府印发《关于加快农村住房改造建设的若干意见》。

1.2　阶段二：2010—2021 年"千村精品、万村美丽"深化提升

进入新世纪，我国经济持续快速发展，但长期改革发展中积累的深层次问题逐渐显化，经济增长与资源短缺、环境恶化的矛盾加剧，城乡统筹兼顾各方面利益的难度加大，缩小城乡发展差距和促进经济社会协调发展任务较为艰巨。党的十七大报告由此提出深入贯彻落实科学发展观，强调全面协调可持续发展。进而中共十七届三中全会作出推进农村改革发展若干重大问题的决定。会后，浙江着力推动城乡协调发展和农村改革发展❶，至 2010 年，随着浙江城镇化率突破60%，其统筹城乡发展、推进城乡一体化进程进入全面向纵深发展和层次提升的阶段 [5]。另外，自开展生态省建设以来，浙江已通过整治行动遏制了全省环境污染和生态破坏趋势，生态环境保护进入投入多、力度大、成效显的时期。安吉、临安、遂昌等一批县市通过美丽乡村建设有效促进了农村生态经济发展和文化社会建设，为新阶段乡村建设提供了引领与启示。

1.2.1　2010 年 6 月—2012 年 10 月生态浙江下的美丽乡村建设

2010 年 6 月，中共浙江省委十二届七次全体会议作出推进生态文明建设的决定，提出要把"加快建设美丽乡村"作为全省生态文明建设的重要内容，这为新形势下浙江推进社会主义新农村建设指明了方向。同年 12 月，浙江省委、省政府印发《浙江省美丽乡村建设行动计划（2011—2015 年）》，按照"重点培育❷、全面推进、争创品牌"的要求，以"四美三宜两园"为目标，实施美丽乡村建设行动计划，正式开启了浙江乡村建设的"美丽乡村"时代。2012 年 4 月，为响应国家历史文化（传统）村落保护利用工作，浙江出台《关于加强历史文化村落保护利用的若干意见》《浙江省历史文化名城名镇名村保护条例》等文件，将古建筑村落、自然生态村落、民俗风情村落等历史文化村落，培育成为传统与现代文明有机结合的美丽乡村。同年 8 月，浙江省委、省政府印发《浙江省"四边三化"行动方案》，针对多见于农村地区和城乡接合部的"公路边、铁路边、河边、山边"等环境卫生整体水平不高的区域，开展"洁化、绿化、美化"行动，弥补全省生态文明建设薄弱环节。

---

❶ 随着《浙江省委关于认真贯彻党的十七届三中全会精神加快推进农村改革发展的实施意见》的出台，特别是在全国率先全面启动《浙江省基本公共服务均等化行动计划（2008—2012）》和《浙江省低收入群众增收行动计划（2008—2012 年）》，浙江城乡差距明显缩小。

❷ 2010 年 10 月，浙江省委、省政府印发《关于加快培育建设中心村的若干意见》《关于进一步加快中心镇发展和改革的若干意见》，开展"强镇扩权"改革，发展现代新型小城市，要求通过培育建设，使中心村、中心镇在推进新型城镇化、促进城乡统筹和一体化发展中发挥重要作用。

1.2.2   2012 年 11 月—2017 年 9 月美丽中国下的美丽乡村建设

党的十八大以后，在国家生态文明建设总布局和“美丽中国”建设目标、“美丽乡村”建设行动的指引下，浙江继续开展“三改一拆”“五水共治”“三大革命”等工作，建设“两美浙江”。2014 年，历经全省上下十余年的奋斗，“千万工程”被广大农民喻为“最满意的工程”，“美丽乡村”建设实践成为浙江城乡一体化发展的龙头工程和生态文明建设的重要抓手，为中国新农村建设提供了鲜活样板。2014 年 3 月，浙江依据安吉成功经验，发布全国首个美丽乡村建设的省级地方标准《美丽乡村建设规范》DB 33/T 912—2014。在此基础上，2015 年 6 月，国家标准委发布《美丽乡村建设指南》GB/T 32000—2015。次年，住房和城乡建设部联合五部门发布《关于开展改善农村人居环境示范村创建活动的通知》，将该国家标准作为美丽宜居示范村创建依据之一。2016 年，浙江开展小城镇环境综合整治行动，陆续发布《浙江省小城镇环境综合整治行动实施方案》《浙江省小城镇环境综合整治三年行动计划》等文件，分阶段落实“一加强、三整治”工作任务，补齐小城镇发展短板。与此同时，随着党的十八大提出新型城镇化概念，以及《国家新型城镇化规划（2014—2020 年）》的发布和中央城市工作会议的召开，为顺应经济发展新常态规律，高质量推进以人为核心的新型城镇化，2015 年初，“加快规划建设一批特色小镇”被列入浙江《政府工作报告》年度重点工作。同年 4 月，浙江省人民政府出台《关于加快特色小镇规划建设的指导意见》，对特色小镇的创建程序、政策措施等做出了安排。2016 年，特色小镇建设热潮迅速席卷全国，并上升为国家政策。另外，浙江省委、省政府印发《浙江省深化美丽乡村建设行动计划（2016—2020 年）》，深入践行“两山”理念，注重“产村人”融合，进一步改善农村生态、人居和发展环境，推进美丽乡村建设从“物的新农村”向“人的新农村”转变。2017 年 6 月，浙江省第十四次党代会提出“把省域建成大景区大花园，推进万村景区化建设”，提升发展乡村旅游、民宿经济，加大文化与自然遗产、历史文化风貌保护力度，创建万个 A 级景区村庄，以文化和旅游激活乡村发展动能，有效促成“产村人”融合。浙江乡村民宿多项工作领先全国，承担起草首个国家民宿行业标准，制定发布高于国家标准的地方标准。松阳“拯救老屋行动”等实践探索，有力推动了传统村落集中连片的保护利用。

1.2.3   2017 年 10 月—2021 年 7 月乡村振兴下的新时代美丽乡村建设

党的十九大报告提出实施乡村振兴战略，开展人居环境整治行动，建立健全城乡融合发展体制机制和政策体系。2018 年中央一号文件提出建设“生态宜居美丽乡村”。2018 年 2 月，浙江省环境保护厅印发《浙江省农村环境综合整治实施方案》，落实人居环境综合整治行动，建设生态宜居的美丽乡村。同年 8 月，农业农村部和浙江省共同签署了部省共建乡村振兴示范省合作协议，浙江省成为全国唯一的部省共建乡村振兴示范省，体现了中央对浙江乡村振兴工作的高度认可。9月，"千万工程"荣获联合国最高环保荣誉"地球卫士奖"中的"激励与行动奖"，意味着浙江推进生态文明建设的努力和成效得到了国际社会认可。10月，中央强调要深入总结"千万工程"经验，指导督促各地朝着既定目标，持续发力，久久为功，不断谱写美丽中国建设的新篇章。次年，中央农办等部门联合发布《关于深入学习浙江"千村示范、万村整治"工程经验扎实推进农村人居环境整治工作的报告》，要求各地区各部门学好学透、用好用活浙江经验，扎实推动农村人居环境整治工作早部署、早行动、早见效。2019年7月，浙江对接党的十九大提出的乡村振兴"二十字"总要求，出台《新时代美丽乡村建设规范》DB 33/T 912—2019替代原有标准（DB 33/T 912—2014），规定了"生态优良、村庄宜居、经济发展、服务配套、乡风文明、治理有效"等方面指标，并要求参照规范建设千个"精品村"、万个"达标村"。此后，浙江逐步形成完整的建设标准体系、考核和验收体系，美丽乡村建设进入专业化、规范化阶段。2019年8月，浙江省委、省政府发布《关于高水平推进美丽城镇建设的意见》，实施"百镇样板、千镇美丽"工程，建设"五美"城镇，加快形成城乡融合、全域美丽新格局，这标志着"千万工程"步入新时代美丽乡村、美丽城镇"两美共进"时期。另外，这一阶段还通过实施"两进两回"等行动，促进城乡资源要素流通，为美丽乡村建设持续注入新动能。

1.3　阶段三：2021年至今"千村未来、万村共富"迭代升级

进入21世纪，我国新型城镇化进入快速发展中后期，乡村建设和城乡融合发展取得良好进展，但发展不平衡不充分问题仍然突出，城乡区域发展和收入分配差距较大，不能充分满足农业农村现代化和共同富裕的目标要求。2020年，党的十九届五中全会对扎实推动共同富裕作出重大战略部署，提出"实施乡村建设行动"。浙江省长期以"千万工程"为抓手，在探索解决发展不平衡不充分问题方面取得了明显成效，也存在一定短板和瓶颈，具备先行先试开展共同富裕示范区建设的基础、优势和优化空间。因此，2021年5月，中共中央、国务院发布《关于支持浙江高质量发展建设共同富裕示范区的意见》，希望借示范区建设丰富共同富裕思想内涵，探索破解新时代社会主要矛盾的有效途径，为全国推动共同富裕提供省域范例。

1.3.1　2021年8月至今城乡现代社区建设

2021年8月，农业农村部、浙江省人民政府联合印发《高质量创建乡村振兴示范省推进共同富裕示范区建设行动方案（2021—2025年）》，要求持续深化

"千万工程"，推进新时代美丽乡村建设全面达标；开展未来乡村建设试点，迭代打造美丽乡村新标杆；推广"大下姜"乡村联合体共富模式，推进片区化组团式发展，建设新时代美丽乡村共同富裕带。2022年2月，《关于开展未来乡村建设的指导意见》《浙江省未来乡村建设导则（试行）》等文件陆续出台，浙江构建起"一统、三化、九场景"的未来乡村建设体系，着力打造"千村未来、万村共富、全域美丽"的现代版"富春山居图"。同年5月，浙江省召开全省城乡社区工作会议，印发《浙江省城乡现代社区服务体系建设"十四五"规划》，进一步推进城乡社区现代化建设。未来社区、未来乡村、城乡风貌样板区三大基本单元成为浙江共同富裕示范区建设的标志性成果❶，展现出城乡共同的现代化发展场景。

1.3.2　2023年6月至今乡村振兴浙江样板打造

2023年6月，适逢"千万工程"实施20周年。20年来，"千万工程"取得巨大成就，创造了农业农村现代化的成功经验和实践范例。19日，浙江省委、省政府贯彻党的二十大精神，印发《关于坚持和深化新时代"千万工程"全面打造乡村振兴浙江样板的实施意见》，计划全面绘就"千村引领、万村振兴、全域共富、城乡和美"新画卷，以推进"千万工程"新成效为乡村全面振兴和美丽中国建设作出浙江新贡献。26日，中央财办等四部门印发《关于有力有序有效推广浙江"千万工程"经验的指导意见》，推动有条件的地方学习运用"千万工程"经验，加快城乡融合发展步伐，积极推进美丽中国建设，全面推进乡村振兴，着力补齐中国式现代化短板。2023年9月，浙江省人民政府办公厅印发《关于全面推进现代化美丽城镇建设的指导意见》，持续深化"千万工程"，协同推进以县城为重要载体的城镇化建设，推动美丽县城、美丽城镇、美丽乡村联创联建，打造联城、联镇、联村的共富带，充分发挥城镇在农业农村发展中的带动作用，提升城乡融合发展水平。12月，中央农村工作会议强调要学习运用"千万工程"经验，各省市区纷纷召开推进会议，部署学习运用"千万工程"经验行动；次年1月，中央一号文件再次提出要学习运用"千万工程"蕴含的发展理念、工作方法和推进机制，把推进乡村全面振兴作为新时代新征程"三农"工作的总抓手，因地制宜、分类施策、循序渐进、久久为功，集中力量抓好办成一批群众可感可及的实事，不断取得实质性进展、阶段性成果。全国上下掀起了学"千万工程"、干"千万工程"的热潮。

---

❶ 2019年，浙江政府工作报告首次提出"未来社区"概念，并出台《浙江省未来社区建设试点工作方案》，2021年启动了城乡风貌整治提升行动，打造城乡风貌样板区。

2 千万工程助益美丽城乡关系的价值逻辑

党的十八大以来，习近平总书记站在全面建设社会主义现代化国家的高度，多次对"千万工程"作出重要批示，要求认真总结浙江开展"千万工程"的经验并加以推广。学习运用好"千万工程"经验，已成为全国各地开展乡村振兴工作的前提和重点。因此，本文进一步深入挖掘"千万工程"成功的关键机制，剖析其以"共建共治共享"助益美丽城乡关系的三重价值逻辑。

2.1 "整治—美丽—共富"三个阶段推动乡村振兴

"千万工程"落脚于乡村，是为了解决城乡发展过程中的乡村发展问题进而促进城乡协调发展而提出的，既是解决"三农"问题、推进"三农"工作的抓手，也是协调城乡关系的系统工程。随着浙江城乡关系的变迁、"三农"发展阶段的演进与新问题的出现，"千万工程"从"千村示范、万村整治"到"千村精品、万村美丽"再到"千村未来、万村共富"，其内涵不断迭代升级（图2），促进乡村从较为落后的生活环境向美丽宜居转变，推动实现乡村现代化与城乡融合。

第一阶段的"千万工程"以解决基本民生诉求为核心任务，将"以人民为中心"和"人与自然和谐相处"的价值观念贯穿始终，通过最基础的农村环境整治和生态环境修复建设农村新社区，走出了生态环境保护与经济发展协同共生的乡村振兴新路径，增强了乡村物质基础保障，促进实现乡村现代化，逐步建构城乡等值的美好乡村生活。21世纪初，浙江农村的生态环境与人居环境远远落后于当时村镇经济发展水平，难以满足广大人民群众需求，"千万工程"为此而提出，从解决民生基本诉求、推动农村生态环境整治提升入手：一方面，通过整治重污染高耗能行业，关停"小散乱"企业，全面推进农村环境"三大革命"和农业面源

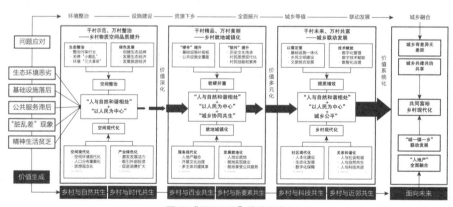

图2 "千万工程"价值理念

资料来源：笔者自绘

污染治理，实施生态修复，把“生态污染”变成“生态优势”；另一方面，通过创建生态品牌、挖掘人文景观等方式发展生态经济、旅游经济，持续打通“绿水青山就是金山银山”的理念转化通道，把“生态优势”变成“民生福利”。这一阶段的人居环境整治显著推动了浙江农村人居环境质量的提高，增强了乡村物质基础保障，让农民拥有了美好的乡村生活环境、共享现代化建设成果；同时也促进了乡村人口集聚推进、投资消费扩大和改革创新深化，推动了城市发展要素向乡村流动，为乡村注入了发展新动力。

第二阶段的“千万工程”建立在乡村物质空间品质全面提升的基础上，坚持贯彻“以人民为中心”和“人与自然和谐相处”的价值观念，以“城乡协同共生”的价值观念引导城市发展要素下乡，全面激发乡村发展动能、打造新的经济增长极、增进农民民生福祉，促进乡村由“物的新农村”向“人地产融合的现代化美丽乡村”转变，推动乡村就地城镇化快速实现。随着第一阶段“千万工程”的持续推进，农村“硬件”条件不断加强，已具备实现就地城镇化的物质条件基础。适逢浙江全省城镇化率平均水平超过60%，城乡发展整体进入平稳发展期，发展速率减缓，城乡建设进入深化转型阶段。浙江开始注重将“以人为本”的新型城镇化与乡村振兴相结合，以促成乡村人口就地就业、就地生活、就地享受公共服务等高品质生活标准为核心导向，进一步统筹城乡发展。一方面，不断满足农村居民对文化发展、公平正义、安全稳定等精神层面的需求，在建设农村新社区的基础上既加快推动城市基础设施向农村延伸，补齐乡村现代化生活的短板，又注重乡村内在品质的提升与历史文化的传承，大力发展乡村文化、促进“两山”转化、完善乡村治理体系，建设“四美三宜两园”的美丽乡村，从物质富足和精神富有两个方面推进浙江乡村实现现代化。另一方面，不断推进城市公共服务向农村覆盖、资源要素向农村流动，推动社会主体共同参与乡村建设、合理开发利用乡村资源，促进乡村资源价值提高、产业融合发展、治理能效提升。这一阶段的“千万工程”充分发挥城市对乡村带动发展作用，以乡村就地城镇化发展路径提升乡村发展能级，使其能利用自身资源与城市平等对话，进一步促进城乡协调发展；同时也显著提升了村民劳动技能与文化素质，促进村民思想意识现代化，更有利于农民长远发展，也进一步激发了乡村建设发展的内生动力。

第三阶段“千万工程”，坚持贯彻“以人民为中心”“人与自然和谐相处”的价值观念，并以“城乡公平”的核心价值观念赋予乡村共同富裕的内涵和数字应用前景，围绕“人本化”“生态化”“数字化”三大价值理念建设美好生活乡村新社区，形成共同富裕城乡融合发展格局。一是以人更高层次、更高水平的需求为中心，兼顾物质空间建设与精神文明建设，持续推动城乡基础设施与公共服务一体化，全方位健全乡村基础设施和提供高品质公共服务；增强乡风文明建设与传统文化保护发展，满足人的精神需求，进一步缩小城乡差距。二是以绿色发展理念引导乡村生产生活，持续推动"蓝天、碧水、净土、清废"攻坚战行动，深化整治乡村环境；深化践行"两山"理念，通过体制机制创新改革和乡村片区化组团式发展模式实现资源整合、产业连接，进一步提升农文旅产业融合发展，拓宽两山转化路径与共富路径。三是利用数字化技术手段提高农村生产效率和生活品质，以数字化智慧管理平台推动乡村治理体系与能力现代化，让乡村跟得上时代发展步伐。这一阶段的"千万工程"注重优化人与社会、人与自然、人与科技共生的关系，促进城乡资源要素有机整合，进一步体现城乡公平，推动乡村实现现代化，形成以多元主体为核心的共建共治共享社会格局和共同富裕城乡融合发展格局。

概言之，"千万工程"始终坚持"以人民为中心"和"人与自然和谐相处"的价值观念，并根据不同时期城乡发展规律与特征逐渐向"城乡协同共生""城乡公平"等价值观念深化，以多元途径逐步将"脏乱差"的乡村打造为具有高品质现代化生活的乡村，形成城乡融合发展格局，推动乡村实现现代化和共同富裕从宏观规划到微观落地。

2.2 "政府—市场—村庄"三方主体助力乡村提质

21 世纪初的浙江农村交通、供水、供电、有线电视、网络等基础设施建设严重滞后，医疗卫生和基础教育水平低，社会保障几近空白，农村公共服务落后，人居环境脏乱差，农民精神生活极其贫乏。浙江省委省政府以农村基础设施建设、人居环境整治提升等一系列乡村建设行动（"千万工程"的主要内容）为抓手，推动浙江农村全面小康建设、统筹城乡发展、优化农村环境、造福农民群众❶。但长期以来，我国乡村建设以自上而下的"运动式"建设模式为主，普遍存在资金供给不足、设施供给不足、设施管护无效等建设与运营问题，如何摆脱以往的路径依赖，解决农村公共品的供给、建设与运营问题，将是"千万工程"实施面临的一大难题。引导政府将公共资源与政策资金向"三农"领域集聚，深入挖掘社会资本和自治组织力量的参与潜力，发挥政府财政投入"四两拨千斤"的杠杆撬动作用，引入市场机制，吸引企业、社会组织、村集体和村民共同参与乡村建设，将是破解这一难题的基本思路与关键[6]。

---

❶ 浙江省委省政府在 2004 年"千万工程"现场会（湖州）上指出："千万工程"是统筹城乡的"龙头工程"、全面小康的"基础工程"、优美环境的"生态工程"，造福农民的"民心工程"，赋予了"千万工程"推动农村全面小康建设、统筹城乡发展、优化农村环境、造福农民群众的期待与功能。

"千万工程"以党委领导、政府主导、部门配合、农民主体、社会赞助、企业参与、市场运作的实施机制为解[2]（图3）。时任浙江省委书记习近平同志在2005年的"千万工程"现场会（嘉兴）上曾强调，"如果对城乡建设不进行规划指导，对国民收益分配、城乡关系不进行调节，那么城乡、地区、贫富差距就会不断扩大，城乡二元结构就难以消除"。因此在"千万工程"实施过程中，浙江省委省政府多次印发阶段性文件，明确每一阶段的指导思想、目标任务、基本原则、主要内容、政策举措、保障措施等，并建立了由党委、政府主要领导或分管领导领衔的领导小组和多部门牵头的综合办公室，组织安排各项工作。政府以城乡关系的宏观视角综合考量"千万工程"的阶段性工作计划，并通过党建引领、政策支持、资金扶持、人才吸纳等途径为各方主体创造良好的制度空间和有效交往互动的路径，充分发挥政府的宏观调控作用与社会秩序整合作用，保障了"千万工程"可实施性。

引入市场机制、构建利益机制，吸引社会企业、社会组织共同投资和参与建设，形成政府与社会相互支撑的"共强合作"治理秩序是"千万工程"应对乡村建设问题的重要路径。由政府安排财政专项资金、聚集相关部门资源力量，引导社会资本捐建，科技、资金进乡村，人才、乡贤回乡村，一方面促进社会主体将乡村作为平台，对乡村的生态、人力、文化等资源进行合理开发利用，带动乡村发展美丽经济、村民就地致富。另一方面，促进社会主体在乡村公共性领域的资源与要素配置方面发挥作用，从而解决乡村公共品的建设、运营与管护问题，使乡村建设可持续。

推动"千万工程"既是政府的责任，也是农民自己的事情，要重视调动农村基层组织和广大农民群众参与整治的积极性，形成合力共建美好家园的氛围。因

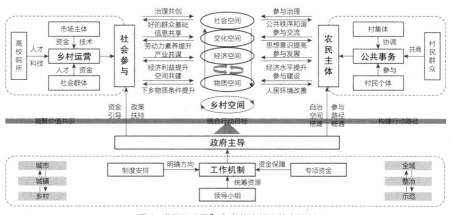

图3　"千万工程"多方共建共治共享机制

资料来源：笔者自绘

此"千万工程"多方共建共治共享的核心向度就是"以人民为中心",以民生问题为导向,以民生均等化为目标,以人民群众的自主性为路径。政府通过合适的制度安排激励群众积极参与乡村建设,由村集体经济组织承担农村内部公共性事项、农民承担家庭事项、农民群众决策"千万工程"各项项目的建设内容、顺序、方式,充分调动了群众的柔性治理力量,消化内在矛盾冲突、激发乡村建设的内生动力。

概言之,"千万工程"是一项在政府主导作用下,尊重市场规律、保障企业权益、发掘村民主体作用的民心建设工程。政府以自上而下的顶层设计为共建共治共享凝聚价值共识、统合集体行动目标、构建行动路径,保障各主体参与机会平等、效益分配公平。社会各方主体在政府主导下以资金、技术、人才等发展要素参与到乡村的建设与发展中,农民则参与到乡村公共事务的管理和决策中,共同构成"共建共治共享"的治理格局,自上而下与自下而上相结合推动"千万工程"的实施。

2.3 "城市—城镇—乡村"三级空间优化城乡关系

浙江提出"千万工程"是在对城乡发展趋势的研判及现实问题深刻反思的基础上实施的,始终坚持统筹城乡发展、协调城乡关系、推动城乡融合发展和城乡一体化的根本方向。在不同阶段,"千万工程"实施的空间逻辑根据城乡发展特征、发展需求、发展目标而有所不同(图4)。

补齐农村建设短板是第一阶段的"千万工程"的重点。2003年,浙江城镇化率平均水平超过了50%,城镇化进入快速发展时期下半场,然而农村却面临生态

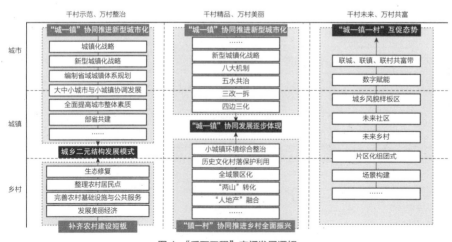

图4 "千万工程"空间发展逻辑

资料来源:笔者自绘

环境、基础设施远远落后于当时村镇经济发展水平与广大人民群众需求、农村环境"脏乱差"等"三农"问题，城乡差距持续扩大，"三农"问题成为制约农业和农村现代化建设的突出矛盾。因此浙江提出"千万工程"，以农村人居环境整治提升作为解决"三农"问题的突破口，推动城市基础设施、社会服务事业逐步向农村延伸辐射，逐步补齐农村建设与社会发展的短板，缩小城乡差距，打破城乡分割的传统体制。同时，同步推进大中小城市与小城镇协调发展，推动城镇化向高质量、高水平发展转型，为形成以城带乡、以工促农的城乡融合发展格局奠定基础。这一阶段，浙江以城乡二元结构发展模式统筹城乡发展。

"镇—村"协同发展在第二阶段的"千万工程"中逐步体现。随着"千村示范、万村整治"工程的实施和新型城镇化的推进，浙江农村物质空间建设水平和城镇化发展质量大幅度提升，城乡差距逐渐缩小，小城镇成为城乡发展的突出短板。因此浙江以宜居宜业宜游小城镇建设为突破口，形成"镇—村"协同发展格局，以小城镇带动资源要素向农村倾斜，初步建构城乡融合发展意识。一方面，推进小城镇环境综合整治，提高小城镇物质空间建设质量和承载能力，逐渐补齐小城镇发展短板，更好地发挥其在城乡统筹中的枢纽作用。另一方面，深化"千万工程"乡村建设工作，推动乡村建设向"人地产融合的现代化美丽乡村"转变。这一阶段，浙江城乡融合发展初见成效，以"城—镇""镇—村"两条线索协同推进新型城镇化和乡村全面振兴。

"城—镇—村"关系在第三阶段的"千万工程"中形成了全方位互促共进的发展态势。彼时，浙江在以"千万工程"为抓手探索城乡发展不平衡不充分问题方面取得了明显成效，但也存在部分村庄活力不强、产业发展后劲不足、乡村经营人才缺乏等问题。与此同时，面对建设共同富裕示范区的重要使命，"千万工程"也担负起乡村全面振兴、推动共同富裕、重塑城乡关系的新使命。因此浙江提出"共富共美"的新目标，打造联城、联镇、联村的共富带，推动美丽县城、美丽城镇、美丽乡村联创联建，整域联动激活乡村资源的多重价值，推动形成"共建共治共享"社会治理格局，进一步提升城乡融合发展水平。这一阶段，浙江以小城镇为枢纽的城乡三元结构发展模式统筹"城—镇—村"三级城乡空间的联动发展。

概言之，"千万工程"经历了乡村弥补短板到"镇—村"协同发展再到"城—镇—村"联动发展的三个阶段，不断显化城乡系统的完整性，实现了从城乡二元结构发展模式到以小城镇为枢纽的城乡三元结构发展模式的转变，探索更为协调、更趋共享的城乡融合发展道路，为实现共同富裕的社会主义根本目标奠定了坚实的城乡发展基础。

3　各地学习运用"千万工程"的要点

在分析浙江"千万工程"价值逻辑，构建起"三个阶段—三方主体—三级空间"的"共建共治共享"立体逻辑框架的基础上，笔者发现各地在学习运用"千万工程"经验，推动乡村建设不断取得新成效的同时，也出现了一些理解偏差、方向偏离的现象。因此，下文结合"千万工程"经验做法和推进机制，提出对支撑城乡共同富裕和实现城乡共同现代化具有借鉴意义的实施建议，以期为各地有力有效推进乡村全面振兴和中国式现代化提供及时的指导和纠偏。

3.1　问题导向：把握"浙江特征"与"本地实际"的关系

浙江实施"千万工程"有其特定的经济社会发展背景，推进过程中的具体做法受到省内各地资源条件影响，呈现"因地制宜""量体裁衣"的特点。"浙江特征"很大程度上影响甚至决定了"千万工程"的方向、方式和结果，各地需基于"本地实际"深挖特色、量力而行、尽力而为。

一是必须以统一思想观念为先。部分地区推进乡村建设仍存在政府"有志无方"的现象，或对城乡关系的认知和实践不足，孤立看待乡村，或对乡村与时代发展同步的把握不足，过度沉醉于乡愁记忆，导致建设成果于村庄发展、村民成长无益。而浙江不同时期的重要领导人都能认识到协调城乡关系、解决好"三农"问题对推进社会主义现代化建设的重要意义，通过乡村建设工作座谈会、现场专题会等形式亲自抓好落实乡村建设工作，基于深入调研制定年度计划、工作目标、重点任务，自上而下持续坚持改变全社会尤其是基层干部民众对乡村的态度和认识，尽力破除"人"思想观念方面的推进阻碍。这也是各地首要学习的"千万工程"经验。

二是聚焦有典型意义及示范作用的村庄，推动实现财政资金和政策资源的精准投放与效益最大化。各地推进乡村建设普遍存在"平均主义"惯性，政府有限的资金、精力没有持续投入到发展潜力强、村民意愿高的"刀刃"式村庄上。20年前，浙江经过改革开放的先行先试，已经积累了相对雄厚的物质基础。20年来，浙江不断优化财政支持政策，高标准保障建设资金，尽管如此，也没有在"千万工程"中广撒"胡椒面"，而是坚持"巩固一批、创建一批、培育一批"的具体路径，抓重点、树典型，分级梯次推进乡村建设。对于财力相对薄弱的地区，更应该缩小工作面，加强示范引领。

三是注重"城—镇—村"发展模式与工业化城镇化基础的适配性。各地实现城乡融合的道路尽管千差万别，但主战场大多在城市，即主要得益于城市用地的扩张和城市产业的重新布局，其村镇建设基础和产业能力较弱，并不具备独立发展条件。浙江通过农村工业化、城镇化道路和"民营经济""块状经济"模式形成了"农村内生型"城乡一体化发展路径，使得乡村自我发展能力大大增强，具备了农业人口转型、村庄社区化等的有利条件，也使得小城镇发展具有先发性和典型性，在经过环境综合整治、"五美"城镇建设、小城市培育试点等行动补齐基础设施和公共品供给短板后，能够很好地承担起村镇生活服务中心职能，有效发挥城乡资源配置和中心集聚作用。对于无力以村镇为城镇化主阵地的地区，则需强化"以工补农、以城带乡"关系，以更高层级的县域、市域作为统筹尺度，通过建立城乡共同愿景，构建现代乡村产业体系，形成城乡融合互促局面。

四是构建"新靠山吃山"理论。对于生活在生态功能区内村庄的老百姓而言，"绿水青山"本是其世世代代赖以生存的重要生产资料，却在今天成为可望而不可及的"死资产"。这一困境源于各地在学习运用"两山"理论时的头重脚轻、顾此失彼现象，即只谈生态保护，不谈或少谈、不敢谈发展，甚至试图让生态保护"背锅"发展不力的责任。浙江得益于"七山一水二分田"的地理风貌和广布的传统村落，具有发展美丽经济的突出优势，同时受限于"地少人多"的资源条件。其不仅在污染防治、生态文明示范创建上走在前列，还发挥"精打细算"特长，向山林、田地要效益，通过改革创新激活每一块区域的潜能，提高全要素生产率，推动了乡村产业的转型发展，实现了由"绿水青山"向"金山银山"的科学转化。各地在遏制粗放增长态势、生态保护修复取得明显成效后，有必要将工作重心适时转向高质量发展，回应"两山"理论的核心要义，处理好保护与发展的相生相成关系。

3.2 规律导向：把握"发展阶段"与"推进重点"的关系

浙江"千万工程"持续三大阶段、七次深化，仍在不断迭代升级。每一阶段推进重点都与国家政策要求、时代需求紧密结合，并与浙江宏观经济社会发展阶段协调耦合，符合城镇化水平及城乡关系特征（图5）。其方向目标既定明确，实际工作因时而变，呈现出"千年大计、久久为功"的定力和"时不我待、只争朝夕"的干劲。基于此，各地在学习"千万工程"经验做法时，需要注意以下两点：

一是把握重要战略机遇期，顺应城乡关系演变和乡村转型的共性特征，在构建城乡融合发展新格局上敢于争先，勇做示范。从战略目标看，党的二十大提出"以中国式现代化全面推进中华民族伟大复兴"，乡村振兴作为实现农业农村优先发展、促进全体人民共同富裕的总抓手，提出了"农业强、农民富、农村美"的奋斗目标，该目标在新时期又服务于中国式现代化总目标，其中既包括农业农村的现代化，也包括农民的现代化，且人的现代化才是本质；从城乡关系看，当前

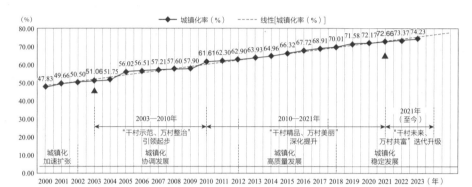

图5　浙江城镇化水平与"千万工程"发展阶段

资料来源：笔者自绘

中国仍然处在城镇化进程当中，城的比重上升、乡的比重下降，城乡长期共生并存是各地城乡演变的客观规律，其中关涉"乡村如何精明收缩"等现实挑战；从乡村转型趋势看，大量村庄正由传统自然村庄形态向现代乡村社区发展，不同主体功能区下的村庄又分化为现代农庄、生态家园、消费市场等不同专业类型。另外，随着AI时代来临，未来乡村形态也依稀可见，即面向未来社会需求，由新技术突破驱动，具有新质生产力动能、发挥多元价值、呈现未来元素的乡村。浙江不断深化"千万工程"，持续开展对乡村未来可能性的多样探索。各地在新阶段推进乡村建设，也要与时俱进、着眼未来，敏锐运用时代发展、技术进步的成果，探索新的方法手段，推动实现中国式城乡现代化。

二是充分考虑自身经济社会发展阶段，着重解析浙江在特定发展背景下的重点推进举措。全国尤其是中西部地区大量省份在生产总值、城镇化率、居民收入水平等城乡经济社会发展方面远落后于浙江。浙江在推进"千万工程"过程中，每5年出台1个行动计划，每个重要阶段出台1个实施意见，根据不同发展需求确定工作重点，进而一体实施乡村规划、建设、管理、经营、服务，推进乡村产业、人才、文化、生态、组织"五个振兴"，各时期都有应对城乡问题行之有效的系统方法。如先期对国民收入分配格局的战略性调整和对村庄居民点布局的多样性安排；中期美丽乡村与美丽城镇的协同推进，乡村规划水平和建设品位的跃升；后期县城、城镇、乡村的联创联建、乡村的组团化建设等。后发地区可加强对"千万工程"经验的历时性解读，对标浙江协调城乡关系的阶段分目标，学习运用相对应的方法手段，妥善推进乡村振兴工作。

3.3　目标导向：把握"工作抓手"与"深层逻辑"的关系

各地学习浙江"千万工程"要理解"工作抓手"与"深层逻辑"之间的关系，以解决乡村人居环境问题为起点，着眼于共同富裕的多层次内涵，其核心价值是诠释了共建共治共享助益美丽城乡关系的深层逻辑，并通过一系列工作抓手予以落实。主要包括两大方面：

一是在推进机制上要注重引导和形成"政府—市场—村庄"三方主体共建机制。"共建共治共享"是新时代中国社会治理模式建构的新命题，也是形成乡村建设运营"管长效"的机制，推动人居环境整治落实长效、形成常态的基本思路。在机制构建上，一方面要深刻把握社会主义市场经济体制下政府、市场、社会的角色定位，正确理解和处理党委领导下多元主体各自权责及相互关系。另一方面，应将实现多元主体在约束条件下自身或本地利益与全局利益共赢作为推进项目的重要驱动力，促进城乡居民、企业、基层政府等中微观参与者与宏观目标的"激励相容"。要学习"千万工程"处理村民个体与社会群体的关系经验，既发挥政府宏观调控作用，也直面村民、市场和地方政府目标取向、行为选择的差异性，使顶层设计与基层创新良性互动，形成自下而上与自上而下相结合的"共建共治共享"机制。

二是在推进思路上要注重统筹和构建"城市—城镇—乡村"三级空间联动发展格局。受到城乡二分范式的影响，地方政府容易将城市和乡村视为对立竞争的独立范畴，但城乡系统本质上是由城市、城镇、乡村共同构成的城乡连续体，谋划乡村发展应将城市、城镇共同纳入分析框架中。一方面要明确城乡空间体系建设的重点，培育县域经济，提升小城镇人居环境品质，充分发挥小城镇在城乡发展中的综合带动作用、小城镇的承上启下作用以及激发乡村多元价值的作用。另一方面要推动城市、城镇、乡村之间构建"横向联结"与"纵向联结"发展格局，形成设施共建、社会共治、资源共享的有机共同体，促进城乡融合发展。要学习"千万工程""城市—城镇—乡村"三级空间联动发展经验，探索以小城镇为枢纽的城乡三元结构发展模式，促进形成更为协调、更趋共享的城乡融合发展格局。

总体而言，"千万工程"遵循了现代化导向、均衡协调、公平正义、以人为本等价值取向，最终呈现出人与自然、城与乡、历史与现在、当下与未来、个体与群体等关系之美。各地学习"千万工程"绝不仅要学习表象的工作抓手、措施手段、成果形式，而是要深入理解其内在深层逻辑，再结合各地发展条件、资源特色、民众诉求等，探索适合自身的乡村振兴路径。

4　结语

文章系统梳理和总结提炼了浙江"千万工程"的发展理念和工作方法，指出通过"共建共治共享"的治理体系有效协调了城乡关系是其成功的关键机制。从时间上看，"千万工程"从谋划到建设到运营，呈现再接再捷、积土为山的良好局面，体现了各推进阶段间的"共建共治共享"；从主体上看，"千万工程"以"政府—市场—村庄"协同，凝聚多方力量，引领并满足百姓需求，造福万千百姓，体现了多元主体间的"共建共治共享"；从空间上看，"千万工程"以"城市—城镇—乡村"协同，推动城乡空间布局调整与社会结构转型，实现了城乡均衡协调发展，使居民在乡村也能够享受到与城市同等的待遇、同质量的公共服务和有差异无差距的基础设施，体现了城乡系统各层级间的"共建共治共享"。"千万工程"取得的卓越成效固然与浙江特殊的区位、经济、政治条件有密切的关系，但也具有普遍的借鉴意义和旺盛的实践活力。各地学习运用"千万工程"经验既要深刻体悟其精髓要义，严格依循其中蕴含的价值逻辑，坚持现代化、均衡协调、公平正义、以人为本等价值导向，也要结合实际活学活用，准确研判自身现实条件和发展基础后，在具体的资金资源投入、工作机制、建设标准等方面灵活应变，促使乡村的建设与发展能够与时代同步、与城乡并行、与人民共成长，沿着正确轨道行稳致远。

参考文献

[1]　刘守英，龙婷玉 . 城乡融合理论：阶段、特征与启示 [J]. 经济学动态，2022，(3)：21-34.

[2]　邵峰 . 准确把握"千万工程"研究方法 [J]. 农村工作通讯，2023 (13)：22-26.

[3]　胡立新 ."千万"工程再战五年浙江八成村庄将换新颜 [J]. 农村工作通讯，2008 (19)：58.

[4]　叶慧 ."千万"工程改造浙江乡村 [J]. 今日浙江，2009 (14)：50-51.

[5]　康胜 . 城乡一体化：浙江的演进特征与路径模式 [J]. 农业经济问题，2010，31 (6)：29-35.

[6]　黄祖辉，傅琳琳 . 我国乡村建设的关键与浙江"千万工程"启示 [J]. 华中农业大学学报（社会科学版），
　　　2021 (3)：4-9，182.

张勤 唐婧娴

唐婧娴，中国城市规划
设计研究院上海分院城
市设计研究所

张勤，中国城市规划学
会常务理事、学术工作
委员会副主任委员，杭
州市规划和自然资源局
原一级巡视员

城市规划与城市财政结合的必要性
——为人民算好规划的"经济账"

1 经济账是规划和规划师面对的基础问题

阿兰·贝瓦托在《城市的隐秩序——市场如何塑造城市》中提到，规划部门
不应只专注于土地使用和建管问题，还应考虑"如何将规划作为市场的补充"，通
过制度设计、土地政策、空间政策、设计方案等方式，解决城市空间资源分配、
公平与效率等问题，并为城市的经济发展作出贡献（阿兰·贝瓦托，2022）。

"城市是人民的城市"，人民是城市的主人，也是城市财产的权益人，城市规
划所支撑的城市发展反映在城市经济体上，即城市的"资产负债表"。秉承着对城
市发展、城市开发负责的态度，好的规划既要提供有温度、有品质的空间，也要
有利于城市资产的保值、增值，好的规划师亦应当具备促进城市可持续发展的经
济思维，为人民算好建设的"经济账"。

2 转型期规划融合"经济思维"的迫切性

2.1 计划经济时期与改革开放初期的情况

我国的城市规划体系始于计划经济时期。中华人民共和国成立初期，规划部
门与财政部门、经济计划部门的工作曾深度交织。1952年城市规划建设相关的行
政管理职能主要是由中财委（中央人民政府政务院财政经济委员会）计划局下所
设基本建设计划处承担；1953年国家计委增设基本建设综合计划局、设计工作计
划局、城市规划计划局；至1954年规划工作进入由国家计委与建工部双重领导的
特殊时期。

这一时期的城市规划工作是研究经济的，城市规划局所策划的项目均需上报投资司，申请直接、间接的国家投资。为控制和优化建设成本，规划编制的审查程序十分严格，往往需要通过多轮次、详细的论证，确定工程投资的具体内容、投资额度。另外，由于中华人民共和国成立初期中央财政困难，地方规划与建设必须考虑成本控制与资金筹措问题，时任天津市委副书记、市长李瑞环同志提出"人民城市人民建，为民之举靠人民"，鼓励企业自发投资、不等不靠，落实人民路等道路提升与改建工程，即是当时规划建设工作的真实写照。

至 1994 年土地出让金制度开始成型。城市政府通过编制规划让渡土地开发权，依靠"土地财政"的单一模式蓬勃增长，城市开发的财务问题一时间似乎找到了"金钥匙"。此一时期，规划主要充当"快速增长机器"的辅助工具，无需过多考虑开发建设的"成本—收益"。规划管理的内核亦十分清晰，即通过空间管制来减少城市的无序扩张和非理性建设，控制开发对生态、社会的负外部性影响，所谓的规划综合效益评估，更多是不考虑经济影响和财政负担的定性评估。

2.2 融入"经济思维"的需求

2022 年，中国城镇化水平已超过 65%，城镇化的阶段、驱动机制与格局发生重大转变（张京祥，黄龙颜，2022）。同时，国际国内形势的深刻、复杂变化，导致传统的城市资本增值逻辑、发展模式加速陷入困局，适配既往土地扩张阶段的城市规划体系与规划管理工作的转型需求更加显化、迫切。

其一，城市经济环境要求规划编制综合考虑财政负担能力和存量资产盘活。宏观环境迅速变化，我国绝大部分地区进入经济低速增长与人口负增长的双降阶段，城市缺乏新的高收益增长点，商品住房、产业空间的需求总量趋于稳定，快速扩张期新城、开发区建设造成了大规模的空间过剩供给，堆积了大量低效和闲置资产（图 1）。在这样的经济背景下，依赖土地扩张和基础设施建设拉动的信贷扩张难以为继，许多城市陷入高债务风险的困局（图 2），倒逼规划编制时必须考虑当前及以后的财政负担能力、如何通过存量设计和存量管理为城市寻找可持续的良性增长点（赵燕菁，2017）、如何匹配城市的转型需求。

其二，国土空间规划体系的建立也对新时期的规划工作提出了要求。国土开发三条控制线趋于稳定，推动城乡发展建设整体进入存量时代，"两个统一行使"要求规划具有物权思维——城市既是生活、生产空间，也是城市的"资产"，规划有义务保证城市资产的保值、增值，如何盘活闲置存量资产成为城市资产保值、增值的重要命题。同时，快速提升的更新成本、日趋乏力的政府财政与亟待改善的需求（王凯，林辰辉，吴乘月，2020），倒逼开发进入主体多元化时代，从"他（开

图1　全国房地产空置/待售情况
资料来源：中国国家统计局、中国指数研究院

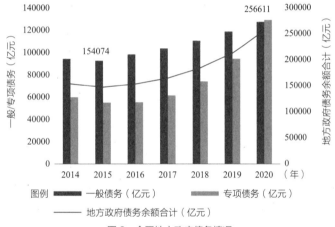

图2　全国地方政府债务情况
资料来源：中国财政部、中国国家税务总局

发主体）要来"过渡到"要他来"的阶段。存量时代复杂的产权关系要求规划编制必须具备经济思维和算账能力，把产权关系、交易成本、投融资方式、收益平衡等关系讲得清清楚楚、明明白白，以利于引导多元主体参与到城市开发与更新的过程中来。

3　规划中的"经济账"

3.1　空间视角

3.1.1　宏观层面：规划蓝图也是投融资蓝图

相较于西方服务型政府的定位，我国政府的角色更偏向于"有为政府"。在新城开发、片区开发、大型基础设施等城市开发建设领域，政府通过制定国土空间规划、战略规划、综合交通规划、公共品供给规划，深度参与城市建设的重大事宜决策。规划编制中的要素供给水平将影响项目范围内建设的总成本、潜力产业和劳动力效用，继而影响城市局部或总体、长期和短期的收益水平。

　　同时，政府还通过财政体系发行低息政府债，依靠债务型资本支持城乡基础设施建设与开发过程。可以说，通过"规划"和"债务"，政府掌控了与基建有关的融资、投资、经营过程。在快速增长期，政府可通过片区开发、基础设施建设带动的土地出让、专项收入、引入企业长期产生的收入平衡前期债务资本的投入，但如果规划、策划未谨慎考虑投资回报率，盲目滥用信贷导致建设后资金回收的能力严重不及预期，且前期投入（如拆迁等）造成的财务费用持续增加，政府"化债"压力将持续增大。另一种情况下，由于资金整体的投资回报率过低，还可能出现低息资金脱实向虚，企业、政府通过违规途径赚"利差"的情况发生。此种情形非但未能带动城市的可持续发展，还将造成后续信贷投放不畅、资金在金融体系内"空转"。换言之，在宏观项目的策划中，规划在描绘空间远景的同时，也制定了一张投融资的"现金流量表"（图3）。

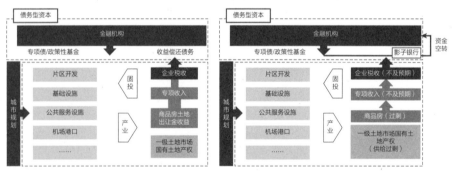

图3　基建相关的资金流动模式（左）与空转情形（右）

3.1.2　微观层面：土地价值的公平分配

　　狭义上，城市规划作为政府管制的重要手段之一，主要通过建立土地开发的公共秩序、调整土地开发的收益总额与分配比例，实现综合改善城市经济社会发展环境的终极目的，并通过土地开发相关的制度设计，实现对公共利益的基本追求（王郁，2008）。换言之，微观规划过程中的"经济账"主要是与土地相关的利益协调与平衡，例如城市更新、片区开发溢价捕获等。

3.2　资源视角

　　在新的国土空间视角下，规划的经济账不仅仅涉及空间，还涉及资源的管理与利用，如水、矿产、森林、草原、湿地、矿产资源等。这些资源均是城市的

"资产",合理的规划利用可以释放资源潜力、再造价值;而不合理的规划则可能导致资源的浪费、价值收益不达预期。

可以说,无论是资源还是空间、宏观层面还是微观层面,规划编制工作当中都无法避免地涉及影响城市资产的增建、城市竞争力提升、城市财政等问题(表1)。但过去很长一段时间以来,由于政府财政充裕、缺乏资产思维等,规划中的"经济账"并未获得应有的重视。

城市规划经济问题的主要维度　　　　　　　　　　　表1

维度		成本—收益影响机制	规划要素
空间视角	城市竞争	规划要素供给影响城市建设的总成本,要素的水平影响企业与劳动力的效用,即城市经营的收益	总体规划与城市战略、土地利用、交通规划、大型基础设施供给
	土地开发与空间更新	以土地为核心的价值分配、利益转移与补偿机制	容积率、建设指标、补偿标准、补偿机制、开发权转移机制等
	公共品供给	政府成本,群体受益,存在搭便车问题	公共住房、公共服务设施、学校、医院、公共交通等公共服务设施供给等
资源视角	资产价值	规划明确资产的用益物权、利用方式,从而使资源具有经济属性,转化为经济价值	水、森林、矿产、草地、湿地、矿产等

相较于我国,西方发达国家较早地进入了政府财政紧缩的时期。受限于资金的客观条件,在城市规划与开发中,一些国家已经在宏观的城市开发投资决策问题、微观的土地价值与利益还原问题上形成了较完备的制度积累,如新加坡、德国、美国等,清晰的底账、投入—产出评估、资金计划允许权益制度的创新,也给予更多主体机会参与到开发实践当中。以下,笔者分别引介了新加坡轨道交通建设决策、德国更新中的道路贡献义务、美国圣地亚哥会议会展中心建设三个案例,以期引起业界的关注,为我国当前城市规划中的经济问题应对、如何算好"经济账"提供一点启迪。

4　国际案例的启示

4.1　新加坡:轨道交通的十年论剑,谨慎的大型基础设施建设评估

新加坡建国初期经济快速发展,随着人民生活水平的提高,"汽车问题"逐步显现。有限的土地倒逼新加坡必须抑制小汽车无序增长,从1967年始,建设"大运量快速交通"系统(以下简称MRT)的想法便出现在媒体报道中,但建设

什么形式的 MRT 随即成为新加坡政府决策的难题。为了避免投资与建设失误，从 1967 年提议到 1982 年决定，新加坡利用 15 年的时间，谨慎研究和讨论 MRT 的建设形式。

十年论剑的两个主要对立观点，一是前财政部长吴庆瑞提倡的以公共汽车为主导的观点；另一方则是由"道路交通行动委员会"秘书长 Lim Leong Geok 提倡的轨道交通的观点。支持公共汽车的观点认为轨道花费太高；而支持轨道交通的团队则认为公共汽车系统会造成新的交通拥堵，只有轨道交通才能解决新加坡的交通问题。

随后的 1972—1974 年、1975—1977 年、1977—1978 年，新加坡开展了三个阶段的论证研究。第一个阶段由世行完成，世行专家不赞成新加坡发展轨道交通，认为应发展由轨道交通和公共汽车相结合的综合交通系统；第二阶段（耗资 450 万新元）详细讨论了大运量公共交通的细节问题，如地基条件、隧道工程、收支预测；第三阶段重点放在轨道交通运营上。

三个阶段之后，新加坡财政部再次安排研究小组对研究报告进行独立评估，由哈佛大学教授肯奈斯·汉森领导。小组对之前的参数质疑，并重新提出建设公共汽车为主的交通系统是否更为合适这一个老问题。针对各方的不同意见，新加坡广播电视公司在 1980 年组织了一场针对是否应该建设轨道交通的电视大辩论，由总理李光耀做裁判。辩论中，双方引经据典，通过充分地对现状分析、未来预测，分析不同交通系统对社会经济各方面所产生的影响，最终支持建设轨道交通的一方获胜。电视大辩论之后，新加坡政府又委派交通部长王鼎昌率一个代表团参观了加拿大、美国和欧洲的十个城市，考察相关的轨道系统以及地铁给城市发展带来的影响。同时，政府又计划了两项相关的研究：一项是论证全巴士系统可实施性及其影响；另一项则是关于轨道交通系统的实施和影响，并将其与全巴士系统进行比较。1982 年，新加坡政府正式宣布新加坡将投资 50 亿新元建设轨道交通系统。

其实，新加坡政府对建设轨道交通系统的意向，从一开始就非常明确。但是新政府并未因这种意向而对轨道交通建设项目盲目拍板使其尽快上马，而是认真地对其进行科学审慎地研究——对于地铁建设的决策并不仅仅以建设地铁解决交通问题为目标，而把它当作国家发展一盘棋中的一步，对地铁建设可能产生的对新加坡整体经济的影响进行了充分的估计和考量。由于意识到地铁线的布局会给城市的地价带来极大的影响，因此在方案讨论过程中，地铁线路的走向虽然没有秘而不宣，但却不被具体化、也不作为讨论的话题，从而避免因地产投机活动产生对整体经济发展的干扰。

4.2　德国：道路更新贡献义务，街道更新中的价值捕获与投资平衡

德国的更新早在 1960 年代即大规模展开。进入 1970 年代，由于公共预算不稳定，德国开始探讨新的制度和创新政策来实现更新融资，届时理论界对于公共品供给、交易成本等都有广泛的讨论。在实践领域，德国的公共部门尝试更为理性地考虑更新行为的收益主体，由此形成公共品供给的税收制度，即在城市更新当中向项目受益者收取基础设施税，实现更新投资平衡与公共利益保障，较为典型的制度工具即道路更新贡献义务（Straßenausbaubeiträge）。

道路更新贡献义务这一税费是德国市政基础设施税的一种，由《市镇税收法》（Kommunalabgabengesetze，KAG）规定。法条中明确规定道路更新应明确：①税收义务主体的确定，②与道路建设义务相关的措施说明，③税收贡献义务的成本／额度，④邻近地区成本分摊，⑤相关社区／居民分担的数量。道路更新的受益社区和居民是税收义务主体之一，根据道路类型（主干道、主要通道、服务型道路），居民和社区应当承担不同的税收份额，即服务型道路成本的75%、主要通道建设成本的50%—60%、主干道成本的 25% 将转嫁给当地居民。也就是说，在一条道路的更新改造中，规划需要明确为什么要改造、哪些人受益，并编制受益主体的成本分摊方式，基于空间布局与成本平衡的考虑，形成若干个比选方案，并由公众参与筛选方案❶。类似于道路更新贡献义务，德国的规划体系中，还设计了一系列围绕土地价值还原的制度工具（表 2）。

德国土地价值还原（Land Value Caputure）主要工具　　　表 2

工具	法律基础	管理主体
开发商义务（Städtebauliche Verträge，Erschließungsbeiträge）	建设法典（Baugesetzbuch） § 11–12，§ 127–135 /1987	地方政府
基础设施税（Städtebauliche Sanierungsmaßnahmen，Straßenausbaubeiträge 道路更新贡献义务）	建设法典 § 136–164b/1987；市镇税收法（Kommunalabgabengesetze）	州和地方政府
土地整备（Umlegung）	联邦建设法（Bundesbaugesetz）/1960；建设法典 § 45–84/1987	市镇和地方政府
战略性土地管理❷（Kommunaler Zwischenerwerb, Bodenvorratspolitik and städtebauliche Entwicklungsmaßnahmen）	建设法典 § 165–171/1987	地方政府

---

❶ 由于这一税种部分地威胁了既有房产所有者的权益，在政治上具有争议，联邦各州的执行情况不同，一些州已经废止了这个法案。

❷ 公共临时回购、土地储备、更新地块的低价收购、公共土地租赁等。

4.3　美国：增税融资，圣地亚哥会议会展中心扩建资金平衡

美国自 19 世纪的城镇化发展中，既已出现了因为公共服务设施而设定的特别受益税（Special Assessment，SA），虽然特别受益税的额度分摊公平性存在着一定的争议，但是其作为城市开发中土地增值收益与成本的平衡制度手段之一，在 1970 年以前发挥了重要的作用。1970 年后，联邦政府的财政赤字与政治保守化加剧了地方公共设施建设资金的压力，迫使各地在开发控制中，积极探寻开发利益公共还原的土地价值捕获制度工具（表 3）。例如圣地亚哥会议会展中心的扩建，即采用了这一方法，完全摆脱政府投资建设公共服务设施的沉重负担。

美国土地价值还原的主要工具　　　　　　　表 3

	工具箱	功能	使用主体	是否刺激投资	是否带来新的/可持续的收入来源	是否促进社会公平
			直接的价值还原			
特别评估区	商业改善区（Business Improvement District，BID）	在城镇的商业密集区创建，通过对特定项目征收附加税，以便为该地区的服务改善提供资金	地方企业合作组织	√	√	
	社区福利区（Community Benefit District，CBD）	业主自愿征税，以资助一些商定的服务和空间改进行为	公私合作组织（含居民）		√	
	福利区设计叠加（Benefit District Design Overlay）	通过特定的公共设施设计，促进社区福利提升	公私合作组织（含居民）			√
	增税融资（Tax Increment Financing，TIF）	创建特殊税收区，通过税收转移为基础设施改善和开发提供资金	公私合作组织	√		
税收	低收入住房税收抵免（Low-Income Housing Tax Credit）	对低收入住房、历史保护、新市场建设提供税收抵免	公私合作组织	√		
	历史保护税收抵免 Historic Preservation Tax Credit，HPTC）		公私合作组织	√		
	新市场税抵免（New Market Tax Credit，NMTC）		公私合作组织	√	√	

续表

	工具箱	功能	使用主体	是否刺激投资	是否带来新的/可持续的收入来源	是否促进社会公平
税收	艺术文化为中心的税收（Arts and Culture-Centric Tax）	文化区范围内的艺术类企业获得税收抵免，盈利性企业征税或增税	公共机构		√	
	反投机税（Anti-Speculation Tax）	根据特定的政策需求，针对投机行为收税	—		√	
开发影响费	开发影响费（Developer Impact Fees）	收取一定比例的土地用于公众使用，或收取一定的费用用于公共服务设施建设	公私合作组织	√		
资产循环						
公共/非公共资产货币化	土地储备（Land Banking）	低价或免税收回限制土地资产，用于公共品提供	政府	√	√	
	公共土地租赁（Lease of Public Land）	租用政府的公共土地，继而合作开发	公私合作组织	√	√	
	绿色基础设施货币化（Monetizing Green Infrasturture）	将水体、绿地等非货币化资源转化为货币衡量资产	建筑所有者或运营者		√	√
间接价值还原						
分区制	弹性分区（Upzoning）	允许高价值地段功能混合化	公私合作组织	√		
	包容性分区（Inclusionary Zoning，IZ）	允许开发商以低于市场价格的成本获得土地，但单元应纳入一定比例的保障性住房或文化艺术区域	公私合作组织	√		
开发权	开发权转移（Transferable Development Rights，TDR）	允许跨区域的地块联动开发，通过转移开发权实现对特定地区的保护和发展	公私合作组织	√		
	空域开发权（Air Rights）	又称"可被转移的土地开发权"，与开发权转移的性质相似，主要用于古建筑保护、产业发展及公共空间改善	公私合作组织（含居民）	√	√	

资料来源：GCDN，Capturing value and preserving identity

圣地亚哥会议会展中心（San Diego Convention Center，SDCC）始于 1970 年后期市中心重建计划，1983 年批准建造，1984 年创建圣地亚哥会议中心公司管理和运营。圣地亚哥港（Port of San Diego）为整个项目提供 1.64 亿美元的资金作为资本金。1989 年正式开业，预订活动需求旺盛，带动周边酒店、餐饮、服务业兴起。由于圣地亚哥会议会展中心的展览运行是全部免费的，许多企业愿意到圣地亚哥来参展，政府无需邀请，反而可以选展览，促进了圣地亚哥作为美国会展中心的地位。展览行为带来的商机，又带动了周边的餐饮、服务，形成圣地亚哥的新城市功能。这一阶段的建设主要还是依靠圣地亚哥港的财政支持。

至 2008 年，会议会展中心拟进一步提升扩建，强化圣地亚哥会展中心城市的地位。但此时政府已无力支付高额的扩建费用。所以，会展中心开发公司利用规划方式，在会议会展中心划定特别税收区，即划定周围一定区域作为会议会展中心建设的收益区域，对其中的酒店征收房间税（Room Tax），距离会议中心最近的市中心酒店的房间税将增加 3%，稍远一点的地方，如 Mission Valley 和 Mission Bay 增加 2%，而更加偏远的酒店税收则增加 1%。增额税收每年可以产生 3570 万美元的收益用于会议会展中心的建设。另外，圣地亚哥市和圣地亚哥港每年还将分别提供 350 万、300 万美元的房间税，用于中心扩建。会展中心开发公司临近的第五大道支付租金（5.2 亿美金），买断其周围用地的租赁权，最终完成会议会展中心的扩建。可以说，通过特别税收区增税融资（Tax Increment Financing，TIF）的方式，圣地亚哥以低成本的规划与制度设计，实现了城市功能的大幅提升。

4.4　新加坡：集约导向的水资源利用与水费收取补贴机制

规划的"帐"不仅是空间的，还是面向资源的，"算账"是实现资源的可持续利用的必要支撑。规划的"帐"需要配套政策，"算账"的规划公共政策属性更强。新加坡为实现水资源可持续利用，通过高水价收费和水费补贴政策达到了成本回收和社会公平的平衡。

新加坡本地自然水资源严重不足，是世界上极度缺水的国家之一，曾一度80% 的水资源依赖进口。20 世纪末，新加坡政府大力推动研究海水淡化和再生水处理，至今已形成新加坡"四大水喉"供水体系，包括本地集水区水、外购水、新生水、海水淡化水。2001 年，新加坡政府成立新加坡公用事业局（Public Utilities Board，PUB），整合过去分开管理的供水和污水处理职能，拓展节水监察和节水教育等职能，对水进行综合管理，保障水资源可持续利用。

新加坡 PUB 设置了高水价和梯级水价结构，以回收供水基础设施建设成本，同时倒逼居民节水。2017 年，新加坡第一次提价后的综合水费为 2.39 美元 / 立方米，约为我国同期水价的六倍，在全球水价中也位于前列。新加坡的综合水费包括水价、耗水税和污水处理费，水价和污水处理费与我国类似，耗水税约等于我国的水资源费和水利工程费的结合，水费以 40 立方米为分档线设立两级水费，二级水价约为一级水价的 1.34 倍。不同于多数国家将耗水税设定为固定金额，新加坡的耗水税遵循"多用多付"的逻辑，每月用水量不足 40 立方米则按供水价格的 50% 收取；每月用水量超过 40 立方米的按供水价格的 65% 收取，因此用水量超分档线的用户的用水成本更高（表 4）。2017 年提高水价后，新加坡人均日用水量相较 2016 年减少了 5 升。

新加坡水费结构   表 4

水费构成	第一阶段：2017 年 7 月 1 日起		第二阶段：2018 年 7 月 1 日起	
	水价（每立方米）		水价（每立方米）	
每月用水量	0—40m³	> 40m³	0—40m³	> 40m³
水价	$1.19	$1.46	$1.21	$1.52
耗水税（水价百分比）	$0.42（$1.19 的 35%）	$0.73（$1.46 的 50%）	$0.61（$1.21 的 50%）	$0.99（$1.52 的 65%）
污水处理费	$0.78	$1.02	$0.92	$1.18
总额	$2.39	$3.21	$2.74	$3.69

资料来源：Public Utilities Board 网站

但是高昂的水价也会给居民和企业带来过高的经济负担，新加坡出台了面向组屋家庭和企业的两类补贴政策，以促进用水公平，改善民生。第一种是 U-Save 补贴政策，政府向组屋家庭提供专门用于支付水电费的补贴。组屋家庭满足组屋中有一名新加坡公民所有者、业主或租客，且同住的直系亲属不能拥有其他房产，即可申请。根据组屋房型，单次补贴 40—120 美元不等，每年支付 4 次，每年单个组屋家庭可获得 220—380 美元的补贴。新加坡政府判断贫困人口更可能居住在一房式、二房式住房中，因此这类住房补贴更高，提价后的水费与提价前持平，而四房式、五房式的住房补贴少，受水费提价影响更大（表 5）。第二种是面向企业的用水效率基金（Water Efficiency Fund），用于资助用水量减少 10% 的企业或年节水 6000m³ 的企业。用水效率基金一方面鼓励企业参与节水，支持节水评估、节水试验、节水设备采选等多类多阶段的节水举措，另一方面鼓励节水创新，企业通过创新手段进一步提高 10% 的节水率可获得补贴（表 6）。目前，用水效率基金已促成 350 多个项目，拨款超过 2400 万美元。

新加坡住户调价和补贴后每月平均水费　　　表 5

月水费	一房式	二房式	三房式	四房式	五房式	执行共管公寓 / 多代同堂
水费调高前 （2017 年 7 月 1 日以前）	$23	$29	$33	$42	$44	$49
第二阶段水费调高后 （2018 年 7 月 1 日起）	$28	$36	$39	$50	$53	$59
第二阶段水费调高并获 得水电费补贴后 （2018 年 7 月 1 日起）	$18	$26	$31	$43	$48	$56
水费增减	−$5	−$3	−$2	+$1	+$4	+$7

资料来源：Public Utilities Board 网站

新加坡用水效率基金支持内容　　　表 6

基金支持项	资助计划内容	资格标准
用水效率 评估	对场所进行用水评估，以监测 和识别提高用水效率的机会	（1）每月用水量至少为 1000 立方米的场所
节水实验 研究	实施小型试点回收工厂，以确 定全面实施项目 / 技术的可行性	（1）每月用水量至少为 1000 立方米的场所 （2）至少节水 10% 或每年节水至少 6000 立方米
回收 / 使用 替代水源	实施全面的循环工厂以实现节水	（1）每月用水量至少为 1000 立方米的场所 （2）至少节水 10% 或每年节水至少 6000 立方米
采用节水 设备	通过使用节水设备实现节水	（1）每月最低用水量至少为 1000 立方米的场所 （2）年节水至少 1200 立方米
工业用水 解决方案 示范基金 （IWSDF）	IWSDF 旨在支持创新解决方案 或新兴 / 最近开发的技术的早期 采用者	（1）每月最低用水量至少为 10000 立方米的 场所 （2）用水量至少减少 5% （3）应利用新兴 / 最近开发的技术或尚未在行 业中实施的现有技术的创新应用

资料来源：Public Utilities Board 网站

5　如何算好"经济账"

新加坡、德国、美国的经验给予我们诸多的启示。在城市进入财政紧缩的相似背景下，西方服务型政府不约而同地转向了制度创新，在规划管理与城市开发当中，着重考虑城市整体的经济效应、局部开发的投融资平衡，那么，如何算好城市开发、资源利用中的"经济账"？笔者认为：

第一，要从城市的全面发展、联动发展、可持续发展出发。城市开发也是城市的投资、人民共有财产的投资，每一块土地的开发、每一个基础设施的建设，都影响城市经济的活力、人民的幸福感、产业的繁荣度，新加坡的地铁建设决策即是一个很好的说明。规划应尽可能采取科学谨慎的方法、手段，规避因短期"节省"产生的长期"浪费"、因追逐局部地块短期的开发成本平衡而牺牲城市长效的可持续成长，避免因"长官意志"造成的同质化投资、超额投资等情景。此外，国家政策与规划编制都建立和完善事后资金使用评估制度，减少只投资、不运营的情况发生，诸如乡村振兴、城市更新等政策，近期国家层面的专项资金、专项债投资力度均较大，但尚未形成投资回报率与收益统计考核机制。

第二，要从土地价值的公平分配出发。在土地开发与更新再利用过程中，不仅关注收益总额，且关注收益在不同群体、产权人和权益人间的分配，实现土地、空间价值的公平还原。创新政策工具，建立土地溢价捕获、开发权、税收等利益协调和分配制度，实现政府有效调节市场机制下的土地开发成本与收益分配，在减少政府投资负担的同时，实现对社会公平的追求。

第三，建立规、投、建、管、运的全生命周期管理机制。在片区开发、乡村振兴、城市更新等项目当中，不仅关注建设，还要关注运营、关注资产增值、关注项目建设全过程的平衡，兼顾短期收益与长期对城市空间可持续的贡献，融合社会逻辑、需求逻辑、金融逻辑，综合考虑就业可持续、满足高品质空间需求、评估资金成本和预期回报率，避免因投资回报不足造成的"资金空转"。只有规划项目真正做到长期高价值、高回报率，才能彻底改变经济脱实向虚的情形发生（图 4）。

第四，建立健全机制与政策。明晰各层级政府、政府与市场、社会主体各方面的权责边界。搭建城市投融资平台建设及运营公司，通过分权授权给予地方政府财权的激励，如房地产税、REITS 等政策。鼓励市场多元主体的参与，减少政府的财政压力。

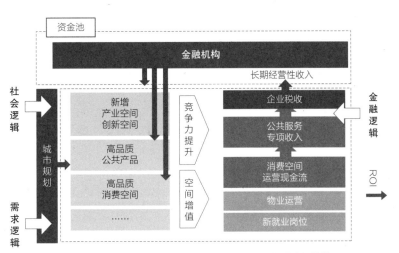

图 4　融合社会逻辑、需求逻辑、金融逻辑的可持续空间供给

6　对规划变革的要求

当前，政府财政条件的客观条件，要求规划必须快速地寻求变革，从过往仅重视社会效益、环境效益、压制经济效益的阶段摆脱出来，更多地融合经济思维，通过"算经济账"构建更加科学严谨的综合效益，落实高质量发展、共同富裕的新要求。

面对城市发展的不确定性，规划师应以更为开放的心态，了解国家政策及政策资金动态，掌握投融资、开发模式、运营经验、产权交易等基本知识，更好地应对城市投资项目的策划需求。不仅提供"物质"方案，而且要回答钱从哪里来、怎样花钱最合算、收益怎样分配、运行维护的责任怎样确定，等等。把规划机构办成"会计师事务所""审计师事务所"……，提供"第三方"服务，提供各种选择。

规划不仅要熟知空间，更要熟知产权。城市空间形态是城市功能的载体，也是一组空间产权关系的集合，存量时期的城市更新活动，既是城市资产的迭代，也是一系列空间产权交易的组合。规划师应更加清楚地认识到规划的制度属性和经济动机（江泓，2015），理清初始的产权配置，借助公共政策的方式降低事前、事后可能出现的交易成本，优化市场资源配置。

另外，伴随着市场主体越来越多地参与到新时期的城市更新与开发当中，规划管理领域需要更多"精明"的创制性工具，用"良法"推动"良治"，提高成本控制与收益分配的合理性，为政府（或社会）实现公众利益提供新的可能，为人民参与城市建设构建清晰的财政、财务底数和平台。

参考文献

[1] 阿兰·贝瓦托. 城市的隐秩序——市场如何塑造城市 [M]. 王伟，吴培培，朱小川，译. 北京：中国建筑工业出版社，2022.

[2] 江泓. 交易成本、产权配置与城市空间形态演变——基于新制度经济学视角的分析 [J]. 城市规划学刊，2015（6）：63–69.

[3] 刘志. 城市规划与财政关系初探 [J]. 国际城市规划，2023，38（1）：10–18.

[4] 王凯，林辰辉，吴乘月. 中国城镇化率 60% 后的趋势与规划选择 [J]. 城市规划，2020，44（12）：9–17.

[5] 王郁. 开发利益公共还原理论与制度实践的发展——基于美英日三国城市规划管理制度的比较研究 [J]. 城市规划学刊，2008（6）：40–45.

[6] 张庭伟. 如何认识作为公共政策的城市规划的角色 [EB/OL].（2023–03–28）. http://www.planning.org.cn/news/view?id=1728&page=3.

[7] 张京祥，黄龙颜. 城镇化 2.0 时代的中国新城规划建设转型 [J]. 上海城市规划，2022（2）：54–58.

[8] 赵燕菁. 城市化 2.0 与规划转型——一个两阶段模型的解释 [J]. 城市规划，2017，41（3）：84–93，116.

黄建中，同济大学建筑与城市规划学院教授、博士生导师，中国城市规划学会学术工作委员会副主任委员兼秘书长

刘晟（通讯作者），上海市规划和自然资源局政策研究与科技发展处副处长

黄建中

刘晟

空间治理过程中的部门协同关系研究
——基于上海市级部门办理人大代表建议的分析

1 空间治理中的部门协同

政府各部门作为政府治理的主体，随着社会管理和公共服务需求日趋复杂化，需要通过跨部门的协同合作，来提升政府治理的效率和水平。现有研究中，有学者认为政府治理出现了碎片化治理的困境，跨部门协同是政府改革与实践的内在需求（曾维和，2011）。有学者提出合作的"跨界性"是整体政府的核心特征，并对跨部门协同的类型进行分析，包括同级政府之间、同一政府不同职能部门之间的"横向协同"，上下级政府之间的"纵向协同"，政府公共部门与非政府组织之间的"内外协同"等，占据主导地位的还是以权威为依托的等级制纵向协同，部门之间的横向协同还较少（周志忍，等，2011）。

城市政府对空间开发权的管理以及各类要素资源在空间上的优化配置，是当代城市政府行政权力发挥作用的关键性领域，空间政策就成为城市其他各项公共政策的起点和最终归结（孙施文，2007），空间治理也就成为政府治理体系的重要组成部分。规划资源部门作为空间治理的部门主体，通过空间治理过程，落实空间规划意图，实现对各类空间要素资源的优化配置，促进城市治理水平的提升。现有研究认为，在国家空间治理体系改革中，要加大机构职能整合力度，健全部门之间的协调配合机制（邹兵，2018），在多规合一（熊健，等，2017）和一张蓝图（林坚，等，2017；何子张，等，2019）的基础上，横向上协调处理好与外部其他部门规划的关系（邹兵，2018），并通过法律保障强化空间规划体系与政府事权层级衔接（邓凌云，等，2016），形成规制、协商、合作并存的新型治理方式（张京祥，等，2014）。

　　总体来看，现有研究强调通过构建和完善空间规划体系来加强部门协同，提升空间治理水平，但现有研究往往将政府部门看成一个"点"，对于参与空间治理的各类主体作用以及他们之间的相互关系的研究还缺乏"主体深度"。一方面，对作为空间治理主体的规划资源部门在空间治理体系中的角色过于狭义，仅局限于传统城建部门条线的探讨，难以从更为全面、更加综合的角度形成认识。另一方面，对规划资源部门如何与其他部门进行协同也缺乏深入研究。例如，作为"小政府"的发展改革部门，其与规划资源部门怎样协同就非常关键，决定了空间治理的目标，资金和项目等关键性资源的使用。孙施文（2002）提出，在城市规划管理部门与计划管理部门两者运作的相互关系上，不应当存在支配性的关系，而应看作是一件事情的两个方面。再例如，政府部门中涉及空间安排的各条线部门以及各级地方政府也是空间治理不可或缺的主体，虽然在现有研究中有一定的探讨，但还缺乏对它们在空间治理中所起作用的细致分析。综上，空间治理过程中的跨部门协同关系亟需引入新的分析视角来开展研究探索。

2　对空间治理过程中规划资源管理部门作用的再认识

2.1　规划资源管理部门性质和职能的演进

　　张庭伟（2008）把规划管理部门的作用分成三类。其中，A 型是存量经济大的发达国家，规划工作以再分配为主；C 型是发展中国家，存量经济规模小，规划部门的工作重点是依靠扩张促进经济增长；B 型位于两者之间，规划工作的重心是综合调控，兼顾经济增长和公平分配。同时，促增长、调控和再分配三者之间，不是相互排斥，而是互补的、连续的关系（图 1）。从我国的实际情况来看，规划管理部门的作用逐步由促经济增长（C 型）转型到综合调控（A 型），其部门性质和作用的演进总体可以分为三个阶段：

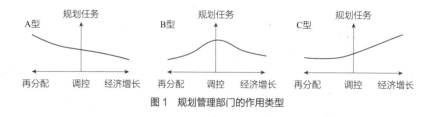

图 1　规划管理部门的作用类型

2.1.1　"城建条线"的传统认知阶段

中华人民共和国成立初期，城市规划的管理职能隶属于住房和城乡建设系统，在中央和省一级人民政府，由住房城乡建设部门的一个内设机构来具体管理，并没有相应的实体政府组成部门来管理。改革开放以后，城市建设进入快速发展期，城市规模快速扩张，规划管理方面的人员编制、管理手段、资源协调与经济社会发展要求的不适应更加突出。在此背景下，规划管理职能逐步从住房城乡建设管理部门脱离，成立了城市规划管理局，但与国土部门、发展改革部门以及其他建设部门的协调能力仍然较弱，在社会的传统认知中和各级政府的部门分类惯例中，规划管理部门属于"城建条线"的专业技术部门。

2.1.2 "规划土地"的融合探索阶段

增量发展时期，城市规划确定的总体结构"一破再破"，规划与土地管理之间的矛盾日益凸显。在此背景下，4 个直辖市和相关副省级城市开始探索规划管理部门和土地管理部门的合并探索。对于"两规合一"之后部门的作用变化、职能构建、技术革新等方面进行相应探讨（王勇，等，2012；党国英，2014；门晓莹，等，2016；殷会良，等，2017）。但该时期，中央和省级政府的组成部门中，建设部门和国土部门仍然是分立的，在中央和省级政府规划管理职能仍相应归口于建设部和建设厅，地方探索还尚未形成对中央政府机构设置的诱致性变迁，对规划资源部门的性质和作用仍受传统观念认知的影响。

2.1.3 "综合部门"的发展形成阶段

2018 年，国家立足于落实新时代生态文明理念的高度，成立新的自然资源部，统一行使"多规合一"的管理职能，全国各地规划管理和自然资源部门也相继合并。国家层面的机构改革，将规划和土地管理的深入融合提上了更高的制度性建设层面。从职能变革情况来看，部门职能更为综合，承担着推进自然资源高质量利用、人民高品质生活以及空间高效能治理的综合作用。由于本次机构改革是自上而下、全国面上的整体性变革，可以预见规划资源部门传统"城建条线、专业部门"的认知将逐步改变，有逐步成为综合部门的发展趋势。

2.2 对规划资源管理部门性质和职能的定量分析

规划资源管理部门是否有向综合部门发展的趋势，以及在空间治理过程中应该和能够起到什么样的作用，仍需要从大量的样本中对规划资源部门的作用进行定量"画像"，以更清晰地了解空间治理中的跨部门协同关系。

2.2.1 分析视角：基于政府部门办理的人大代表建议的分析

根据相关法律，人大代表有提出建议的权力，也是代表依法参与管理国家事务、经济和文化事业、社会事务的重要形式。办理代表建议，是各政府部门和单位的法定职责。

政府部门办理人大代表建议的过程是：首先，代表提出具体的建议[1]。人大代表通过专题调研获取某一问题的材料，整理形成具体建议，提交至市人大相关部门。其次，确定承办单位。人大在收到代表建议后，转交至政府办公厅，由政府办公厅负责与政府各部门商议，确定代表建议的主办单位和会办单位。第三，部门协同办理。由于代表提出的建议往往涉及政府多个部门的事项，需要一个或几个部门牵头（主办部门），其他涉及的部门相互配合（会办部门），进行协同办理。最后，走访及沟通。主办单位主动与代表进行沟通、联系和走访，代表对办理意见进行评价后，由主办单位正式向代表反馈办理意见。

从上述过程可以看出，经过充分博弈之后确定的办理部门，与该提案所提的建议最密切，也最能反映出部门的职能。这类似于在一个充分竞争的市场中（因为政府部门自身倾向于"少办理"，在一个代表建议的分办过程中，必定是经过一次或多次的博弈），政府部门作为市场的实施主体，代表建议作为市场的需求方，在经过充分竞争之后，与需求方预期价格最接近（职能最接近）的实施主体（主办部门）获得提供需求的机会（办理建议）。因此，对政府部门建议办理进行分析，可以较准确地体现部门在整个政府体系中的职能和作用[2]。通过对规划资源部门对代表建议办理情况的分析，可以对规划资源部门的地位、职能及其实现途径有更为客观、全面的认识。

2.2.2 分析方法

首先，对规划资源管理部门会办的建议的办理集中度进行测度，分析其部门性质。研究借鉴区位熵法[3]，对各部门办理的会办件的集中度进行测度，集中度越高，说明该部门的职能越被其他部门所需（因为其他部门在履行职能的过程中，需要用到该部门的职能），部门性质越趋于综合。在此基础上，对各部门集中度的离散度[4]进行测度，离散程度越低，更进一步说明部门性质越趋于综合（离散程度越低说明集中度越稳定，某部门的职能每年都很"热门"，被其他部门所需）。其次，运用词频分析工具，对核心行动者的主办件、会办件标题的关键词进行测度，

---

[1] 完整的代表建议包括提出日期、标题、建议提出人、主要内容、办理部门、办理结果等信息。

[2] 每年确定承办单位的过程中，政府部门之间针对代表建议，通常会经过一轮甚至多轮的"博弈"。

[3] 区位熵的计算公式：$Q=S/P$，式中 Q 为区位熵，Q 大于 1，说明区域的经济发展水平较高，反之欠发达。将区位熵引入代表建议办理分析中，可以反映某一部门办理代表建议的集中度情况，式中 Q 为某一部门建议办理的集中度，S 为该部门某一年份的办件数量与总办件数量的比重，P 为该部门总办件数量与全部办理部门总办件数量的比重。Q 值大于 1，则表明该部门在某一年份的办件数量的集中度较高。

[4] 离散度是测度一组数据分散程度的方法。测度分散程度的测度值主要包括异众比例、分位差、方差、标准差以及离散系数等。本文主要用方差来衡量某一部门 10 年来办理集中度的离散情况（一组数据包括 10 个数值），方差值越低，说明这一部门 10 年来办理集中度的变化程度越小。

分析其主要职能。最后，对核心行动者主办建议的办理集中度进行测度，进一步分析其与其他综合性部门的职能特点差异，突出其主要职能的社会影响力，为其空间治理平台构建者的角色提供支撑（表1）。

规划资源管理部门性质、职能及其特点的测度方法及其结果表征　表1

分析事项	测度方法	测度对象	结果表征
部门性质	区位熵法	会办件的办理集中度及其离散程度	集中度越高、离散程度越低，表征核心行动者的部门性质越综合，反之则趋向于行业部门或政策实施部门
部门职能	词频分析法	主办件、会办件标题的关键词出现频度	频度越高，表征越能反映核心行动者的主要职能
部门职能的特点	区位熵法	主办件的办理集中度及其变化情况	与会办件的办理集中度结合使用，共同检验核心行动者主要职能的特点

按照上述分析方法，以上海市2011—2020年间，总计9122件的人大代表建议为数据基础，对规划资源管理部门的治理特征进行分析。经统计，10年来全市共有149个单位（部门）参与了市级人大代表建议的办理工作，其中，主办件总量位于前20位的部门（仅占总参与部门的13%）主办件总数为7000件，占到总建议数的75%以上，呈现出较为明显的少数部门集中办理的现象。为简化分析，研究主要以主办件位于前20位部门的办件情况进行统计分析。10年间，规划资源部门办理的建议总量为1190件，其中主办325件，会办865件，主办件、会办件总量分别位列第10位和第3位。

2.2.3　分析结果

（1）规划资源部门具有"综合性部门"的性质

与主办件相比，会办件更能反映政府各部门之间职能分工的结构性关系（会办件越多，说明其他部门的部门职能和政策落实中需要本部门协同的事项越多）。对20个部门10年来办理的所有会办件的办理集中度进行测度（表2）。结果发现，市规划资源部门建议办理集中度的离散程度，在20个部门中位列最后一位，是政府体系中的综合性部门，与惯常的部门分类以及社会认知中将规划资源部门作为城建条线的行业部门存在一定差异。此外，涉及综合政策制定、项目安排、人口管理等领域的3个部门的地位也趋于综合性部门，其余部门会办件集中度的离散程度相对较高，说明这些部门是行业管理或地方政府部门，在制定某一行业政策或落实具体政策中，都需要与这些综合性部门进行协同。

2011—2020 年各部门会办件集中度及离散程度分析表　　表 2

部门名称	会办件办理的集中度										集中度的离散程度
	2011年	2012年	2013年	2014年	2015年	2016年	2017年	2018年	2019年	2020年	
市规划资源局	1.02	0.86	1.07	1.15	1.01	0.91	1.00	1.08	1.09	0.83	0.011
市人力资源局	0.95	0.98	1.00	0.97	1.02	0.86	0.80	1.00	1.12	1.17	0.012
市公安局	0.88	1.08	0.95	1.06	0.99	1.00	1.23	1.06	0.86	0.95	0.012
市发展改革委	0.79	0.87	1.04	0.97	1.21	1.03	0.93	1.04	1.10	0.94	0.014
市教委	0.97	1.33	1.08	0.99	1.08	1.01	0.91	0.95	0.81	1.03	0.019
市财政局	1.07	0.98	1.29	1.04	1.12	1.13	0.80	0.96	0.90	0.84	0.022
市交通委	0.80	1.09	0.82	0.85	0.92	1.09	1.28	1.07	1.11	0.94	0.024
市农业农村委	1.09	0.81	0.71	0.98	0.82	1.19	1.33	1.19	1.00	0.81	0.042
市经济信息化委	0.65	0.62	1.07	0.87	1.09	1.10	0.99	1.17	0.87	1.26	0.047
市卫生健康委	0.86	0.75	0.83	1.11	0.89	0.78	0.99	0.80	1.20	1.47	0.053
市绿化市容局	1.42	1.24	0.77	1.30	1.07	0.60	0.86	0.93	0.98	0.98	0.063
市民政局	0.92	1.05	0.81	0.73	1.20	0.78	0.82	0.71	1.40	1.35	0.067
市生态环境局	0.62	0.43	1.09	1.21	0.92	1.02	1.53	1.06	1.02	0.94	0.090
市商务委	0.81	0.50	0.94	0.64	0.98	0.87	0.93	0.97	1.17	1.63	0.093
市住建委	1.16	1.21	1.20	1.32	0.50	1.39	1.12	1.13	0.83	0.52	0.100
市科委	0.43	0.68	0.90	0.63	0.90	0.93	1.43	1.15	1.14	1.39	0.106
市水务局	1.34	1.75	0.50	0.90	0.55	1.33	1.00	1.29	0.79	0.80	0.155
市高法院	0.39	0.34	0.95	1.10	0.85	1.27	1.22	0.87	0.71	1.78	0.183
申通公司	1.71	2.37	1.02	0.51	1.33	0.79	0.40	0.58	0.74	1.15	0.375
浦东新区	4.38	2.97	0.32	0.91	0.69	0.59	0.68	0.40	0.41	0.29	1.896

（2）规划资源部门具有对空间资源进行引导和统筹的职能特征

对规划资源部门主办件、会办件标题的关键词进行测度。去除规划、土地、上海、城市等指向性不强的词语，经筛选后得出前 10 位的关键词，发现了规划资源部门职能中最受关注的四大领域（图 2）。一是空间引导职能，主要聚焦轨道交通的选线、实施以及运营。交通（尤其是轨道交通）是城市发展和空间布局的先导，涉及轨道交通的建议，每年都是规划资源部门主办件的重点（约占一半以上）。二是城乡统筹职能，主要聚焦农村居民点布局、农村环境整治等。三是资源利用及保障职能，主要聚焦城市更新、工业用地盘活、开发政策等。其中，涉及资金和政策安排，又与市发展改革委、市财政局等部门有密切关系。四是空间

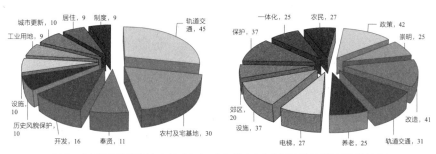

图2　市规划资源部门主办件（左）、会办件（右）标题中的关键词出现频次图

品质提升职能，主要聚焦居住、历史风貌保护、公共服务设施等。涉及住房保障、卫生、文化、养老、体育、教育等行业管理部门，以及相关属地区政府。

（3）规划资源部门的职能具有较强的社会影响力特征

对20个部门10年来的主办件办理集中度进行测度（表3）。结果发现，和会办件测度结果类似，市规划资源管理部门建议办理集中度的离散程度也较低，位

2011—2020年各部门主办件集中度及离散程度分析表　　　表3

部门名称	主办件办理的集中度										集中度的离散程度
	2011年	2012年	2013年	2014年	2015年	2016年	2017年	2018年	2019年	2020年	
市公安局	1.23	1.12	0.98	1.01	1.04	1.01	1.05	0.79	0.90	0.86	0.016
市商务委	1.12	0.80	1.18	0.92	0.87	0.78	1.07	1.02	1.08	1.16	0.022
市卫生健康委	0.89	0.80	0.79	1.12	1.08	1.14	1.18	0.76	1.13	1.16	0.030
市民政局	0.83	0.84	0.85	1.12	1.45	1.02	0.72	0.98	0.99	1.16	0.045
市规划资源局	0.75	0.56	1.11	1.46	1.02	1.12	1.12	1.23	0.77	1.04	0.068
市教委	0.70	0.57	0.85	0.92	0.87	1.04	1.19	1.33	1.33	1.28	0.072
市交通委	0.59	0.92	0.69	1.15	1.52	1.07	1.27	1.16	0.96	0.88	0.075
市高法院	0.95	0.91	0.54	0.82	0.68	0.72	1.09	1.27	1.36	1.54	0.104
市财政局	0.77	0.90	1.74	1.29	0.78	0.93	0.94	0.67	1.29	0.80	0.110
市绿化市容局	1.49	1.16	0.62	0.50	0.73	0.72	0.95	0.89	1.20	1.47	0.120
市发展改革委	0.83	0.56	1.74	1.07	0.80	0.70	0.69	1.21	1.31	1.10	0.128
市人保局	1.27	1.30	1.47	1.15	0.93	1.24	0.82	1.03	0.37	0.46	0.132
市住建委	1.55	1.33	1.56	0.61	0.47	1.21	0.83	1.13	0.68	0.53	0.175
市农业农村委	0.99	0.59	0.64	0.74	0.56	0.77	1.07	1.17	1.97	1.38	0.192
市经信委	0.53	0.45	0.96	0.93	1.09	0.71	0.84	0.88	1.52	1.99	0.212
市生态环境局	0.58	0.63	1.42	2.17	1.14	1.15	1.17	0.46	0.88	0.73	0.257
市水务局	0.63	0.31	0.59	1.36	1.52	1.37	1.81	1.29	1.17	0.41	0.267
申通公司	1.39	2.33	1.05	0.87	0.73	0.49	0.96	0.69	0.73	0.60	0.289
市科委	0.65	0.29	0.42	0.41	1.65	1.11	0.36	1.16	1.36	2.29	0.440
浦东新区	2.07	3.73	0.37	0.67	0.54	0.64	0.65	0.25	0.24	0.29	1.238

列 20 个单位中的第 16 位，与市发展改革委、市财政局等综合性部门相比，规划资源部门的主办件、会办件的办理集中度都较高，对这种结果的一个可能解释是：规划资源部门主要职能涉及空间落地和城市建成环境，其规划编制和部门政策的可感知性更强，更易受到社会关注。

3 空间治理过程中各类主体的协同关系分析

综合前述定量分析的结果，进一步对空间治理过程中各类主体的作用进行界定，并据此对它们的协同关系进行分析。

3.1 空间治理中的各类主体

对政府部门之间协同治理的方式，现有研究按照同级政府之间的"横向协同"，上下级政府之间的"纵向协同"，政府公共部门与非政府组织之间的"内外协同"等类型进行了探讨（周志忍，等，2013），但这种分类难以反映不同主体与作为核心主体的规划资源管理部门的具体关系。例如，同样是横向协同，作为综合性部门的发展改革部门与作为行业部门的文化、教育、卫生等部门，与规划资源管理部门的关系就有"远近之分"。又例如，同样作为纵向协同，区级规划资源部门与区、镇级政府，与规划资源管理部门的关系也有"内外差别"。

汪锦军（2012）基于"目标"和"利益"两个维度，提出了多主体、多部门协同的框架，分为科层制协同、沟通性协同、公—私协同、战略性协同四种协同机制，对主体间具体作用关系的研究更进了一步。本研究借鉴其分类观点，并根据前述的定量分析结果，以规划资源管理部门为"圆点"，将与空间治理相关的主体按照圈层进行划分，分为关键主体、紧密主体以及相关主体。

3.2 各类主体的协同关系

一方面，规划资源管理部门的主动引导和空间统筹。通过主动引导，形成空间治理目标。立足于城市长远发展的战略高度，强化对空间治理过程的主动引导，衔接国民经济和社会发展五年规划，有序推动空间治理分阶段目标的实现。通过空间统筹，在城乡之间、增量和存量之间、重点地区和一般地区，形成差异化的空间治理策略，形成全域、全要素和全周期的空间用途管控措施。

另一方面，各类主体的协同治理。围绕空间治理目标，以统一的空间蓝图为基础开展协同治理。一是市级发展改革部门。从前述定量分析可以发现，同样作为综合性部门的市级发展改革部门是空间治理过程的关键主体，其与规划资源管理部门的职能联系最为紧密，两个部门在政府部门体系中职能相互依存度较高，通过协同治理，来共同调配空间治理过程中所需的"目标、人口、资金和项目等关键性资源"。二是行业管理部门。这些部门根据一张蓝图来落实行业发展目标，以较低的"空间信息搜寻成本"，满足了行业管理部门的空间使用需求，并通过行业政策性资源的投入，为空间导入实体性的功能，提升了"空间价值"。三是各级地方政府部门。这些部门既是提供空间资源的主体，也是空间治理过程中的管理主体、运营维护主体，是实现空间全过程治理的重要支撑（表4）。

空间治理过程中的各类主体   表 4

类别	主要构成	所起作用
核心主体	市级规划资源部门	主动引导和空间统筹
关键主体	市级发展改革部门	
紧密主体	涉及空间安排的行业管理部门、区级政府及其辖区内相关部门（街道、镇、管委会等）	协同治理
相关主体	具体项目中涉及的市场主体和市民群体	

4 空间协同治理的实证探讨：以上海公共服务设施规划实施过程为例

4.1 规划资源管理部门的主动引导探索

在快速城镇化发展时期，地方政府在推动公共服务设施供给时具有强计划性导向，能够快速动员各方资源，完成特定目标任务。例如，2013 年，为补齐养老设施的短板，上海仅用 1 年多时间就完成了市、区两级养老设施的空间落地，并且各区实际规划落地的养老床位和实际落地的独立用地面积分别比市级指标增加了 14.5% 和 11%。在强计划性价值导向的"推动下"，规划资源管理部门对城市发展的战略引导不足，对公共服务设施更是缺乏从目标层面的整体谋划。例如，2001 版上海总规提出经济、金融、贸易、航运 4 个中心的发展目标，但公共服务设施对 4 个中心的形成有什么作用和怎样发挥作用，没有建立相对应的关系。

在长远目标缺失的同时，公共服务设施的规划目标和指标在不同层级的规划之间传导也不通畅。例如，上一轮闸北次分区的主要控制指标中，仅有 4 项指标（总共 13 项指标）作为下位单元规划的强控指标。此外，超大城市公共服务设施的实施周期也较一般城市更长、更复杂，过程中容易出现按照不同时期规划标准进行设施配置的问题，对规划实施过程缺乏"及时纠正"能力。例如，浦东新区北蔡镇早期为设施预留的土地、容积率、设施类型有近一半都难以满足现有的需求，由于缺乏及时调整机制，造成功能不适用、分布不合理、无法按原功能落实等滞后性问题。

针对上述问题，规划资源管理部门进行了以下探索：首先，对规划目标形成过程进行主动引导，结合"上海2035"的编制，将公共服务设施作为推动超大城市转型发展的战略性资源，将其融入城市创新、人文、生态的多维度发展目标之中，并形成相应的指标体系。例如，在创新维度方面，将"国际会议、展览、体育赛事数量""每10万人拥有普通高等学校和职业教育机构数量"等指标纳入；在人文维度方面，提出"每10万人拥有的博物馆、图书馆、演出场馆、美术馆或画廊数量"等指标。其次，强化对目标向下传导的能力，简化规划体系的层级，强化中间层次的单元规划的作用，实现"目标传导—开发强度—可承载人口—设施需求规模"的精准匹配。最后，强化对近期目标的引导，通过完善行动规划机制，来分阶段落实总体规划的目标，对"上海2035"中确定的进展缓慢的关键性指标，如每10万人拥有的文化设施数量，改变以往"调低"指标值的做法，从近期（至2025年）重点空间上、土地使用计划上予以充分保障，确保该指标的"提速实施"。

4.2　规划资源管理部门的空间统筹探索

如前述分析，对规划资源管理部门的认知多数停留在城建条线领域，各类规划也被视为一项工程技术性文件，难以突出其公共政策属性，造成"空间失位"，其结果是形成了以行政区为单元，按照"大家都有饭吃"的思路来配置公共服务设施资源。这种"大锅饭"式的配置模式会引致区级政府、各管理主体之间的"横向阻隔"，难以立足于超大城市整体、长远发展的角度形成政策合力，影响超特大城市功能能级的整体提升。例如，位于虹桥商务区的上海国家会展中心是中国国际进口博览会的主场馆，服务于国家战略的实施和长三角区域一体化发展的需要。位于虹桥和浦东的国际医学中心，以及市域范围内的知名三甲医院，服务于长三角区域乃至全国范围内的群众就医和科研人员的医药研发等需求。

针对上述问题，规划资源管理部门进行了以下探索：首先是在市域层面的空间统筹，对照城市长远发展目标，形成市域空间格局，并相应地形成城乡体系和公共中心体系，作为各级、各类公共服务设施集中布局的区域。其次是中、微观层次的空间统筹，打破镇、街道、居、村的行政界限，突出规划的空间政策平台作用，通过城镇圈（跨镇、街道）和生活圈（跨居、村）来布局各类设施，提高设施配置的精准性。最后，根据近期重点发展空间的差异性特征，统筹增量和存量用地资源，并具化为相应的行动任务，推动各类公共服务设施的按需落地。例如，新增建设用地重点保障五个新城等重点地区的建设，加快各类高等级博物馆、美术馆、演艺中心等向这些区域集聚，从而推动上海全球城市核心功能的市域布局，而社区地区、乡村地区以及零星的城市更新地块，则根据地区功能的需要，采用存量盘活的方式，加密文化设施网络，强化功能的复合。

4.3　各类主体的协同治理探索

在主动引导和空间统筹的基础上，进一步分解责任事权，来推动多主体的协同治理。作为关键主体的发展改革部门，一是在规划目标的形成阶段，就参与到长远目标的研究和制定中，并在"十四五"规划中体现长远目标，不断加强发展规划和空间规划两个体系之间的协同趋势。二是在规划实施行动阶段，根据市域重点发展地区，来推动各类公共服务设施向市域的疏解，从而实现"功能布局调整 + 近期发展空间"的有机结合。例如，2021 年，在上海 5大新城规划建设行动中，发展改革部门确定了"十四五"向新城的功能疏解导入计划，梳理了一批在中心城功能过于集聚、发展空间受限的大学、大院、大所、大馆、大企业名单，明确每个新城至少分别新增 1 所优质高中、三甲医院、优质养老服务设施，支持将上海旅游节、国际电影节等重大节庆和品牌活动放在新城举办，有力地推进了近期规划和五年规划确定的重点地区的公共服务设施规划实施。三是在项目阶段，将重大公共服务设施项目纳入"项目实施库平台"，实现"重大项目"和"重点地区、重点空间"的紧密结合，提高公共服务设施的项目生成质量。

作为紧密主体的区、镇级政府以及行业管理部门，通过规划资源管理部门的主动引导和空间统筹，获得更精准、及时的人口、设施等空间信息，降低了"空间搜寻成本"，各级地方政府可以对辖区内的公共服务设施布局进行优化完善，参与到社区公共设施的运营和管理中，降低了公共服务设施建成之后管理、维护更新等成本，提高了设施的使用效率，提升了城市的功能和活力。各行业管理部门也可以更明确地"掌握"公共服务设施资源集聚的区域，将更多功能性项目投向这些区域，促进"功能和空间"的进一步紧密结合。以养老设施为例，近年来，民政部门建立的"上海养老服务平台"日益完善，为老年人提供了各类养老机构的运营信息，而随着规划资源部门逐步建立起以社区为平台的空间信息库，可以为民政部门提供更精准的定点和落位分析功能，更精准地发现设施的缺口和服务上存在的问题，推动行业服务水平提升，从而提升协同的可行性。

5　结语

城市规划本身并不是"自在自为的",规划目标的确立,过程的建构和实施主体的行为选择,是不同价值观之间的博弈与协同,是一个政治性和社会性过程,需要通过外部机制赋予获得,与制度安排密切相关。这就需要将城市规划的编制、实施和管理者放在特定制度环境中进行考察,研究其作用如何发挥,能够发挥多大作用,发挥作用的具体过程和方法。

为此,本研究按照新时代空间规划改革背景下对规划资源部门职能重塑的要求,加深了对其作用大小和边界的认识,理清了空间治理过程中各主体的相互关系。一方面,研究将规划资源部门作为一个微观行动个体,从"人大代表建议办理"这个视角,对其部门地位和职能作用进行定量"刻画",对其在空间治理过程中可以起到的作用,以及其在宏阔的制度背景下如何具体推动空间治理,通过何种途径实现与各主体的相关作用进行了"再认识",丰富了当前规划学科研究领域内"对于如何认识自身作用"的研究,增强了对规划资源部门在空间治理过程中的作用大小和边界的认识。另一方面,研究对空间治理中的多元主体关系进行了解析,并以上海市的公共服务设施规划实施过程为例进行了实证分析,为新时代规划资源管理部门在空间治理实践中,如何细化、分类处理好与不同政府部门之间的关系提供了理论指导。

研究仅针对代表提出的建议开展分析,涉及的规划资源部门职能只是较受社会(代表)关注的部分,还不能完整地反映空间治理问题的全貌。后续仍需要不断丰富空间治理跨部门协同的研究视角,对规划资源部门所有职能的跨部门协同展开研究。

参考文献

[1] 周志忍，蒋敏娟 . 中国政府跨部门协同机制探析———一个叙事与诊断框架 [J]. 公共行政评论，2013（1）：91-117.

[2] 孙施文 . 现代城市规划理论 [M]. 北京：中国建筑工业出版社，2007.

[3] 燕雁，刘晟 . "团体形式"公众参与在城市总体规划中的作用研究—首尔经验与上海实践 [J]. 上海城市规划，2019（5）：68-74.

[4] 张京祥，陈浩 . 空间治理：中国城乡规划转型的政治经济学 [J]. 城市规划，2014（11）：9-15.

[5] 邹兵 . 自然资源管理框架下空间规划体系重构的基本逻辑与设想 [J]. 规划师，2018（7）：5-10.

[6] 张兵，林永新，刘宛，等 . 城镇开发边界与国家空间治理——划定城镇开发边界的思想基础 [J]. 城市规划学刊，2018（4）：16-23.

[7] 熊健，范宇，金岚 . 从"两规合一"到"多规合一"——上海城乡空间治理方式改革与创新 [J]. 城市规划，2017（8）：29-37.

[8] 谢英挺 . 基于治理能力提升的空间规划体系构建 [J]. 规划师，2017（2）：24-27.

[9] 张兵 . 京津冀协同发展与国家空间治理的战略性思考 [J]. 城市规划学刊，2016（4）：15-21.

[10] 邓凌云，曾山山，张楠 . 基于政府事权视角的空间规划体系创新研究 [J]. 城市发展研究，2016（5）：24-36.

[11] 林坚，乔治洋，吴宇翔 . 市县"多规合一"之"一张蓝图"探析——以山东省桓台县"多规合一"试点为例 [J]. 城市发展研究，2017（6）：53-58.

[12] 卓健，孙源铎 . 社区共治视角下公共空间更新的现实困境与路径 [J]. 规划师，2019（3）：5-10，50.

[13] 郑文含 . 跨界地区的空间治理诉求及协调路径 [J]. 规划师，2019（2）：32-37.

[14] 何子张，吴宇翔，李佩娟 . 厦门城市空间管控体系与"一张蓝图"建构 [J]. 规划师，2019（5）：20-26.

杜宝东，中国城市规划学会城乡治理与政策研究专业委员会委员，中国城市规划设计研究院副院长，高级规划师

张菁，中国城市规划学会理事，中国城市规划设计研究院原总规划师，教授级高级规划师

周婧楠，中国城市规划设计研究院治理所创新中心主任，高级规划师

周婧楠　张菁　杜宝东

超大城市治理体系与现代化路径研究

——基于《北京市"十四五"时期城市管理发展规划》中期评估工作的思考

1　引言

城市治理是国家治理体系和治理能力现代化的重要内容。改革开放以来，我国经历了世界历史上规模最大、速度最快的城镇化进程，城市发展带动了整个经济社会发展，城市建设成为现代化建设的重要引擎[1]。进入城镇化"下半场"，我国城市进入加快转变发展方式、率先探索中国式城市现代化的重要时期，习近平总书记在北京、上海、武汉、杭州、深圳、广州、重庆等城市考察时多次提出"推进国家治理体系和治理能力现代化，必须抓好城市治理体系和治理能力现代化""探索具有中国特色、体现时代特征、彰显我国社会主义制度优势的超大城市发展之路""走出一条符合超大型城市特点和规律的治理新路子"等要求，城市治理在党和国家工作全局中的地位逐步加强。

超大城市治理是复杂巨系统治理。与一般城市相比，超大城市运行呈现人口高度集中、民生服务需求总量大、要素流动性强、基础设施负荷重、新公共事物层出不穷[2]等显著特征，城市治理的复杂程度呈"指数级"增长。以北京为例，16400平方千米的土地聚集了超过2185万的常住人口，800万以上的流动人口，电梯28万多台，地下管线23.98万千米，机动车保有量758.9万辆，轨道交通里程836千米，日均客运量945万人次，治理要素日益丰富，不断给城市治理带来新难度。因此，探索一条符合超大特大城市特点和发展规律的城市治理新路子已经成为当前关注的重点问题。

"十四五"时期，是北京发展方式深刻转型的关键时期，北京市政府首次组

织编制《北京市"十四五"时期城市管理发展规划》，作为统一指导首都城市管（治）理发展的行动纲领，为构建更加有效的首都城市治理体系起到基础性作用，对全国超大城市具有示范引领意义。规划实施进程过半，北京市城市管理委员会邀请中国城市规划设计研究院参与规划中期评估工作，为新时期的北京城市治理工作总结有效经验、分析问题差距、提出优化建议。本项工作基于城市治理相关理论基础和地方实践，在分析超大特大城市治理特征和转型趋势的基础上，构建了超大特大城市治理体系，系统综合评估北京市城市治理现状和存在问题，并提出对策建议，以期为其他超大特大城市治理提供参考借鉴。

2　超大城市现代化治理体系构建

2.1　国内外理论与实践基础

2.1.1　超大城市治理理论基础

从理论研究来看，"治理"一词在政治与行政管理范畴由来已久，在诸多对治理概念界定的研究中，以全球治理委员的治理概念最具有普适性。1992 年"全球治理委员会"（Commission on Global Governance）将"治理"定义为：治理是各种公共的或私人的机构和个人管理其共同事务的诸多方式总和。它是使相互冲突的或不同的利益得以调和并且采取联合行动的持续的过程。这既包括有权迫使人们服从的正式制度和规则，也包括各种人们同意或以为符合其利益的非正式的制度安排[3]。"城市治理"就是将治理运用于城市公共事务管理的过程[4]，是城市政府联合市场、社会力量，对城市巨系统的发展和运行进行规划决策、规范协调、服务引导的社会性活动[5]。随着城市管理的研究随着城市的发展日渐深入，与城市治理相关的理论得到极大丰富。如，新公共管理理论提出，政府职能由"划桨"转为"掌舵"，不再全揽公共管理的所有事务，而是引入市场竞争机制，让更多的私营部门参与公共服务的供给[6]。多中心理论提出，多中心治理的主体是多元主体，包括政府、企业、非营利组织、公民社会、国际组织、社会组织等，强调社会多元主体基于一定的集中行动规则，相互博弈、共同参与管理公共事务、提供公共服务[7]。无缝隙政府理论强调"分权的组织结构、扁平化的组织结构"，打破部门间壁垒，加强协同合作，为民众提供更好的服务[8]。可以看到，这些从公共管理学、社会学、马克思主义理论等不同视角切入的城市治理相关理论，反映出城市管理从单中心管理走向多中心治理，政府角色从全能型、管理型政府走向有限型、服务型政府的发展趋势，在主体、客体和方法上都有新的变化趋势，为在学理层面构建超大特大城市现代化治理体系提供理论支撑。

2.1.2　超大城市治理实践趋势

从地方实践来看，各地积极探索超大城市治理现代化新路子，针对治理主体、治理客体和治理方法等维度积累了各具特色的治理经验。在治理主体上，从条块治理转向界面治理。如北京创造性地实施了"党建引领"下的面向党政系统内的"街乡吹哨、部门报到"机制和面向公众的"12345接诉即办"机制，破解了基层治理中地方和部门责任权力匹配不合理、协同机制不完善等"条块分割"难题[9, 10]。在治理客体上，从传统简单静态的"部件管理"转向复杂动态多层次的"事件管理"。如上海建立了"三级平台、五级应用"的城市管理精细化运行框架，市级系统主管全局、区级系统注重协调、街镇系统落实执行，相对应的为五级应用，即市级应用、区级应用、街镇应用、网格应用、小区楼宇应用，统筹管理市容环境、园林绿化、公共设施等具体事项[11]。在治理方式上，从人海战术转向数字治理，从行政主导转向依法治理，从政府投入转向市场主导，逐步实现由管理向服务转变，由政府向市场转变。如，重庆市探索出了一条由"大城众管""大城细管""大城智管"构成的"大城三管"城市管理路径，推动重庆城市管理工作迈向精细化、智能化和人本化[12]。围绕流程管理和标准建设，深圳建立了一套覆盖诉求受理、分拨、处置、反馈、督办、评价的全周期管理标准规范体系，全流程"一张工单跟到底"。这些超大城市治理经验表明，超大城市的治理既要从治理理念上进行革新，也要从治理体系上进行优化，明确我国超大城市治理现代化的内在逻辑，构建契合我国超大城市发展特点和治理现代化要求的治理体系，对于推进国家治理体系和治理能力现代化，形成中国式现代化城市治理体系具有重大理论与现实意义。

2.2　现代化治理体系框架构建

基于超大城市治理现代化的理念，通过对主体论、客体论和方法论三要素理论与实践的系统集成，构建"五大体系、五个能力"的超大城市治理现代化逻辑体系架构（图1）。

在城市治理主体方面，要构建党委领导、政府负责、部门联动、社会协同、公众参与的现代化城市治理工作，推动各部门、各层级同下一盘棋。通过提升统筹协调效能，系统解决城市治理"碎片化"问题。

在城市治理客体方面，要建立分级分类层级体系，形成跨区域、市区、街道、乡镇、社区乃至网格单元的多尺度全域管理架构，满足超大特大城市对城市分级分类治理的差异化需求，整体性统筹提升精细治理能力。

在城市治理方法方面，要加快建设新型智慧城市，建立完善城市治理运行管理服务平台体系，推动跨层级、跨区域、跨系统、跨部门的技术融合、业务融合、

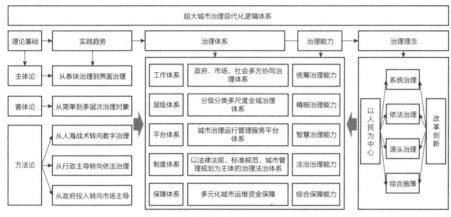

图 1　超大城市治理现代化逻辑体系

数据融合，实现城市全状态实时化、可视化、动态化系统捕捉；要建立完善城市治理制度体系，发挥立法对城市治理的引领和规范作用，构建以法律法规、标准规范、城市管理规划为主体的城市治理法治体系；要建立完善城市治理保障体系，重点推进完善多元化城市运维资金保障，强化与"高水平"治理相匹配的综合保障能力。

3　案例分析

3.1　北京城市治理体系现代化建设进程

首都工作关乎"国之大者"，建设和管理好首都，是国家治理体系和治理能力现代化的重要内容[13]。2015 年中央城市工作会议之后，北京市开启了首都城市治理体系现代化建设的新时期。2016 年 7 月，北京市落实中发〔2015〕37 号文件《中共中央　国务院关于深入推进城市执法体制改革　改进城市管理工作的指导意见》精神，调整组建北京城市管理委员会，作为城市管理主管部门，进一步完善了综合管理与专业管理相结合的城市管理新格局[14]。2017 年 9 月，中共中央、国务院批复《北京城市总体规划（2016 年—2035 年）》，提出"创新城市治理方式，加强精细化管理，在精治、共治、法治上下功夫""创新体制机制，推动城市管理向城市治理转变"。2019 年，北京市委、市政府发布 1 号文件《关于加强城市精细化管理工作的意见》，要求推动首都超大城市运行管理的制度体系、技术体系改革，提升城市精细化管理能力。2022 年，北京市政府发布《北京市"十四五"时期城市管理发展规划》作为新时期城市管理发展的行动纲领，该规划在内容上很好地落实了北京市党委、政府对城市综合管理工作的各方面目标要求，明确任务清单，并向部门、区进行全面分解。

3.2　北京城市治理取得成效

北京城市治理兼具超大城市和大国首都双重属性。通过近年来的推动，北京城市治理取得一系列显著成效。特色一是坚持以人民为中心，创新提出"接诉即办"工作机制，将全市 16 个区、338 个街道（乡镇）、市级部门和公服企业接入热线受理平台，围绕增强便利性、宜居性、多样性、公正性、安全性，推动为民办事常态化、机制化，打通服务群众"最后一公里"，建立起响应率、解决率和满意率"三率"考评机制，定期进行考评并排名通报，推动市民诉求和问题的快速精准解决，创造了超大城市治理的"北京样本"。特色二是首创"网格化"治理，建立覆盖市、区、街道的三级网格化管理工作体系，健全网格化管理工作标准，建设以网格化城市管理平台为核心的城市运行调度指挥中枢和问题处置中心，推动市民服务热线和网格平台协同互动，以网格管理推动主动治理，推动"网格 + 燃气""网格 + 管线保护""网格 + 电力"等应用场景建设，发挥网格系统化、精细化管理作用，提升社会治理效能。特色三是坚持首善标准，围绕"四个中心"功能建设，提升首都城市环境建设管理标准，为大国首都城市形象和重大活动提供高品质城市环境保障。

3.3　北京城市治理体系建设存在问题

区别于传统空间规划，治理类规划更侧重于通过推动治理主体、客体和方法的良性互动，实现治理目标。作为"首都""首部"城市治理类规划的中期评估，本次规划对照超大城市现代化治理体系框架，评估体系雏形仍然存在的问题和差距。从规划中期评估结果看，当前首都城市治理体系建设还存在以下不足。

3.3.1　工作体系：统筹协调效能滞后于系统治理需要

跨层级、跨部门、跨区域统筹协调效能仍需提高。首都超大城市管理工作复杂程度较高，利益关系复杂，统筹各方主体协同治理逐步成为城市治理工作的新常态。市级层面，城市管理工作各条线部门之间在任务落实上协同联动不足。区级层面没有与市级相对应的统筹协调机构，区城管部门，尚不具备统筹协调和指挥监督能力，导致复杂项目推进乏力。街道层面城市管理部门和执法职责边界与市区两级不对等，工作衔接和协作不畅。伴随治理重心下沉，城市治理的网格、执法等力量下沉至街镇—社区后，存在的沟通衔接不畅、主责主业履职弱化、人员混杂、缺乏监管制约等新问题，上级业务部门和镇街主管部门的双重领导指导如何无缝衔接，下沉力量职责边界如何科学界定，从基层到决策层如何实现高效双向贯通等体制机制完善需求逐渐显露。

政府、公众、市场融合不深，传统偏重行政力量的治理模式难以为继。公众参与积极性不高，大多社区公众参与制度处于起步阶段，居民参与层次较浅，民意表达渠道较为单一，组织化程度不高，社会治理的内生动力和活力尚未被充分激活。市场机制发挥不充分，市场参与城市管理领域和环节有限。如老旧管线改造、加装电梯、垃圾分类等大量涉及综合管理和交叉管理的痛点难题，不动员群众、取得群众的认同和支持则不可能得到顺畅解决，全靠政府，既不实际也不实惠。

规划、建设、管理环节衔接不畅，传统重规划建设轻管理的工作体系难以为继。长期以来，首都城市管理工作在"规划、建设、治理"全周期链条中处于相对末端被动地位，城市管理端发现问题和诉求难以在规划、建设端作为前置条件，缺乏管理端对规划建设环节的评估反馈机制。随着北京成为全国第一个减量发展的超大城市，城市发展的着力点正在发生明显变化，面对服务保障首都功能和超大城市运行管理双重需求，治理环节承压凸显，逐步成为影响首都城市工作高质量发展的重要一环。像加氢站、渣土处置消纳场、充换电站等有独立占地需求的市政公用和公共服务设施仍需要加强在规划建设环节中的空间落实。

3.3.2　层级体系：治理维度分化滞后于差异治理需要

北京是社会经济各种要素运行流动的中枢，也是典型区域性能源受端城市，跨区域能源通道建设、能源保障任务重。对接渠道单一、跨界合作政策不明、统一调度规则限制等跨区域治理问题已成为首都城市治理不可回避的重要方面。此外，由于北京城市建成区范围大，从中心到外围、从山区到平原，在不同区位和不同定位下的城市空间发展异质性强，治理难度、治理导向具有显著差异。目前首都城市环境建设与管理领域的监督考评基本上采取全市统一的治理标准，与日益多元化的治理需求不匹配。

3.3.3　平台体系：信息平台建设滞后于智慧治理需要

大数据、人工智能等新技术应用不够充分，市级城市管理大数据平台建设功能不完善、技术落后于区平台，网格化城市管理云平台需进一步融合，全市城市运行"一网统管"尚未打通。部门间信息资源共享不够，城市管理相关部门与行业企业之间的"信息孤岛"还没有解决好，功能不对等，数据的真实性、及时性难以保证。

感知体系和应用场景建设滞后。城市地下管线运行管理信息化水平整体性不足，城市运行监测、管线状态检测、隐患排查治理、风险研判、精准管控等方面的新技术应用不够，科技应用场景多处于局部试点阶段，与管理决策相适应的应用有待开发，尚未实现城市动态感知与指挥协调、作业实施、评价监督的管理闭环，难以适应当前管理工作实际需要。

3.3.4　制度体系：法规标准迭代滞后于依法治理需要

随着城市治理主体的拓展和城市治理新兴领域的不断衍生，现有的法规标准已不能完全满足城市治理规范化的发展需要，主要表现为：首都城市治理仍然缺少统领性法规标准，各行业主管部门之间的法规、标准有机衔接不足，缺乏综合性标准指导系统治理、综合性施策。标准的实施和应用缺乏针对性和前瞻性，相关领域法规规章不健全、层级不够或修订不及时，无法适应城市高质量发展阶段面临的新事项、新问题。上述法规标准的缺位，导致首都城市治理仍然不同程度地存在依赖行政命令和运动式的整治行动解决问题，治理效果难以保持。

3.3.5　保障体系：资金投入渠道滞后于城市运维需要

城市治理的资金投入机制不健全。满足高质量城市管理工作的资金需求与当前紧缩的财政压力之间的矛盾已成为制约当前城市高效能治理的重要瓶颈。

一是市场资金进不来。引导市场参与的运营补贴机制尚不完善。合理的产品和服务计价及相关法治保障和监管机制尚未形成，投资回报机制或回收路径不明确，导致城市管理中市场化程度较低。除环卫、绿化行业市场化服务较多外，其他领域市场化程度较低。市政公共空间整治、加装电梯、架空线入地、城市部件普查、隐患排查、运维管养等对政府财政过度依赖，经费紧张问题普遍存在。如目前北京市现行的综合管廊建设资金补助比例（30%）不足以支撑建设投资回报，缺乏不同功能用途管廊的差别化固定资产投资支持政策，导致建设企业资金压力大，影响管廊项目的可持续发展。

二是社会资金弱参与。引导社会、居民出资参与改造机制不健全。目前改造资金主要依赖各级财政投入和水电气等专营单位筹资等，居民对分担改造资金普遍存在排斥心理。如北京市老旧小区改造，房屋内部管网改造涉及个人出资，居民难以达成一致意见，改造难度较大。

三是财政资金不到位。城市运维管理缺乏配套专项资金支持。公共部门对于城市市政设施实施"重建设、轻管养"的管理方式，用于设施定期管理维护和改造升级的支出在政府财政预算计划中占比较低。管廊建设、智能化供热、部件普查、应急等重点任务属于大体量投入，缺乏明确配套资金支持，任务推进乏力。如高标准智能化改造任务经济效益不高，投资回收期较长，在缺乏专项资金支持情况下，供热企业很难自主实施。

3.4　超大城市现代化治理路径优化建议

针对当前首都城市治理体系和治理能力建设的不足，未来首都的城市治理工作还要在工作体系、层级体系、平台体系、制度体系、保障体系五个方面持续完善体系建构、优化工作路径。

3.4.1 健全城市治理统筹协调工作体系

做实顶层，强化城市管理领导机构设置。充分发挥首环办❶（市城管委）贴近群众、掌握问题的优势，建立以首环办为总召集人的城市管理（治理）工作常态化联席会制度。强化首环办在城市管理（治理）工作中的权威决策、指挥和协调职能，推动工作角色从发挥"兜底执行"作用转向发挥"指挥棒"作用。

理顺各级，完善四级责权分工衔接。完善"市、区、街镇、社区"四级权责分工，明确各级工作职责与重点，强化条线与块面间的综合协同能力。市级层面定战略、建章立制，协调解决大事、特事和涉央地、跨区域事项，对各区开展指导和评估工作。区级层面定方案、统筹推进，协调解决辖区内具体难事。街镇、社区层面夯实基础、强治理、重落实，日常解决小事、琐事。

贯通环节，密切规划、建设、管理链条。坚持整体与局部相协调，统筹规划、建设、管理三大环节，切实改变城市管理相对弱势和被动的地位。完善城市管理参与规划、建设环节的"联审、联验、联管"机制。对规划、建设、管理的各项要求实施统一管理，统筹纳入规划条件以及方案设计、工程建设、竣工验收等关键环节的备案、审查、核验范围。建立城市管理发现问题向规划、建设溯源和监督问责机制，精准督查督办，确保各项措施落实到位。

3.4.2 加强城市分层分级分类分时治理

结合城市治理工作体系，构建事权匹配、运行高效的城市治理层级体系，明确各层级治理目标和重点，畅通跨层级治理的衔接关系，为提高空间治理水平和治理能力奠定基础。

探索京津冀一体化区域城市管理合作机制。实行双边或多边的联席会议制度，构建信息交流平台，明确责任主体、管理范围、管理清单；加强京津冀跨省际各项重点任务的规划、标准、政策衔接和实施同步性；落实京津冀燃气、电力等能源供给保障来源、规模及路径。

推进城市分区差异治理。落实北京总体规划空间结构，根据首都功能核心区、中心城区、北京城市副中心、两轴地区、多点地区和生态涵养区等不同发展要求，建立差异化的目标、标准体系，制定分区、分级、分类的规划建设治理导则要求，对城市重要发展区、重要街道空间进行高标准管理，营造高品质城市风貌。

建立以"网格"为完整治理单元的统筹治理机制。以网格为整体，统筹各类城市部件、事件治理要素和相关部门治理行动，统一目标、优化立项，整合开发、

---

❶ 首环办即首都城市环境建设管理委员会办公室。

设计、建设、运营、管理力量，深入推动"全要素、全周期、一体化"治理。

强化城市空间分时段管理。面向重大活动时段、早晚高峰时段、突发事件等特殊治理需求，充分研究变化机制、把握时空变化规律，针对集聚要素、管理内容具有明显周期性变化特征的空间单元，制定分时段的精细化管控措施。

3.4.3 做实城市运行管理服务平台"一张网"

推进城市运行"一网统管"相关系统建设。聚焦群众需求和城市治理突出问题，重点在城市环境、交通、安全等领域，打造一批"实战管用、基层干部爱用、群众感到受用"的智能化应用场景。与"京智"对接，建设城市运行驾驶舱，为领导决策支撑提供服务；在全市范围推开网格化管理系统建设，实现市、区、街（乡）共享应用。坚持"保运行，保民生，更要保安全"理念，全面推进水、气、热、电管廊管线等城市基础设施生命线感知体系建设。

推动一套流程重塑。依托"网格化城市管理平台""城市运行各领域驾驶舱"，推动线上操作与线下执行紧耦合，加强城市管理部门与规划、住建、交通、水务、园林绿化等政府部门，以及属地区、街镇、相关产权单位和物业单位在同一平台上联通协调、精准定位、快速反应、及时处置、全程监督，完善城市管理内部流程"小闭环"，打通外部协同管理"大循环"。

3.4.4 健全适应首都治理需要的法规标准

健全首都城市治理法规体系。研究制定《北京市城市管（治）理条例》，作为首都城市治理的统领性法规，保障首都城市管理工作的整体性和协调性；健全法规覆盖面，加快推动"门前三包"、供热等重点领域法律法规空白；完善城市管理领域法律法规清理制度，对内容陈旧、操作性不强，不能发挥应有作用的规章、条款及时清理、修订提升，立法质量。

构建首都城市治理标准体系。建立一个与现代化首都城市治理特点相适应的城市精细化治理标准体系总框架，引领各层级标准体系建设。围绕提升管理水平的实际需要，系统制定重点领域的技术标准、管理标准、运营标准体系。针对弱势群体、不同年龄段人群实际需要，修订制定相关建设、管理和服务标准，推动城市治理精准满足群众需要。

3.4.5 拓展城市治理的资金投入渠道

创新市场化投融资机制。加快城市治理重点领域市场化改革力度，推动智能化市政设施运行数据资源化利用，促进基础设施领域投资、建设、运营、维护主体多元化，推动符合条件的项目发行基础设施领域不动产投资信托基金（REITs）。

完善社会资金机制。探索居民出资参与老旧小区及各类相关改造，完善社保、保险资金、社会慈善等机构资金的投融资机制。

引导财政对城市治理任务的支持由"补建设"向"补运维"转型，规范财政部分运维管理资金的使用管理，明确城市运行维护资金的来源、保障范围、标准定额、增长机制、项目管理、项目实施及监管等内容。

4　结论与展望

4.1　主要结论

首都城市治理是国家城市治理体系和治理能力建设的重要实践。本文以北京为例，在梳理总结国内外大城市治理理论基础和实践趋势的基础上，构建了"工作体系—层级体系—平台体系—制度体系—保障体系"的超大城市治理分析框架，识别了在城市运行管理视角下"五体系"建设存在的问题，并提出路径优化建议。研究发现：①在超大城市发展方式深刻转型的背景下，首都城市治理的四梁八柱搭建基本成形，创造性地探索了网格化管理、接诉即办等现代化治理模式，为超大城市治理提供了宝贵的"北京经验"。②首都城市治理体系仍然存在工作体系统筹不足、层级体系分化不足、平台体系建设滞后、法规标准迭代滞后、资金投入渠道单一等一系列挑战。③立足服务保障大国首都安全运行与综合管理，在接下来进一步推进首都城市治理体系现代化的过程中，还需在提升统筹协调效能、深化分层分级分类治理、实现城市治理智能敏捷响应、健全法规制度、创新资金投入机制等方面做出更具创新实践和先进示范意义的系统安排。

4.2　未来展望

超大城市治理具有复杂性、地域性、阶段性等特征，因此超大城市治理体系的建构及其构成也是个动态迭代演进的过程。当前首都超大城市治理体系现代化的理论和实践仍然在建构的起步阶段，体系框架的构建偏理论性集成，未来还需要长期跟踪以进一步完善分析框架的科学性、合理性、系统性和适配性。此外，针对体系构成的主要维度，还需进一步总结提炼形成一套定性与定量相结合的超大城市治理水平的测度评价模型，以准确反映超大城市治理发展变化和差距，为推动实现超大城市治理水平和治理能力现代化提供基础支撑。

参考文献

[1] 中共中央党史和文献研究院 . 习近平关于城市工作论述摘编 [M]. 北京：中央文献出版社，2023：7.

[2] 蒋俊杰 . 整体智治：我国超大城市治理的目标选择和体系构建 [J]. 理论与改革，2022（3）：110-119.

[3] 全球治理委员会 . 我们的全球伙伴关系 [M]. 牛津：牛津大学出版社，1995.

[4] 袁政 . 城市治理理论及其在中国的实践 [J]. 学术研究，2007（7）：63-68，160.

[5] 叶裕民 . 首都超大城市治理相关概念解析 [J]. 城市管理与科技，2019，21（6）：36-37.

[6] 王双 . 城市公共管理理论演进、实践发展及其启示 [J]. 现代城市研究，2011，26（10）：91-96.

[7] 屠凤娜 . 多中心治理理论对我国城市治理的启示 [J]. 环渤海经济瞭望，2012（2）：45-46.

[8] 黄滔 . 整体性治理理论与相关理论的比较研究 [J]. 福建论坛（人文社会科学版），2014（1）：176-179.

[9] 燕继荣 . 条块分割及其治理 [J]. 西华师范大学学报（哲学社会科学版），2022（1）：1-6.

[10] 王丛虎，乔卫星 . 基层治理中"条块分割"的弥补与完善——以北京城市"一体两翼"机制为例 [J]. 中国
     行政管理，2021（10）：49-56.

[11] 马心怡，陈醉 . 城市管理精细化的上海经验 [J]. 党政论坛，2022（1）：26-29.

[12] 温锋华、张新月、马琳 . 重庆"大城三管"城市管理模式实践成效与优化建议 [J]. 城市管理与科技，
     2022，23（3）：45-47.

[13] 蔡奇 . 在习近平新时代中国特色社会主义思想指引下奋力谱写全面建设社会主义现代化国家的北京篇
     章——在中国共产党北京市第十三次代表大会上的报告 [EB/OL].（2022-06-27）. http://www.bjrd.gov.
     cn/zyfb/zt/srxxsddhjsdltdxsdsdfz/tt/202207/t20220718_2774050.html.

[14] 北京城市管理委员会改革办 . 首都城市管理 70 年的发展与变迁 [J]. 城市管理与科技，2019（6）：22-25.

梁小薇
廖曼华
袁奇峰

梁小薇,广东财经大学文化旅游与地理学院讲师

廖曼华,广州市城市规划勘测设计研究院有限公司助理规划师

袁奇峰(通讯作者),中国城市规划学会组织工作委员会、学术工作委员会委员,城市经济专业委员会委员,乡村规划与建设分会副主任委员,华南理工大学建筑学院、亚热带建筑与城市科学全国重点实验室教授、博士生导师

土地发展权视角下的全域土地综合整治工具探索
——以佛山市南海区"三券"为例 *

2019 年 12 月,自然资源部印发《自然资源部关于开展全域土地综合整治试点工作的通知》,对开展全域土地综合整治试点提出了相应的目标任务、支持政策和工作要求。《中华人民共和国国民经济和社会发展第十四个五年规划和 2035 年远景目标纲要》也提出,要规范开展全域土地综合整治。全域土地综合整治的概念主要源于浙江省的"千村示范、万村整治"实践,是以乡镇为基本实施单位,以国土空间规划为基础展开,通过全面推进农村土地整理、建设用地整理和生态保护修复,促进农用地集中连片、建设用地高效集聚、生态用地功能提升,进而推进生产、生活、生态"三生"领域变革和国土空间布局优化的一项系统性工程[1-4]。作为国土空间格局优化的重要手段、国土空间治理的重要方式和土地整治发展的高阶阶段,近年来全域土地综合整治在广东、浙江、福建等地广泛开展[5]。

全域土地综合整治对于推进广东省高质量发展具有重要意义,是广东省破解部分地区空间布局无序化、耕地碎片化、土地利用低效化以及生态功能退化问题的重要抓手,能有效解决区域发展不平衡等问题。同时,全域土地综合整治也是广东省"百县千镇万村高质量发展工程"的重要推手。其中,广东省佛山市南海区(以下简称"南海区")作为我国典型的农村城市化模式的代表[6],自改革开放以来取得的经济成就有目共睹。然而,"村村点火,户户冒烟"的乡村工业发展模式也带来了土地资源碎片化、大量农村集体土地闲置等问题。南海区长期承

* 基金项目:广东省哲学社会科学规划项目(编号:GD23YGL09)"基于土地发展权视角的国土空间综合整治机制研究";2022 年度广州市哲学社会科学发展"十四五"规划羊城青年学人课题(编号:2022GZQN36)"广州科学有序实施城市更新行动研究——广州市城市更新中的领域政治"。

担着全国土地改革试验田的角色，在农村土地改革方面上作出了诸多探索，并于2022 年 1 月获批成为广东省唯一的以县域为实施单元的全域土地综合整治试点单位。为更好地落实全域土地综合整治，2022 年 8 月，南海区颁布了《关于开展"三券"推动全域土地综合整治的指导意见》的政策文件（以下简称"三券"政策）。"三券"政策是广东省首个以全域土地综合整治为契机创设的配套政策，也是南海区开展全域土地综合整治的重要路径，旨在通过保护农村集体土地发展权带动村集体收益提升，以调动农村作为土地利用"末梢"的积极性。深入分析"三券"的运行机制可以为其他地市开展全域土地综合整治提供有益的案例借鉴。由于该政策实施时间较短，学界对该政策的研究还较为缺乏，因此，本文尝试对南海区"三券"案例进行研究，并选择从土地发展权视角来解读南海区是如何通过土地发展权的转移实现全域土地综合整治的，探讨如何通过土地发展权的补偿和转移有效激发农村参与土地综合整治的内生动力，使土地发展权转移成为农村集体土地的可持续发展路径以及全域土地综合整治的有效工具。

1　土地发展权与全域土地综合整治文献综述

在我国城乡"二元"的土地制度下，集体土地的产权具有一定的不完整性，而且集体土地所有权中最核心、最基本的权能——处分权是缺失的，使得集体土地的收益权和发展权也并不完整 [7]。土地发展权是对土地进行再发展的权利，常常作为一种政策工具用于调节土地利用管理活动与不动产财产保护的矛盾。土地所有者可通过土地使用变更、土地利用集约度提升等方式来落实土地发展权并实现土地发展收益 [8, 9]。因我国尚未在法律层面上设立土地发展权，土地发展权所涵盖的内容隐藏在土地所有者对土地的占有权、使用权、收益权与处分权中。不同的土地发展权配置格局导向了不同的土地利用方式，进而影响其空间特征和利益分配。目前，国内关于土地发展权的研究主要集中于土地发展权的内涵 [10]、法律性质 [11]、归属 [12, 13]、必要性 [14]、土地发展权实践 [15—17] 等方面。而国外关于土地发展权的研究重点集中在发展权转移（TDR, Transferable of Development Rights）的实践方面 [18, 19]，其被认为是保护农地、历史文化遗产和开放空间的有效路径。国外的 TDR 是建立在土地私有制的基础上的，土地发展权成为平衡不同主体利益的工具。尽管我国没有明确规定的正式土地发展权制度，但其在规划管理和学术研究中均已实际存在，也出现了一系列具有我国特色的 TDR 项目。与国外的 TDR 相比，我国的 TDR 主要是由政府引导 [20, 21]，在实践中探索形成了耕地占补平衡制度、增减挂钩制度、"浙江模式""重庆地券"等重要路径方式 [15, 17]。如前文所述，由于我国集体土地所有者享有的土地发展权是"隐性"的[22]，集体土地所有者常常采用非正规的途径来落实土地发展权，以获得更大的经济利益[23, 7]。现时的 TDR 研究对我国集体土地的发展权转移案例缺乏深度剖析，难以为我国集体用地的土地发展权转移实践提供明确指导。

全域土地综合整治的兴起体现了我国新时期全域全要素空间治理框架下的土地整治工作的全方位拓展。全域土地综合整治在不同地方演化出不同的模式[24]，例如杭州市将土地整治与空间优化、土地流转、村庄整治、生态修复、产业兴旺等工作相结合。无论是怎样的模式，全域土地综合整治均是以实现区域整体发展效益最大化为基本目标的。在此过程中，部分土地的市场价值会因受到行政管控而无法实现，导致个体的收益受损，从而引发土地收益"暴利—暴损"的问题，即被划入发展限制区的农地或生态保护地的土地发展权被刚性管控所抑制，从而导致"暴损"；被纳入发展区的土地被赋予了土地发展权，从而导致"暴利"。基于"暴利—暴损"现象，学术界对全域土地综合整治内的土地发展权进行了相关讨论，指出农地或生态用地的保护仅由一部分群体承担，导致了土地发展权的非均衡配置。当刚性控制导致土地所有者的土地发展权受损时，土地所有者往往进行非正式的"寻租"行为，继而导致土地利用的低效、破碎及失序[25]。当前学术界开始关注土地发展权与全域土地综合整治的关系、土地发展权的运作体系等[23, 25]，如土地增减挂钩中宅基地腾退补偿、镇域尺度土地综合整治中土地发展权均衡化配置思路等内容[26]。部分研究虽有提及南海区的"三券"政策，但缺乏深入的案例剖析。因此，从土地发展权视角出发，以南海区"三券"政策作为研究对象，研究"三券"政策背后的土地发展权配置是如何有效地促进全域土地综合整治的实施，对广东深入推进"百县千镇万村高质量发展工程"具有重要的理论意义和实践意义。

2 全域土地综合整治工具的创新——南海区"三券"

按照南海区人民政府的官网数据，南海区现有土地面积共 1071.82 平方千米。根据南海区的国土空间规划，其土地开发主要呈现三种类型，并体现三类不同的土地发展权配置格局。第一种是农村工业化向城市化转型的区域。土地以商住开发为主，从而赋予了发展权，释放了增值效益。第二种属于城镇空间内的产业发展保护区用地或被控规确定的产业发展用地。土地主要用于低端工业的转型升级，以"工改工"（工业改工业）为主，升级后仍为产业发展空间，但削减了发展权。第三种为城镇空间外的、规划为蓝绿用地等的现状建设用地。由于此建设用地须腾退，现有建筑须被拆除，土地也失去了发展权。全域土地综合整治关注的是区域整体发展效益的最大化，其中也会导致部分个体的收益受损。因此，部分土地所有者会对全域土地综合整治较为抵触。南海区 L 工业园就是这样的案例。尽管该工业园整体环境和产业均较低端，但据对该村集体经济组织的访谈，该工业园每年仍能为村集体带来约 200 万元的经济收益。然而，由于毗邻河流，该工业园在国土空间规划中被划为生态保护用地，须腾退并进行生态修复，进而丧失其土地发展权。因腾退复绿的相关赔偿仍未确定，村集体与政府陷入谈判僵局。由于村集体切实地使用着土地并拥有该土地的所有权和使用权证，只要没有改建行为，该工业园就被镇政府"默许"继续运营。可见，缺乏合理的土地发展权补偿机制，被"暴损"的主体就会抵触整治。长久以来，本地农民的利益在珠三角地区的土地增值收益分配过程中是被强调且合理化的，进而导致出现了大量的依靠土地生存的食利者。由于这些食利者对获得土地增值收益已经产生了路径依赖，当全域土地综合整治所导致的利益"暴损"时，他们就会产生强烈的抵抗情绪。在整治实施的过程中，这种情况并不罕见。因此，全域综合整治的相关政策必须从土地发展权视角出发，建立具有创新性的土地发展权补偿工具，才能平衡整体利益和个体利益，使集体土地上的全域土地综合整治得以有效实施。

为了落实全域土地综合整治，南海区创新性地实施了"三券"（"地券""房券""绿券"）政策。"三券"政策是以建立建设用地自愿有偿退出机制为切入点，推进低效零散建设用地复垦复绿、村级工业园改造提升和乡村生态保护修复，以达到调整和优化城乡用地结构布局、提高土地利用效率的目的，其特点是以指标市场化交易为渠道、以保障产权人可持续性收益为核心而构建的利益平衡机制。结合南海区"三券"政策的具体实施案例，本文对"三券"分别进行分析。

2.1 "地券"——桂城街道半月岛项目

面对土地破碎与土地资源供需矛盾的困局，南海区需要增加农用地面积的同时释放被闲置地块占用的建设用地指标。在此情况下，"地券"应运而生。"地券"是指在国土空间规划指导下，土地权利人自愿将其低效闲置的建设用地腾退并复垦为农用地后形成的指标凭证，包含建设用地指标、建设用地规模、耕地数量指标和水田指标。"地券"有镇街内自用、自行协商转让、公开交易三种转移路径。镇街内自用是指在将"地券"投入到持有复垦地块的村集体的乡村振兴项目后，节余的"地券"可以由镇街政府以不低于保护价的价格购得，用于镇街内其他建设项目；自行协商转让是指"地券"持有人委托复垦地块所在镇街政府与意向购买的镇街政府协商，在自然资源部门的监督下以不低于最低保护价的购买价格达成转让协议；公开交易指的是将"地券"放于公共资源交易中心平台进行公开拍卖，竞拍方为新增建设用地的需求方，包括区土地储备部门、区征迁办、各镇人民政府（街道办事处）等。桂城街道的半月岛项目，采用的是"地券"公开交易的方式。

　　半月岛项目位于南海区桂城街道（图1）。该地块上承载了一些废弃的旧厂房及其他简易建筑物，土地利用效率低下，环境亟待提升。桂城街道意欲通过腾退复垦的方式实现节约集约利用土地的目标。与此同时，由于建设用地开发趋近饱和，桂城街道缺少可承载新增建设用地指标的建设用地规模。在此背景下，桂城街道利用"地券"的政策，采取了公开交易的方式拍卖"地券"。半月岛项目复垦面积122.06亩，2021年通过省市增减挂钩项目的验收，2022年获得广东省自然

图1　桂城街道半月岛"地券"项目拆旧区影像图
资料来源：南海区人民政府网站

资源厅下发的周转指标 122.06 亩，全部为新增建设用地指标。这 122.06 亩通过拆旧复垦所获的指标即为"地券"。2022 年 9 月 16 日，南海区其余六镇参与了"地券"的竞拍，最终由丹灶镇以 35 万元 / 亩的价格竞得，总价为 4272.1 万元 ❶。丹灶镇将竞拍所得的"地券"用于休闲文化旅游项目、规模化产业用地的开发及本地乡村民生公益项目的建设。

通过"地券"的拍卖，桂城街道获得了"地券"交易收入，同时实现了低效工业用地的腾退和农用地的复垦；丹灶镇获得了建设用地指标，使重点项目得以开展和推进。通过"地券"，南海区实现了镇街间的指标腾挪，实现了全域土地综合整治的目标。

2.2 "房券"——丹灶镇"良银心"项目

"房券"指的是在产业用地腾退时，根据村集体经济组织所有的集体经营性建设用地或国有划拨留用地以及物业现有租金收益、实施成本以及可奖励情况，在实施物业拆除及土地复垦复绿工作后向村集体经济组织以及其他实施主体提供的兑换产业保障房的权利凭证，该券可用于本镇（街道）行政区范围内兑现。"房券"是根据该地块的地租或物业租金水平核算应兑现的面积，然后镇人民政府和同村集体经济组织、清拆复垦的实施主体签订腾退协议并开具"房券"，待该地块正式清拆复垦完成验收后，镇人民政府将"房券"发放给村集体经济组织以及复垦实施主体。通过"房券"兑换产业保障房能降低自行开发地块、建设厂房的成本。且由于产业保障房内的企业是政府同租统招引进的重点产业企业，因此整体后续运营保证程度更高，更易达成获得长期稳定的较高收益的目的。

图 2　丹灶镇"良银心""房券"项目图
资料来源：佛山新闻网

---

❶ 资料来源：南海区政务服务数据管理局，行政服务中心 . 全区首宗！南海举办首场地券指标拍卖会，推动全域土地综合整治跑出加速度 [EB/OL]. （2022-09-19）. https://www.nanhai.gov.cn/fsnhq/zwgk/zwdt/bmdt/content/post_5395978.html.

在"良银心"万亩农业生态示范区建设项目中，良登村孔边经济社需腾退复垦 389 亩连片水田（图 2）。根据"房券"政策中每亩复垦水田兑换 20 平方米产业保障房的兑换比例，良登村孔边经济社获得了 7600 平方米的"房券"。该村通过此部分"房券"兑换了产业保障房。该产业保障房月租金为 15 元/平方米，因此，孔边经济社每月可获得租金 114000 元 ❶。此外，复垦后的水田由政府统招统租，引入相关农业企业进行规模化农业开发，每年村集体可获得 280 万余元的水田租金收入。

通过"房券"，低效的集体建设用地得以腾退复垦，村庄因为物业的提升获得了经济收入的提高，土地综合整治实现的同时兼顾了村民和村庄的自身发展。

2.3 "绿券"——里水镇逢涌村复绿项目

"绿券"是指须腾退的现状建设用地因不适宜复垦为连片农用地，但通过复绿后符合城市绿地发展或具有一定生态价值，验收后按照一定比例兑换新增建设用地指标的奖励凭证。作为"地券""房券"的补充，"绿券"的产出主体一般为位于村边、田野、道路两旁、河畔等边角的"非三旧"低效建设用地。这类边角地由于规模、位置等原因不适宜复垦为耕地，故无法产出"地券"或"房券"。但这些地块通过改造，仍能成为具有一定生态价值的绿地。因此，"绿券"作为"地券"和"房券"的补充，能有效促进村庄内的规模较小、位置边角的低效建设用地的腾退和复绿。复绿后，该地块的土地权属不发生变更，指标归镇或街道持有。但实际上，"绿券"指标的接收主体能根据实际情况灵活调整，部分项目权属主体会与街镇政府进行协商，以一定比例分配"绿券"。

里水镇逢涌村需复绿两个地块，现状为废弃矿山用地，总面积 83.62 亩（图 3）。由于坡度较为陡峭、页岩裸露，因此不适宜复垦为农用地。结合矿山治理和地质灾害治理，逢涌村对山体进行了生态修复和腾退复绿（图 4）。该村获得的

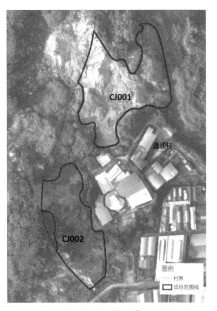

图 3 里水镇逢涌村"绿券"项目范围图
资料来源：佛山市南海区里水镇人民政府

---

❶ 资料来源：南方日报."六个连片"，南海丹灶如何"连"出三大万亩新空间？[EB/OL].（2022-07-21）. https://baijiahao.baidu.com/s?id=1738937165189612211&wfr=spider&for=pc.

图4　里水镇逢涌村"绿券"项目现状

"绿券"将优先用于民生公益类的乡村振兴项目和产业集聚区的产业项目开发中。据调查，由于逢涌村复绿项目是由村集体自行出资复绿的，因此最终所获的指标由镇政府、村集体经济组织按照 2：8 的比例持有。

通过"绿券"，许多村庄内的边角、不连片的低效用地得以腾退。"绿券"所承载的建设用地指标可用于本村的乡村振兴项目、产业发展项目等的建设上，从而实现村庄的收入提高和整体环境的改善。因此，"绿券"在实际实施中受到很多村庄的欢迎，其使村庄收入提高和边角用地整治的双重目标得以同时落实。

综上，通过"三券"的实施，南海区有效地实现了土地的调整和优化，推进了全域土地综合整治的实施。因此，"三券"是一种有效落实全域土地综合整治的工具，使原有的整体利益和个体利益之间的矛盾得以解决。

3　南海区"三券"政策的实施机制分析

由于全域土地综合整治是依据国土空间规划实施的，其实质上是落实了国土空间规划的要求。在国土空间规划中，不同的用地存在不同的发展方向，导致了土地发展权的非均衡配置（图5）。非均衡的土地发展权配置导致了不同用地在改造时遭遇到了不同的境况，被赋予土地发展权的项目容易实施，被削减或剥夺土地发展权的项目难以实施。意识到土地发展权是全域土地综合整治实施的症结所在，南海区经过研究推出了"三券"政策。在前述案例中，低效的建设用地按照规划均须腾退复垦或复绿，土地的开发模式与开发强度均遭到限制，土地发展权丧失。"三券"的出现，确定了土地所有者拥有此部分用地的土地发展权，并可通过"三券"的转移和交易补偿和落实这一部分受损的土地发展权。"地券"是将原地块的土地发展权以指标的形式归还原土地所有者，土地所有者可将其用于其他地块的项目开发或可通过交易的方式转移"地券"，从而获得一定金额的补偿。对比原有的征地制度，"地券"承认了土地所有者的土地发展权，并给予了合理的补

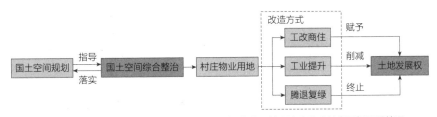

图5 全域土地综合整治中不同改造方式对村庄物业用地所产生的土地发展权配置情况

偿；而征收耕地的补偿费用仅仅包括土地补偿费、安置补助费及地上附着物和青苗的补偿费，费用较低。"地券"也可以视作增减挂钩制度的一种，但更强调了"公开交易"等市场化手段。"房券"使村集体获得短期的现金补偿与产业保障房长期的持续性收益。"绿券"允许因自身条件而无法复垦为农用地的用地在腾退复绿后仍能置换获得一定比例的建设用地指标，使村集体能获得相应的经济收益。

综上，南海区的"三券"实质上是一种土地发展权补偿和转移的载体（图6）。由于全域土地综合整治涉及大量的集体土地，在缺乏土地所有者——村集体和村民的支持下会较难实施。基于此，南海区通过"三券"政策对被剥夺或削弱的土地发展权进行补偿。对腾退复垦复绿的用地，通过建设用地指标返还、实物补偿以及货币补偿的方式补偿土地发展权。原用地的土地发展权进行了使用空间上的转移，使村集体可以异地行使土地发展权，给予村集体可持续的土地发展权保障。不同于过往土地征收或土地整备后村集体会损失土地所有权与对应开发许可的情况，"三券"政策中腾退复垦复绿后的地块仍归村集体所有，即村集体仍可获得该部分农用地的经营收益。因此，村集体在腾退用地上仍享有土地收益权。由于腾退后的建设用地指标会被运用在更高效的建设项目中，村集体所获得的收益会比原来大幅提高。叠加腾退用地上的农业经营收益，村集体能获得更可观的经济收入。因此，村集体转变原有对全域土地综合整治较为抵触的态度，积极通过"三券"政策提高村庄的整体收入水平和提升村庄的人居环境。"三券"政策正视了集体土地发展权的客观存在与补偿需求，通过保护农村集体土地发展权带动农村集体的收益提升，以调动全域土地综合整治的"末梢"——村集体和农民的积极性。

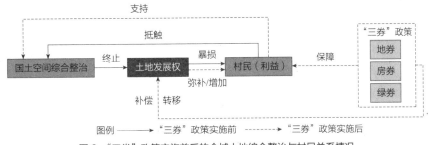

图6 "三券"政策实施前后的全域土地综合整治与村民关系情况

因此，"三券"政策是以保护农村集体利益为核心的，可切实助力全域土地综合整治在集体土地上实施的有效工具。

4　结论与讨论

本研究通过分析南海区"三券"的实施案例，总结出"三券"背后的土地发展权补偿机制，指出"三券"政策的核心是土地发展权的补偿和转移，因此它是以保护村集体利益为核心，可切实助力全域土地综合整治实施的有效工具。在集体土地上实施全域土地综合整治，必须兼顾村集体和村民的利益，须建立土地发展权的转移和补偿机制，解决全域土地综合整治中土地性质变化所导致的"暴损"问题。通过土地发展权补偿和转移使村集体和村民的收入得到可持续发展，使他们主观意愿上支持全域土地综合整治，是全域土地综合整治在集体土地上实施的关键。

然而，在"三券"政策实施的过程中仍存在部分问题。一是"三券"政策存在优化和细化的空间。在实施过程中，"三券"常会因审批流程繁琐，实施细则缺乏以及地域情况存在差异而难以推进。由于"地券"的审批需层层上报至省级单位，许多村集体因审批流程过分繁琐和冗长而对大面积的低效建设用地腾退复垦缺乏兴趣。在"房券"兑换产业保障房时，由于缺乏具体的实施细则，村集体倾向先到先得持券选房，导致可能出现因选房先后而产生的获益不公平。部分地区由于自身的区位优势，更倾向于通过城市更新等手段进行村庄整体改造，对"三券"政策兴趣缺乏。上述情况都说明了"三券"政策还需要进一步优化和细化，以厘清和解决现存的实施问题。二是村集体和村民对"三券"仍缺乏深度认识和理解，在统一村内意愿时仍存在一定的难度。例如部分村民难以接受"绿券"的部分指标归政府所有，又如一些村民会担忧需承担农地或绿地的经营管理成本费用等。三是该政策的推广还需继续探索，需考虑到地区间的差异，在不同地区内实践时需进行相应的调整，以满足不同地区的发展需求。同时，还需要研究跨地区的"券"的推行和使用，这涉及"券"的适用范围、交易细则、交易价格等内容的探索。四是"三券"政策现仅仅考虑到不同村庄集体之间的收益均衡，但在城市发展的过程中，其他的主体（如城市居民、外来人口等）均为地区的发展作出了贡献，土地发展权应考虑到多群体的共享，通过多层级的土地发展权载体实现土地发展权的群体均衡配置。

基于此，从土地发展权视角出发，提出以下几点意见：①需优化和细化政策内容，精简审批流程。基于土地发展权，依据不同地区的实际情况，建立"三券"

的合理价格机制，使不同地区的"三券"价格更符合市场现实，提高不同地区参与全域土地综合整治的意愿，并使整体的"三券"实施更有理可依；根据实践情况反馈的堵点、难点形成一套高效便捷的审核报批流程，以缩短审批时间，降低执行难度，提升村集体和村民的参与积极性。②需加强面向村民的沟通和宣传，尽量为村民扫除信息盲区，要让村民切实感受到收益上的提升，让村民有获得感。需根据当地产业发展需求与村民诉求，调整"三券"实施细则，拓宽"券"的投入渠道，提高"三券"兑换后的投资收益，以提升"三券"政策的吸引力。③需加强跨地区的"券"的研究和探索，使"券"作为土地发展权的载体在区域的发展和平衡中起到更为重要的作用。④需探索建立多层级的土地发展权转移体系，在不同区域、不同群体、不同层级政府之间建立土地发展权转移机制，在发展中兼顾多维度的公平。

参考文献

[1] 孙婧雯，陆玉麒. 城乡融合导向的全域土地综合整治机制与优化路径 [J]. 自然资源学报，2023（9）：2201–2216.

[2] 金晓斌，张晓琳，范业婷，等. 乡村发展要素视域下乡村发展类型与全域土地综合整治模式探析 [J]. 现代城市研究，2021（3）：2–10.

[3] 罗明，杨崇曜，张骁. 基于自然的全域土地综合整治思考 [J]. 中国土地，2020（8）：10–13.

[4] 于水，汤瑜. 全域土地综合整治：实践轨迹、执行困境与纾解路径——基于苏北S县的个案分析 [J]. 农业经济与管理，2020（3）：42–52.

[5] 岳文泽，钟鹏宇，肖武，等. 全域土地综合整治跨乡镇实施的思考与探索 [J]. 中国土地，2024（1）：28–31.

[6] 项晓敏，金晓斌，王温鑫，等. 供给侧结构性改革视角下的土地整治制度创新初探 [J]. 中国土地科学，2017（4）：12–21.

[7] 梁小薇，袁奇峰. 珠三角商贸型城中村的领域政治——基于广州市中大布匹市场区的案例研究 [J]. 城市规划，2018（5）：39–46.

[8] 袁奇峰，钱天乐，郭炎. 重建"社会资本"推动城市更新——联滘地区"三旧"改造中协商型发展联盟的构建 [J]. 城市规划，2015（9）：64–73.

[9] 陈嘉平，李静，温耀鸿. "土地租金剩余"视角下旧厂房改造为创新空间的路径研究——基于广州、深圳对比分析 [J]. 热带地理，2020（5）：795–807.

[10] 王海鸿，杜茎深. 论土地发展权及其对我国土地征收制度的创新 [J]. 中州学刊，2007（5）：79–83.

[11] 刘国臻. 论我国土地发展权的法律性质 [J]. 法学杂志，2011（3）：1–5.

[12] 王万茂，臧俊梅．试析农地发展权的归属问题 [J]．国土资源科技管理，2006（3）：8-11．

[13] 孙弘．中国土地发展权研究：土地开发与资源保护的新视角 [M]．北京：中国人民大学出版社，2004．

[14] 穆松林，高建华．土地征收过程中设置土地发展权的必要性和可行性 [J]．国土与自然资源研究，2009（1）：35-37．

[15] 汪晖，陶然．论土地发展权转移与交易的"浙江模式"——制度起源、操作模式及其重要含义 [J]．管理世界，2009（8）：39-52．

[16] 王国恩，伦锦发．土地开发权转移制度在禁限建区管控中的应用研究 [J]．现代城市研究，2015（10）：89-93．

[17] 张鹏，刘春鑫．基于土地发展权与制度变迁视角的城乡土地地票交易探索——重庆模式分析 [J]．经济体制改革，2010（5）：103-107．

[18] 钟碧珠．土地发展权视角下都市区农业空间保护困境与策略 [D]．广州：华南理工大学，2021．

[19] 田莉，夏菁．土地发展权与国土空间规划：治理逻辑、政策工具与实践应用 [J]．城市规划学刊，2021（6）：12-19．

[20] 汪晖，王兰兰，陶然．土地发展权转移与交易的中国地方试验——背景、模式、挑战与突破 [J]．城市规划，2011（7）：9-13，19．

[21] 郭炎，叶睿，袁奇峰，等．土地开发权的规划配置与集体产业用地转型研究——以佛山市南海区为例 [J]．城市发展研究，2022（2）：116-123．

[22] 岑迪，邓炯华．村级工业园改造提升的思考——基于广州市的政策演进与实践探索 [J]．城市观察，2020（6）：66-74．

[23] 田莉，罗长海．土地股份制与农村工业化进程中的土地利用——以顺德为例的研究 [J]．城市规划，2012（4）：25-31．

[24] 龚华，仝德，张楚婧，等．城乡融合视角下的全域土地综合整治模式优化 [J]．规划师，2023（12）：38-44，52．

[25] 姚艳，徐田田，张雅婷，等．农村居民点整治中的土地发展权运作体系——以宁波市余姚最良村村庄整治项目为例 [J]．中国农业资源与区划，2020（11）：209-217．

[26] 陈嘉悦．基于土地发展权的镇域土地综合整治研究 [D]．广州：华南理工大学，2022．

曾鹏，中国城市规划学会理事、学术工作委员会委员、城市更新分会委员、小城镇规划分会委员，天津大学建筑学院副院长、教授

李晋轩，天津大学建筑学院博士后、助理研究员

李晋轩　曾鹏

"价值"视角的城市更新思考：价值重构与路径选择

1　引言

近年来，城市更新已成为我国城市内涵式发展转向进程中的常态化行动。城市更新实践的关键环节不再是一次性的建设而是长期性的运营，其重心也逐渐从推动城市空间的整体结构优化向细节品质提升而转变，并以优化利用空间存量并实现就业增长、消费扩大、服务提升、治理完善为关键目标❶。

城市更新实践的增加，同步引发了相关理论研究的热潮。自 2010 年起，国内学界关于城市更新的研究论文篇数大幅度增长了近 3 倍（赵亚博，等，2019），显著扩展了城市更新研究的覆盖面。但是，已有文献往往偏重城市更新的某一特定方面，主要观点之间因而缺乏关联。例如，针对城市更新的实施过程，既往研究从用地布局（邹兵，2015）、空间营造（李昊，2018）、机制探索（林强，2017；曾鹏，李晋轩，2020a）等不同关注点展开思考，分别倾向于强调"规划、设计、治理"等环节的核心作用。再如，为解析复杂现实中的规律性，既往研究大量借鉴了制度经济学（赵燕菁，2017；何鹤鸣，张京祥，2017）、空间政治经济学（张京祥，胡毅，2012）、城市社会学（车志晖，等，

---

❶ 以社区更新为例，近年来社区更新的主流从"棚户区改造"转向"老旧小区改造"，更加聚焦空间的非增量型更新（微更新）。其中，相比于拆除重建所带来的住房增量可能"显著降低整个城市住房市场的存量空间价格"这一困境，微更新能够在不增长存量住房套数的情况下，实现存量空间价值的持续增长，以回应城镇化中后期城市人口趋稳的现实。此外，社区更新还可以通过"完善住房保障体系"促进多层次充分就业，通过"创造消费需求"支撑城市经济发展，加快形成以国内大循环为主体的新发展格局。

2017）等交叉关联学科的抽象理论，使得针对同一城市现象的诠释落入不同的学科背景与话语体系，各自结论难以组合应用。从表面来看，上述分歧源自对城市更新实施的具体过程与机制的认知有待深化；从根源上看，当前学界在认识论（Epistemology）上对于城市更新的本质属性仍缺乏共识，有待基于有效视角进一步解析。

关于"价值"的思辨是哲学领域的经典命题之一。以价值为基本视角审视城市更新问题的突出优势在于，价值概念同时强调了"主体—客体"的双重存在关系，既延续现有研究中对于实体性物质空间（客体）的一贯关注，又将"人"这一主体的现实需求纳入考量，从而更可能洞悉到多样化城市更新实践的共性规律。因此，本研究以对空间价值的理论认知作为出发点，系统性考察城市更新中的空间价值重构与路径选择博弈过程，以期形成概述城市更新运行本质的一般框架，启发关于全面实施城市更新的更多思考。

2　空间的"价值"范畴

2.1　空间价值的哲学溯源

对"价值"概念的哲学本源的思考，是空间价值研究的讨论基点。在哲学界对"价值"概念的历史起源与现实含义的持续探讨中，先后出现了五种、三类主要的体系（李连科，1999），其中："观念说"认为，价值只存在于人们对事物的评价之中，把价值视为人的观念、精神或主观表达（宋立新，周春山，2010）；"实体论"与"属性论"认为，价值是独立于主体而存在的现象，是事物所固有的或在某些情况下所必然产生的客观属性；"关系论"及其进阶版本"实践论"认为，价值是一种人所特有的"对象性"关系现象，是对主客体相互关系的一种主体性描述，产生于作为主体的"人"按照自身的尺度去认识世界和改造世界的现实活动之中（李德顺，2007）。当前，基于"实践论"观点的价值概念受到学界的普遍认同（宋立新，周春山，2010；李昊，2011），即认为价值存在的基础是社会实践中的"主客体关系"，价值是一定的客体（如事物、行为、过程、结果等）对于主体（即广义的"人"）来说所具有的现实的或可能的意义。

城市中的空间，既作为一种事物的本体而存在，也是其他事物的承载者。依照"实践论"观点可知，空间价值应是特定城市空间所具有的属性同普遍性的"人"的需求之间的一种统一，也即"空间对人的城市生活的意义"。换言之，参考《辞海》对"价值"的定义即"事物的用途或者积极作用"，空间价值可被定义为"空间作为一种资源来满足人的各类需求的能力或程度"（周鹤龙，2016；高万辉，李亚婷，2018）。

2.2 空间价值的内涵思辨

尽管学界对于空间价值的一般性定义能够取得共识，然而，当前不同类型研究中关于空间价值的具体内涵与评判标准仍显多样，缺乏统一认知。周鹤龙（2016）基于人的现实存在与发展主要面对人与自然、人与社会以及人与自我的三种关系，提出城市空间应具有物质使用价值、社会伦理价值和精神审美价值；戴代新和陈语娴（2019）基于文化空间理论，从共时性角度将文化空间价值建构分为物质（Physical Setting）、活动（Activity）和意义（Meaning）三个层面；刘曦婷和周向频（2014）从艺术价值、社会价值、历史价值和精神价值四个方面开展了园林遗产空间的价值评价，但有意忽略了对空间的物质属性的价值认知；吴昆（2013）以深圳城中村为例，借助福柯（M Foucault）关于"异质空间"的理论，以城市新区为镜像识别出城中村所具有的土地资源价值、历史研究价值、社会认知与美学价值；姜安印和谢先树（2010）否定了生态经济学中对空间所做的生态价值与经济价值的区分，不认同空间具有不依赖于人的存在的自身价值，进而提出了空间作为"人类利用的对象"和"人类呵护的对象"的价值二元论。此外，还有林祖锐等（2015）针对村庄空间归纳出历史价值、美学价值、功能价值、技术价值四个维度，吴欣燕（2014）针对历史文化街区空间提出本体价值和表征价值两个维度，李荷和杨培峰（2020）认为自然生态空间具有生态学价值、景观美学价值以及社会文化价值等，不一而足。

综合上述文献的主要观点，结合"实践论"的价值概念认知，本文将城市层面的空间价值进一步拆解为"内部—外部"两种属性的四个维度（表1）。其中，内部价值是空间自身所具有的属性的价值，外部价值是受外界因素影响而间接形成的属性的价值：

（1）空间自身所具有的内部价值，包括本体性价值、使用性价值、精神性价值三个维度。本体性价值，是空间自身的"物质性"被评价或欣赏时所形成的价值，如建筑品质、空间容量、设施韧性等，不同空间的本体性价值之间相对均质，易于替换。使用性价值，是空间在"被使用"的过程中所形成的价值，不仅与空间的特定使用功能相关，也受特定使用者的社会关系与场所依恋的影响。精神性价值，囊括了空间因历史、文化、政治等"非物质性"因素而形成的意义与价值，既包括长期的历史沉淀，也包括短期的风尚潮流，不同空间的精神性价值一般具有独特性，彼此之间难以替换。

空间价值的四个维度与次级构成　　　表 1

价值维度		次级构成	价值案例
内部	本体性价值	建筑品质	房屋、公共空间、景观等物质环境的质量
		空间容量	容积率、建筑密度、绿地率、层高、层数等
		设施韧性	防洪、排涝、通风、防疫能力等
	使用性价值	功能使用	满足"人"的生产、生活、生态需要的能力
		社会资本	空间使用者的信任、规范、人际关系、公共交往等
		场所认同	在地社群的归属感、安全感、心理舒适性等
	精神性价值	历史沉淀	历史的人、事、物在空间上留下的文化痕迹
		风尚潮流	短期的品牌、口碑、网红、审美倾向等
		其他非物质因素	宗教、信仰、个人经验、政治影响等
外部	区位性价值	外部物质本体	地形、气候、交通网络、周边建筑风貌等
		外部空间使用	公服设施、商业配套等
		外部精神性因素	文化辐射、地标影响等

（2）受周边空间所具有的本体性价值、使用性价值和精神性价值的辐射影响，城市空间也会形成对应的外部价值，统称为区位性价值，这一价值维度可被视为周边其他空间对本空间的使用者所产生的意义。例如，周边增建的公共服务设施能够为特定城市空间带来便捷的配套服务，而周边开展的历史街区保护与开发则有助于特定城市空间受到对应的文化辐射。

需要指出，城市空间价值的内涵与"价格、资本、投资"等城市研究中的惯用概念之间存在一定的关联，但也有相当的差异：首先，空间的"价格"由市场的供需关系决定，仅表征空间作为商品时的交换价值属性，在特定瞬间，地域空间上的空间"价值"增长必然导致空间"价格"的增长，但在历时性的考察视角下，空间"价格"的变动与空间"价值"的变动之间并非直接关联；其次，"资本"强调的是事物参与再生产以产生利润的属性，尽管资本是空间价值产生的源泉之一，但并非所有空间价值都来自于资本，这一过程还与价值主体（即广义的"人"）的需求和认知有关（李荷，杨培峰，2020）；最后，空间价值与"投资"这一行动联系紧密，但由于对投资者的吸引主要源于"投资者对特定空间价值增长的预期（丁凡，伍江，2020）"，空间价值本身的多与少并不直接增加空间在城市营销中的吸引力。上述思辨表明，透过空间价值来看待城市更新具有一定的创新性与不可替代性，有助于找到剖析城市更新本质属性的有效视角。

3 "空间价值"视角下的城市更新本质

3.1 城市更新的本质在于存量空间的价值重构

在城市迭代发展的全过程中，城市更新活动始终与城市的生长、停滞和衰退等运行状态相伴而生（莫霞，2017），并在不同发展阶段中承担着清除破败、抑制衰退、维持发展等不同的职能。一般认为，当代意义的城市更新实践，集中出现于城市工业化后的快速城市化时期，是近代以来的新生事物（陈珊珊，2020；丁凡，伍江，2017）。

作为一个人为界定的概念，城市更新曾先后经历过多次复杂的内涵转变（董玛力，等，2009；丁凡，伍江，2017；李晋轩，曾鹏，2020）。近年来，部分学者观察到多样化城市更新实践中的某种共性，形成一系列论述。例如，王世福、沈爽婷（2015）定义城市更新为"如何在存量维护的基础上容量提升的问题"，丁寿颐（2019）认为城市更新的本质是"创造新的增值收益"，着重强调某种"增值"过程。此外，陈浩等（2010）认为城市更新的本质是"以空间为载体的资源与利益再分配博弈"，岳隽等（2016）强调了城市更新中"既有的利益格局将予以重塑"，何鹤鸣、张京祥（2017）提出城市更新是"以特定产权关系为基础的利益再分配过程"，姚之浩、曾海鹰（2018）认为城市更新要解决"土地产权重构、社会财富分配"等深层次议题，进一步将视角引向价值分配环节。

可以发现，上述文献中反复使用的"利益、收益、容量、财富"等关键词，所指的恰是城市更新的对象物（作为客体的"空间"）之于城市更新的主体（广义的"人"）的价值，也即"空间价值"的不同侧面或同义化表述。以上研究指出，城市更新能够引发空间的内部或外部价值的持续波动与再分配；换言之，城市更新的本质属性正在于存量空间的价值重构过程。

具体来看，城市更新与城市发展、建设等环节一样，都是在城市尺度上开展的时空确定、多元参与的具体实践。一方面，城市更新实践的影响力不会局限于单一建筑内部，而是会扩展至特定的时间节点的特定城市空间之上，从而影响到周边建成环境的品质、韧性、氛围等诸多方面。另一方面，城市更新实践还会对城市各类人群之间的社会关系产生影响，并干预多元主体在就业和消费等行为中的选择倾向。最终，城市更新实践会导致城市层面上人口、资源、投资等要素的流动与重新配置，引发"人—地"关系的显著改变，同步引发多个维度空间价值的重构。

3.2 城市更新引发空间价值重构的三个环节

局部的城市更新实践，往往会在城市总体层面引发系统性的空间价值重构。

在此过程中，价值重构的过程共包括同步发生的三个环节——空间价值的增减、重组与再分配。

3.2.1　空间价值在量级上的增减

城市更新是一种具体的、能动的人类活动，无论是建筑量增加、减少还是不变，无论是涉及空间改造（"租差"实现）还是仅仅提升服务（创造"租差"），城市更新实践总会导致城市建成环境综合容量在经济、社会、环境等维度上的改变（王世福，沈爽婷，2015）。这一过程，体现为单一维度的空间价值在更新前后出现质量或数量上的增长或减少。

对于特定城市空间而言，城市更新过程通过对自身物质本体、空间使用或非物质特性的优化调整，实现对空间使用者需求的更高效满足，进而在量级上改变了空间自身的本体性价值、使用性价值或精神性价值。同时，这一过程的影响力并不会止于空间内部，也会在某些维度上辐射到周边的城市空间，为它们带来外部区位性价值的增长或减少。

3.2.2　空间价值在地块间的重组

作为一种建构在存量物质空间上的城市实践，城市更新能且只能发生在确定的空间区位和特定的时间节点之中。这种时空关系上的唯一性，决定了城市更新无法不与城市整体的迭代发展过程相关联，进而将引发城市中既存或增量的空间价值在不同的地块上重新组合，形成多维空间价值组合的新稳态。

一方面，这种与城市整体的关联存在于城市更新的对象空间与其周边城市空间的外部性影响关系之中，即上文所述的内部空间价值增长所引发的外部空间价值变动过程。另一方面，城市更新还会在更高的城市层面上驱动包括人口、资源、投资在内的各类城市要素的空间流动与重新配置，从而引发空间价值在地块之间的连锁重组反应。

3.2.3　空间价值在主体间的再分配

一般来说，城市更新是包括政府、市场、业主、市民、社会组织在内的多元主体在政策制度所划定的权责边界内，通过趋利性博弈而形成的共同治理过程。在现实中，随着利益相关的多元主体深度介入城市更新的决策过程，增量与存量的空间价值会作为多元博弈中的重要"标的物"而被重新分配，并达到新的稳态。

在再分配的过程中，空间价值不仅会被分配给对特定物质空间拥有产权的新老业主，也会扩张至城市层面的全体城市更新收益或受损者集合。这种价值再配置的方式往往是隐性的，从而时常被决策者或主导型更新主体所忽略，如在城中村更新中，过高容积率的拆除重建会在精神性价值维度损害全体城市居民的利益。

4 "空间价值"视角的城市更新路径再思考

城市更新会引发空间价值重构，但不同更新路径的价值重构结果又显著不同。因此，为推动多元主体共治共享，引导城市空间价值向有序增值和公平正义的双重目标同步发展，有必要在城市更新治理中基于空间价值视角开展延伸思考。

4.1 城市更新的路径分异，表现为价值重构的逻辑分异

尽管统一于空间价值增减、重组与再分配的重构过程，不同城市更新路径之间仍存在着较大的表象差异。既往实践中，一般从开发形式或用地功能等角度划分城市更新路径，如早期的《深圳市城市更新办法》（2009）中，曾依据开发形式将城市更新划分为拆除重建、功能改变、综合整治等类型，并依据用地功能划分出旧工业区、旧商业区、旧住宅区、城中村及旧屋村等更新对象。然而，面对城市更新治理的现实需求，上述划分方式存在明显不足❶。

"空间价值"视角同样有助于认知不同更新路径之间的本质差异，进而为城市更新的路径选择提供决策依据。在具体实践中，无论是依托空间增量、功能增量和社会增量，跨越式重构城市建成环境的增量式更新，还是追求常态化、渐进式、持续性，以微介入的手段实现小规模新旧迭代的微更新，不同城市更新实践的路径差异归根到底源自于空间价值重构的逻辑差异（表2）。总的来看，各类增量式更新路径中总是存在着本体性价值的显著增长、重组与再分配，但是，由于"新老业主重组引发地域认同消解"或"增量建设导致文脉破坏和风貌损害"等负面情况，增量式更新也常常会导致使用性价值和精神性价值的减少；相比之下，微更新路径中较少出现增量空间价值的重组与再分配，而是强调在空间容量微增、

典型城市更新路径的价值重构逻辑   表 2

更新路径		实践案例	本体性价值	使用性价值	精神性价值
增量式更新	传统"大拆大建"	早期的城中村更新、棚户区改造、存量工业用地再开发等	显著增长，重组并再分配	减少	减少
	政府统筹开发	结合产业升级、公服提升或社会保障的片区综合开发	显著增长，重组并再分配	持平或增长	持平或增长

---

❶ 以旧住宅区更新为例，促成城中村或棚户区更新的关键在于"对违法建设面积的（部分）合法化认定"或"控规修编中的额外增容"，而促成老旧小区改造的关键则在于"自上而下的地方政府财政补贴"或"自下而上的增量空间收益确权"。可见，尽管以上几条旧住宅区更新路径中都出现了空间价值重构，但不同路径的总体流程与核心环节明显不同，针对某一路径的理论与经验也难以应用到其他情景中。

更新路径		实践案例	本体性价值	使用性价值	精神性价值
微更新	修补型微更新	立面外拓、加建厨卫、增设电梯、公共领域改造等	显著增长，但不重组或再分配	持平或增长	持平
	营造型微更新	老旧小区治理提升、社区营造等	持平	显著增长，但不重组或再分配	持平或增长
	文化型微更新	历史地段有机更新、存量工业用地"非正式更新"等	持平或增长	持平	显著增长，但不重组或再分配

不增甚至减量的同时，基于空间品质、社会、文化等方面的持续提升来实现三个维度内部空间价值的同步增长。

4.2　更新路径的选择博弈，源自于多元空间价值观分歧

依照前述的"实践论"哲学观点，空间价值是一种具有"对象性"的主客体关系描述。作为空间价值的评价者，包括政府、市场、业主、市民、社会组织等在内的多元主体可能对同一城市空间产生差异化的价值评判，显示出截然不同的"空间价值观"。作为一个公共利益与私人利益交织、社会福利增进与市场利润追求并存的复杂系统过程（朱一中，王韬，2019），城市更新中的多元空间价值认知很难取得统一（表3）。一般而言，社会组织的空间价值观最可能接近于公共利益优先的评价范式，治理型政府次之，一般市民再次之；市场与业主作为有限产权边界内的资产逐利者，最易形成偏离于公共利益的价值观，也最易在中长期尺度改变自身对于空间价值的评价标准。实践中，当主导性主体过度关注于某一维度的空间价值时，城市空间所具有的其他价值维度将受到忽略，进而诱发极端化的城市更新行动。

城市更新中多元主体的空间价值认知　　　表3

价值维度	构成要素	政府	市场	业主	市民	社会组织
本体性价值	建筑品质	○	●	●	—	●
	空间容量	●	●	●	—	●
	设施韧性	○	—	●	—	●
使用性价值	功能使用	●	○	●	○	○
	社会资本	○	●	●	●	●
	场所认同	○	—	●	○	●

续表

价值维度	构成要素	政府	市场	业主	市民	社会组织
精神性价值	历史沉淀	●	○	○	●	●
	风尚潮流	○	○	○	●	●
	其他非物质因素	●	○	○	○	○
区位性价值	外部物质本体	○	●	—	●	○
	外部空间使用	○	●	—	●	●
	外部精神性因素	○	○	—	●	●

注："●"为非常关注，"○"为一般关注，"—"为较不关注。

城市更新是稀缺存量空间资源的再配置过程。在具体实践中，由于"空间价值观"的天然不同，不同主体一般倾向于差异化的空间价值增值与重构逻辑，从而倾向于选择不同的城市更新路径。例如，在土地权属关系相对复杂的划拨存量工业用地更新案例中，原国企职工对于厂区所承载的精神性价值的评价显著高于其他各方主体，因而更容易接受"非正式更新"的路径（冯立，唐子来，2013）；相比之下，企业主义地方政府关注收储再出让过程中使用性价值的转变和本体性价值的增量（曾鹏，李晋轩，2020b），市场（开发商）聚焦区位性价值向本体性价值转化的"租差实现"过程，两方均倾向于通过拆除重建的方式进行增量式更新，从而有意识地忽略"地段中丰富的社会生活和稳定的社会网络"（阳建强，2018）。可见，受"空间价值观"差异的影响，不同城市更新主体以自身价值增值预期为出发点，共同参与趋利性博弈，引发城市更新路径选择的内源性矛盾❶，形成囚徒困境（Prisoner's Dilemma）。

4.3 路径选择的治理目标，应在于价值升维与共治共享

城市更新多元主体的认知差异与利益诉求矛盾集中且难于调和；同时，受限于自身的先验性"空间价值观"，特定主体在城市更新路径选择中形成主导性地位后，一般短期内难以实现自发性调整❷。为此，城市更新的治理过程应主动介入城市更新的路径选择，并通过有效的制度设计来导控多元主体共治共享的实现。

---

❶ 这一内源性矛盾的显著表现是，主导性主体依照自身"空间价值观"所做出的有利选择，可能会损害其他次要主体的利益，甚至引发整个城市层面的空间价值损害。例如，存量社区的高密度拆建可能会在公服与交通等方面引发公共利益损害，存在空间价值增值分配不均的隐患。

❷ 以21世纪以来的我国城市存量住区更新为例，深圳、广州形成了采用"市场资本主导"方式开展针对城中村的大规模再开发路径，北京、天津形成了以"政府试点统筹"方式自上而下推动老旧小区改造的路径，而厦门、上海则形成了依赖增量发展权红利引发"社区自愿参与"的路径。

一方面，各个维度空间价值之间在"量"上的不可比性，意味着绝对最优、全面共赢的城市更新路径并不存在。因此，面对多元价值观的固有差异，需要在城市更新治理中主动运用责任规划师等创新机制，促成有效沟通，开展多方对话；通过确认每个主体的投入与收益意愿，共同选择出多元主体之间相对最优、有限多赢的合作模式，以实现空间价值整体升维为最终目标。显然，这种"价值"视角下的多赢，区别于房地产视角下"政府—市场"增长联盟的双赢；城市更新治理中不应仅算本体性价值重构的经济账，还需将其他维度空间价值的增值与合理分配纳入考量。

另一方面，维护公共利益始终是城市更新的关键价值取向，城市更新路径选择的关注重点不应局限于产权业主所享有的物质环境质量，也需更加关注"空间（价值）生产以及空间（价值）分配当中的结构性关系以及比例"（尹稚，2021）。作为重要的导控力量之一，制度设计应在促进共治共享中起到重要作用，并伴随城市发展的阶段演进而不断优化调整。例如，可通过设置外部性内化规则，提前为多元主体选择所潜在引发的正、负外部性设定奖励或惩罚，实现对多元主体自我诉求的共同话语转译，引导多元主体的理性选择，从而避免主导性更新主体（如大型开发商）利用其优势地位而损害公共利益。

5　结语

空间价值重构是城市更新得以实施的关键动力之一。本研究基于对"价值"哲学观点的回顾，提出多样化城市更新实践的本质与共性在于空间价值增减、重组与再分配的价值重构过程。研究进一步指出，不同城市更新路径会引发差异化的空间价值重构结果，从而导致具有不同"空间价值观"的多元主体在路径选择中表现出显著的倾向性；城市更新治理应主动介入更新路径的选择过程，并以同步实现空间价值的整体升维和多元主体的共治共享为目标。

本研究立足于"空间价值"的认识论创新展开理论建构，所开展的若干初步分析仍有诸多不足。未来，建议进一步在"空间价值"的框架体系下，围绕"人"的中心性视角，探究空间价值整体升维与多元共治的更多具体可行机制，以更加深入地回应我国城市存量发展的方法论（Methodology）需求。

参考文献

[1] 车志晖，张沛，吴淼，等.社会资本视域下城市更新可持续推进策略 [J].规划师，2017，33（12）：67-72.

[2] 陈浩，张京祥，吴启焰.转型期城市空间再开发中非均衡博弈的透视——政治经济学的视角 [J].城市规划学刊，2010（5）：33-40.

[3] 陈珊珊.国土空间规划语境下的城市更新规划之"变"[J].规划师，2020，36（14）：84-88.

[4] 戴代新，陈语娴.城市历史公园文化空间价值评估探析——以上海市鲁迅公园为例 [J].同济大学学报（社会科学版），2019，30（3）：52-65.

[5] 丁凡，伍江.城市更新相关概念的演进及在当今的现实意义 [J].城市规划学刊，2017（6）：87-95.

[6] 丁凡，伍江.全球化背景下以大型文化事件引导的城市更新研究 [J].城市发展研究，2020，27（8）：81-88.

[7] 丁寿颐."租差"理论视角的城市更新制度——以广州为例 [J].城市规划，2019，43（12）：69-77.

[8] 董玛力，陈田，王丽艳.西方城市更新发展历程和政策演变 [J].人文地理，2009，24（5）：42-46.

[9] 冯立，唐子来.产权制度视角下的划拨工业用地更新：以上海市虹口区为例 [J].城市规划学刊，2013（5）：23-29.

[10] 高万辉，李亚婷.新型城镇化下城市社区公共空间的（社会）服务价值 [J].经济地理，2018，38（3）：92-97，141.

[11] 何鹤鸣，张京祥.产权交易的政策干预：城市存量用地再开发的新制度经济学解析 [J].经济地理，2017，37（2）：7-14.

[12] 姜安印，谢先树.空间价值二元化：区域发展的空间演进特征 [J].西北师大学报（社会科学版），2010，47（1）：95-100.

[13] 李德顺.价值论 [M].北京：中国人民大学出版社，2007：79.

[14] 李昊.物象与意义——社会转型期城市公共空间的价值建构（1978-2008）[D].西安：西安建筑科技大学，2011.

[15] 李昊.公共性的旁落与唤醒——基于空间正义的内城街道社区更新治理价值范式 [J].规划师，2018，34（2）：25-30.

[16] 李荷，杨培峰.自然生态空间"人本化"营建：新时代背景下城市更新的规划理念及路径 [J].城市发展研究，2020，27（7）：90-96，132.

[17] 李晋轩，曾鹏.新中国城市扩张与更新的制度逻辑解析 [J].规划师，2020，36（17）：77-82，98.

[18] 李连科.价值哲学引论 [M].北京：中国商务出版社，1999：21-46.

[19] 林强.城市更新的制度安排与政策反思——以深圳为例 [J].城市规划，2017，41（11）：52-55，71.

[20] 林祖锐，理南南，余洋，等.太行山区历史文化名村传统街巷的特色及保护策略研究 [J].工业建筑，2015，45（12）：74-78，103.

[21] 刘曦婷，周向频.近现代历史园林遗产价值评价研究 [J].城市规划学刊，2014（4）：104-110.

[22] 莫霞.上海城市更新的空间发展谋划 [J].规划师，2017，33（S1）：5-10.

[23] 宋立新，周春山. 西方城市公共空间价值问题研究进展 [J]. 现代城市研究，2010，25（12）：90-96.

[24] 王世福，沈爽婷. 从"三旧改造"到城市更新——广州市成立城市更新局之思考 [J]. 城市规划学刊，2015（3）：22-27.

[25] 吴昆. 城中村空间价值重估——当代中国城市公共空间的另类反思 [J]. 装饰，2013（9）：41-46.

[26] 吴欣燕. 历史文化街区的形态价值评估体系研究 [D]. 广州：华南理工大学，2014.

[27] 阳建强. 走向持续的城市更新——基于价值取向与复杂系统的理性思考 [J]. 城市规划，2018，42（6）：68-78.

[28] 姚之浩，曾海鹰. 1950 年代以来美国城市更新政策工具的演化与规律特征 [J]. 国际城市规划，2018，33（4）：18-24.

[29] 尹稚. 城市更新不是政府砸钱的城市改造 [EB/OL]. 解码城市更新：改变的不仅是建筑环境质量，更是空间财富的分配比例 [2021-10-01]. https：//3g.k.sohu.com/t/n556713958?serialId=ebe39f127db6310f225436ce861cc640&showType=.

[30] 岳隽，陈小祥，刘挺. 城市更新中利益调控及其保障机制探析——以深圳市为例 [J]. 现代城市研究，2016（12）：111-116.

[31] 曾鹏，李晋轩. 存量工业用地更新的政策作用机制与优化路径研究 [J]. 现代城市研究，2020a（7）：67-74.

[32] 曾鹏，李晋轩. 存量工业用地更新与政策演进的时空响应研究——以天津市中心城区为例 [J]. 城市规划，2020b，44（4）：43-52，105.

[33] 张京祥，胡毅. 基于社会空间正义的转型期中国城市更新批判 [J]. 规划师，2012，28（12）：5-9.

[34] 赵亚博，臧鹏，朱雪梅. 国内外城市更新研究的最新进展 [J]. 城市发展研究，2019，26（10）：42-48.

[35] 赵燕菁. 城市化 2.0 与规划转型——一个两阶段模型的解释 [J]. 城市规划，2017，41（3）：84-93，116.

[36] 周鹤龙. 地块存量空间价值评估模型构建及其在广州火车站地区改造中的应用 [J]. 规划师，2016，32（2）：89-95.

[37] 朱一中，王韬. 剩余权视角下的城市更新政策变迁与实施——以广州为例 [J]. 经济地理，2019，39（1）：56-63，81.

[38] 邹兵. 增量规划向存量规划转型：理论解析与实践应对 [J]. 城市规划学刊，2015（5）：12-19.

孙娟，中国城市规划学会青年工作委员会主任委员，中国城市规划设计研究院上海分院院长

古颖，中国城市规划设计研究院上海分院城市规划师

王笑晨，中国城市规划设计研究院上海分院城市规划师

闫岩，中国城市规划设计研究院上海分院副院长

朱慧超，中国城市规划设计研究院上海分院城市设计研究所所长

朱　王　古　孙
慧　笑　　
超　岩　晨　颖　娟

逻辑再构：城市更新的趋势需求与规划应对

我国城市发展步入存量时代，城市发展从土地财政逻辑向城市更新逻辑过渡，但城市更新相关主体和不同领域学者对城市更新逻辑的理解各有不同。本文基于我国城市的更新实践，结合更新规划、更新行动、实施路径、政策机制四个方面的研究，尝试从综合维度剖析存量时代城市更新的路径逻辑，提出城市更新是城市战略、是工作过程、是实施方案和公共政策等观点，也基于此再构城市更新逻辑，为未来城市更新规划与政策创新提供参考。

1　研究背景

我国城市发展步入存量时代，2010 年以来全国城市建设用地年均增量下降，国有建设用地供应年均增速降低，土地出让金收入减少。从土地扩张速度与需求看，我国城镇建设用地年均增速下降，从 2010—2015 年期间的 2365 平方千米降至 1064 平方千米，国有建设用地供应年均增速从 2000—2010 年的 10%—15% 降至 5%。2020—2023 年，土地市场成交情况逐年下滑，2020 年成交面积 29.6 万公顷，2023 年成交面积为 22 万公顷。

当前我国城市发展已从"有没有"进入"好不好"阶段，城市更新成为全面提升城市功能和空间品质、实现城市高质量发展的重要途径。党的二十大报告明确提出，"坚持人民城市人民建、人民城市为人民，提高城市规划、建设、治理水平，加快转变超大特大城市发展方式，实施城市更新行动，加强城市基础设施建设，打造宜居、韧性、智慧城市"。2024 年政府工作报告提出稳步实施城市更新行动。2024 年 5 月财政部办公厅、住房和城乡建设办公厅联合发布《关于开展城市更新示范工作的通知》提出，推动建立"好社区、好城区"，统筹使用中央和

地方资金，不断推进城市更新工作。

随着城市内外部因素的变化，城市更新呈现新的趋势需求。人的需求从基本的物质需求转向休闲、健康、文化等精神需求，从追求共享和体验的消费时代步入个性化、慢速、软性的消费时代；城市空间面临结构性问题，商务办公总量过剩成为全球城市面临的共性挑战；伴随公共卫生事件和气候变化的不确定性，城市安全的不确定性增加；随着城市生命线系统逐步老化，加之人口与经济要素高度集聚带来的高次生风险，城市里子工程问题不断暴露；信息技术正在建构新的数据景观和空间，信息的流动正改变人们的交往和行为方式，并通过城市更新反作用于实体空间。在当前复杂环境和新背景下，城市更新从传统空间规划技术领域进入现代城市经济、社会、安全、环境保护、文化领域，需要研究城市更新的趋势需求，理顺城市更新逻辑，为更新规划和行动提出策略建议。

2　对城市更新逻辑的综述

城市更新相关主体和不同领域学者对城市更新逻辑的理解各不相同。经济学家偏向于市场理性；社会学家侧重于城市更新对社区、人群的影响；政府从政治理性出发，关注城市竞争力、民生保障和社会治理；规划师关注更新底线，保障公共利益。基于以上不同视角，需要对城市更新的逻辑进行再思考。

2.1　微观经济学视角：社会资本遵循市场理性

1979 年，尼尔·史密斯基于对欧美国家城区城市更新过程的观察提出"租差"理论，我国学者也广泛地使用租差理论解释中国式城市更新过程。地块建设初期，实际地租与潜在地租一致，而随着城市环境提升，基础设施改善，地块的潜在地租逐渐高于实际地租[1]，由此产生的差距为租差，即资本的利润空间。开发商、产权主体、经营者和金融机构等团体在城市更新中结成了"增长联盟"，他们具有相似的利益目标，期待在土地再开发中获取最大的回报率，土地财政模式下，政府也可视作"增长联盟"的一员[2]。当地块的租差扩大到足以支付城市更新所需的各项成本，并且能产生让"增长联盟"中各方满意的收益时[3]，城市更新行为便会发生。因此，现阶段社会资本参与的城市更新在我国长期集中在能产生较高租差收益、以拆除重建等为主的更新实践中[4]，而老旧小区改造、社区公共服务设施提升等租差不足甚至是负租差的更新项目往往参与不足[5]。

作为更新实施主体的开发商或产权主体，正在转变"短期逐利"的思维模式，选择以长期运营收入平衡改造收入，在商业商办类项目中表现为出租或自持，社区改造中则表现为物业、公共设施代管或社区商业，金融机构也能够通过经营产生的现金流实现资本的退出，是更新时期诞生的长周期"成本—收益"模型。

2.2　社会学视角：居民关注人居环境和社群文化

1987 年，洛根和莫勒奇观察到增长并非所有社会团体的利益诉求，本地社区居民更看重环境质量和生活品质，继而形成了与"增长联盟"相对的"反增长联盟"[6]。"反增长联盟"通常以居民为核心力量，对抗生活成本提高、居住环境恶化、地域文化丧失等一系列城市开发与再开发带来的负面问题。在"增长联盟"为主导的城市扩张时期，由于土地溢价的高利益诱惑，反增长力量通常被忽视，而城市更新时期，居民的主体意识提升，这种非正式治理"共同体"愈发能够影响城市更新决策，尤其是在社区尺度的城市更新中。

学者们发现，传统的拆除重建式改造和自下而上"预先设计"的理性规划往往会引起社区的对抗性行动，而通过参与式规划，实现主体间交往和协商共识，更新才能推动[7]。欧美国家和日本经过多年的探索，形成了"社区营造"的自主治理模式，一定地域范围内的社会共同体，通过自下而上的自组织和自治理，参与到解决社区问题的全过程中，有效保障了人居环境品质的提升、地域风貌独特性及文化的多样性保护[8]。这种以信任关系与协商关系为核心的自主治理模式突破了政府模式和私有化模式对公共资源治理的局限性[9]。

2.3　治理视角：政府和规划师保障空间正义和公共利益

政府作为城市管理者，需要提供完善的物质和社会基础、高品质的环境和生活方式，实现经济增长和社会高质量发展，这是城市可持续发展和全球化竞争的客观要求。20 世纪 70 年代，为对抗新自由主义盛行带来的弊端，空间正义理论兴起，探索如何遵循一种正义的价值理念，实现平等的空间使用以及资源分配[10]。过去政府通过卖地的收入来完善社会公共品的供给，随着土地财政失灵，政府逐渐脱离追逐利润的"增长联盟"，从"公司化"的政府逐渐转变为"监管型"政府，成为"空间正义"的守门员。由于政府对资本循环过程具有较强的掌控能力，对社会资源分配具有较强的决策能力，能够根据城市空间生产需要以及资源分布情况，制定遵循空间正义价值理念的公共政策[10]，通过政令驱动、制度保障等权力运行机制，从外部促进和保障城市更新实践的启动与运作[5]。

城市规划师将城市规划作为公共政策工具，将社会、经济、政治、文化要素投射在空间上，规划是空间正义实现的媒介，其运行涵盖了行政、市场、社会参与等多模态机制[11]，天然就成为多元利益主体进行互动和博弈的平台，空间治理过程的载体[12]。规划要以存量空间资源的统筹利用为核心，关注物质空间、经济产业、社会民生等方面综合发展[13]，为社会提供最优的公共产品，实现城市系统优化。

3　适应精细化调整的规划转型

3.1　规划编制方法的转变

3.1.1　现代主义规划理论不适用于当下复杂的更新条件

在过去快速城镇化、城市扩张阶段，规划对象以净地为主，规划方法主要受现代主义规划思想影响，重视城市的功能分区和交通效率，在关注土地功能划分的基础上有效平衡人的需求。1916 年纽约市颁布的《综合分区法》，是现代城市规划领域的一个里程碑，首次全面地对城市土地功能进行划分。之后的规划实践融入了社会学、经济学、政治学等领域的知识片段，包括芝加哥学派与城市社会分化、土地经济学理论与城市级差地租、政治学理论与城市社区权力结构等。

在日益多样的后现代城市社会，现代主义规划解释和维护的整齐划一的城市空间逐渐瓦解。当前存量更新为主的阶段，规划对象是建成区，以及涉及诸多产权主体的建筑，同时城市更新还面临着多元的人群结构、老旧和闲置的建筑、成熟或衰败的企业等复杂现实。西方国家 1970 年代步入城市更新阶段后，规划学者开始反思现代主义规划，列斐伏尔创立了空间生产的知识和理论，其认为资本主义生产由空间中事物的生产，转向了空间本身的生产。[14]基于"空间生产"理论视角，城市更新是挖掘存量资源、重塑城市价值的过程，将空间的物理属性与精神和社会属性匹配，从而激发城市生产力。

3.1.2　更新规划需要精细化匹配各类要素

在增长时期的总体规划中，土地利用方式是规划的重要内容，人和产业的发展需求都在用地上体现，一张蓝图是规划的主要呈现形式。人口是与建设用地规模挂钩的重要指标，人口增长是规划的假设前提。

存量时期的更新规划需要客观认识人口变化规律，深入研究城市人口结构和特征，并融入社会学、行为学、心理学等多学科知识，从而通过城市更新精准匹配人群需求。土地和房屋不再是房地产开发的工具，而是城市更新中城市价值再创造的载体，并为不断迭代升级的企业提供空间支撑。

因此在存量更新时代，传统现代主义规划"地—功能—人"的技术逻辑体现出诸多不适应性。城市更新需要基于对城市存量资源"人、地、房、企"的理性分析判断，发挥更新规划对资源配置的战略作用，坚持以人民为中心的发展

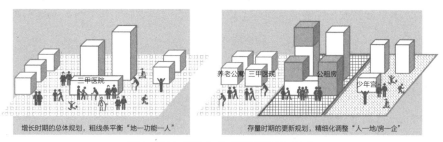

图 1　增长时期与存量时期规划逻辑示意图

理念，通过精细化匹配"人—地/房—企"等要素，调整空间结构、人口分布、资金分配，达到优化空间结构和提升功能的目的（图 1）。

3.2　更新规划角色：发挥战略作用，优化空间结构和提升功能

3.2.1　建立城市"人、地、房、企"的底数，识别城市问题

城市更新专项规划中，一是要排摸城市"人、地、房、企"底数，搭建全要素覆盖、动态更新的数据底座。研究城市人口结构、分布和变化特征，土地存量、减量和增量，建筑类型、规模和建设年代特征，企业规模、构成和变化特征。二是在盘清家底的基础上梳理结构账，包括居住、产业、商办、公共建筑等的数量和分布特征，结合市场需求分析空间的供需关系。三是梳理存量空间总账，回答存量资源"有多少、在哪里、是什么"等问题。杭州更新专项规划梳理了老旧居住空间、低效产业空间、低效商办空间、历史文化空间、消极公共空间、老旧城市设施六类对象底图底数。宁波更新专项规划中摸清了老旧社区、老旧厂区、城中村、小城镇、滨水地区、历史街区六类对象底图底数。基于以上底数底账，结合调研座谈等，识别城市结构和功能问题，作为城市更新规划的工作基础。

3.2.2　城市更新促进空间结构优化和功能提升

当前城市面临着中心城区楼宇闲置、或老城人口老龄化、或新城动力不足、或滨水空间消极化等结构性问题，城市更新能够推动功能要素与空间布局相适应，从而优化城市空间结构、强化产业空间保障、加快新旧动能转换，为高质量发展提供有力支撑。

上海市近年来把城市体检作为统筹城市规划建设管理的重要抓手，以大数据分析为手段，基于数据监测和现场调研，识别了"中心城区人口老龄化严重""商务办公超前供给，中心城区楼宇空置率持续走高""制造业被赶超，中心城区研发强转化弱"等城市问题。为了吸引青年人回归中心城区、激发中心城区创新活力、优化城市结构，上海市通过新城老城联动的住房政策和服务设施，探索了"趸租模式"，为新市民、青年人在中心城区提供保租房；推动若干老旧商务楼宇更新试

点，在中心城区提供低成本创新创业空间；推动低效产业用地更新，支撑企业从研发到近域转化，补充中心城区创新转化环节。

宁波市是城市体检、城市更新、城市设计三项国家试点城市，建立了城市体检—城市更新一体化的信息平台，开展了人、地、房、企的精细化资源摸底，在更新专项规划中提出了"两单一图"，即"问题清单""需求清单"和"潜力地图"。从问题维度，识别了六类空间的现存问题。从需求维度，聚焦城市发展结构和战略板块，增加面向新青年、新市民和创新企业的空间供给。对于中心城区存在的约300万平方米闲置楼宇和约106平方千米低效工业用地，从城市新旧动能转化和空间结构优化出发，聚焦三江口核心区、城市发展轴线划定24个老城提质片区，推动挖潜商务楼宇和老旧厂房，解决老城区功能老化、人口流失问题。城乡接合部有序推进城中村改造，补齐民生短板，增强基础设施，改善务工蓝领和生命线就业群体生活条件。推动三江六岸全线开放贯通，提升"千园万巷"空间品质，激发城市标志性公共空间活力。

4　适应系统性工作的方式转变

4.1　城市更新的行动导向

4.1.1　城市目标需要通过城市更新行动落实

英国学者彼得·罗伯茨（Peter Roberts）与休·塞克斯（Hugh Sykes）合著的《城市更新手册》一书对城市更新的界定产生了广泛影响。他们提出："城市更新是综合协调和统筹兼顾的目标和行动，这种综合协调和统筹兼顾的目标和行动引导着城市问题的解决，这种综合协调和统筹兼顾的目标和行动寻求持续改善亟待发展地区的经济、物质、社会和环境条件。"[15]

杨保军认为城市更新行动和以往的学术概念有所不同，内涵更加丰富，要上升到战略高度来认识。[16]王富海等认为"列入国家战略部署的城市更新行动，其要义是城市开发建设方式的转变，要让城市的规划建设从过去的远景目标拉动走向渐进改善的道路，即城市建设的2.0；城市更新行动如何充分体现城市发展的总体目标与战略"。[17]

4.1.2　城市更新需要系统性工作指引行动

传统规划的一张蓝图难以指导城市开展更新行动，难以推进城市更新项目落地，难以满足更新中的城市治理需求。城市更新规划的实践工作现在已不局限于空间规划内容，在与政府、市场主体、市民等多方沟通的过程中，逐渐转变成一项整合空间规划、搭建平台、创新体制机制的系统性工作。

4.2 更新工作内容：整合空间资源，开展系统性工作

4.2.1 整合空间资源，配套实施机制

北京、上海、广州、深圳等城市更新走在全国前列的城市，都通过更新整合空间资源，实现空间价值增值，同时政府完善金融、财税、土地等支持政策，改革创新城市更新体制机制。上海城市更新工作起步早、成功实践多，在过去 30 年中针对各类空间资源开展了持续的更新工作，大致经历了五个阶段：解决居住问题的危棚简屋改造，探索历史风貌地区的成片改造，形象提升导向的保护和产业空间更新，创新创业导向的存量资源盘活，资源紧约束下的多元有机更新。与之伴随的是持续的机制创新，土地从批租到招拍挂、再到组合供地，资金从地块内平衡到区域平衡、跨区统筹，统筹主体从政府主导到功能性国企主导、再到鼓励市场参与。

从北京、深圳、广州、天津、宁波等已经编制的城市更新专项规划看，均是基于体检评估和底数底账梳理，识别城市问题和存量空间，提出分类分条线的更新策略和更新机制，并通过划定更新单元或者更新片区，以片区整体谋划协调条线工作，整合存量空间资源，配套片区更新机制，推进地区整体焕新。

宁波城市更新专项规划针对老城地区功能衰退、滨水地区活力欠缺、城乡接合部民生短板、古镇老街闲置衰败等问题，划定了 55 个更新片区，确定四类更新政策分区，且配套特定更新政策。明确了统筹主体的遴选机制和权责范围；研究制定了片区更新专项奖补资金政策和融资优惠政策，引导资源和资金集中投放；创新提出了土地供应、打包审批等政策建议，简化更新项目审批流程。

4.2.2 建构传导机制，明确各层级工作重点

通过建构更新规划传导机制，建立层级对应、事权明确、便于实施的城市更新规划体系。明确更新规划的层级、规划任务和传导内容，支撑城市总体目标的层层落实。

北京市建立了"总体规划—专项规划—街区控规—更新项目实施方案"的城市更新工作体系。印发《北京市城市更新专项规划》，将专项规划作为落实总体规划的重要手段和指导编制街区控规、更新项目实施方案的重要依据，突出减量发展要求，细化提出首都功能核心区、中心城区等城市不同圈层更新的目标方向，统筹空间资源与更新任务、统筹规划编审与行动计划、统筹项目实施与政策机制、统筹实施主体与管理部门。

杭州建立了"总体规划—专项规划—区级建设规划与更新计划—片区规划策划"的城市更新工作体系。市级专项规划侧重于对下位更新规划引导和统筹推进

重大更新项目，制定更新对象的评判标准和评价维度，形成针对不同对象的更新指引和针对行政区的一区一策指引，划定市级战略性更新区域，编制市级层面的城市更新行动方案。区级建设规划与更新计划侧重于更新工作的梳理和推动近期更新项目实施，基于区级更新资源的识别，划定更新单元，编制更新近期行动计划，并推动更新单元实施方案编制。片区规划策划基于统筹主体归集重点区块的产权基础上，规划示意性实施方案，具体包含土地方案、规划方案、资金方案和公共要素全生命周期管理清单。

宁波建立了"总体规划—专项规划—片区规划策划"的城市更新工作体系，形成"规划加策划、策划转行动、行动推项目"的城市更新实施框架。强化市级统筹，探索建立"市级统筹、部门协同、市区联动、以区为主、分层落实"的工作机制，形成"领导小组 + 大专班 + 专家委"的市级统筹机制，针对六大更新行动，成立城乡风貌整治提升（城乡更新建设）工作专班。

4.2.3　搭建更新智慧管控平台

未来完善政府与市场、市民等多元城市更新主体"多方合作、公众参与、共建共享"的共治机制，需要搭建面向多元主体的城市更新智慧管控平台，强化城市更新信息透明化，降低城市更新阻力，为高效推进城市更新提供保障。需要研发适配政府端、市场端、市民端需求的管理服务信息化产品，面向政府端提供城市更新政策发布、政策解释、更新潜力资源地块、更新项目监管系统等模块，面向市场端提供城市更新土地（房屋）信息发布、优惠政策包、案例展示、收益预测模块，面向市民端提供项目公示、市民意见反馈等模块。

5　适应投建管运的实施转型

5.1　更新方案的实施导向

5.1.1　传统规划内容滞后于更新建设的需要

传统规划从空间出发，侧重空间的功能分配、底线控制和形态引导，往往以未来蓝图为方向，缺少对建设项目的经济测算和后续经营的考量，而基于建成现状的更新项目更加强调实施落成，需要能集成对现状资产的评估、对资金渠道的挖掘、对业态的精准策划、对方案的收益测算的综合方案。

5.1.2　单线作战，各个环节的主体工作脱节

城市更新的过程是"规—投—建—管—运—维"的过程，需要规划师、实施主体、估价师、设计师、策划师、运营人才、金融顾问、法律顾问提供多方专业服务。不管是规划主管部门还是规划技术单位都没有能力打通所有环节，包揽所

有职能。但目前规划、建筑、估价、策划、运营缺少沟通的平台、协作的机制，各方单打独斗，增加了城市更新的隐形成本。

5.2　更新实施协作：整合多专业，形成可落地的更新方案与协作机制

5.2.1　拓展内容，编制面向实施的更新方案

北京的更新地区规划综合实施方案、深圳的城市更新单元规划、广州的城市更新片区策划、上海的区域更新方案，都在传统空间方案之外，增加了更新方式、利益平衡、实践路径、管理运营、实施时序等内容[18]。面向实施，前端深入评估现状，方案中融入规划策划，后端增加资金方案和配套保障政策。宁波中和片区的更新规划集成化展现了这种新趋势，首先基于体检等梳理出城市的问题清单、意愿清单与发展清单，由此形成更新项目库，通过设计和策划统筹项目落位，制定多渠道筹资方案，提出促进落地的创新政策，形成了前端更细致、中端更具象、后端更保障的片区更新方案。

5.2.2　调动多方资源，共同助力城市更新

要保障更新方案的实施可行性，应搭建多专业合作的平台，让金融师、估价师、策划师、运营方、建筑师、景观设计师等共同参与到更新方案的制定中，为项目的资金筹措、招商运营、建筑和景观设计提供专业保障。

在资金筹措方面，采取"补贴找一点，平台融一点，市场募一点，百姓筹一点"的模式，形成政府、平台公司、民营资本和居民共同出资的资金方案，充分调动政府财政、奖补资金、银行贷款、专项债、基金和自有资金等多个资金渠道。

在招商运营方面，应洞察人群需求，前置运营环节，精准匹配空间特色和业态要求。全球经验显示一般城市更新的周期约 10 年，传统的先开发后运营模式，开发主体缺乏对人群功能需求的深层次研判，往往定位模糊，导致最终业态与最初愿景相去甚远，无法产生长期活力。而运营前置就是从策划、规划、设计阶段开始，就将运营管理纳入其中[19]。运营团队提前介入有利于深入挖掘场地现有资源，尤其是地方历史文化与景观要素的利用，保障空间设计与后期功能业态匹配，降低后续运营的成本，确保有限的空间资源被精准地利用[20]。越来越多的企业关注到"运营前置"的价值，逐步培育运营人、主理人，形成持续的经营动力。

在建筑和景观设计方面，应鼓励优质的、非标准化的设计。普适化的设计已无法满足当前市民对美的需求，艺术化的、在地化的、独一无二的设计才能推动地区价值的再激活。上海愚园路更新聚焦生活的艺术化和艺术的生活化，长沙潮

宗街街区改造争做处处都是"打卡点"，引入了巨大的消费流量。规划师应向下连接建筑设计师、室内设计师、广告商，通过设计导则、设计审查建议的形式起到设计引领的作用。

6　协调各方利益的治理转型

6.1　存量时代利益分配机制转变

6.1.1　微利时代利益再分配机制不清晰

高利润时代土地开发和利益分配机制是清晰的，而微利时代城市更新缺少清晰的利益再分配规则。基于租差理论，对于土地所有权和处分权的一次分配有着明确的政府和公众利益、市场私人利益和业主私人利益的分配，而再分配的情况下，公共利益和私人利益的增长根据不同的更新情况而被不同的主体所捕获，政府、公众、市场和业主很难确保自己获得预期的利益，因此对城市更新行为更加谨慎（图2）。

6.1.2　更新五方的收益方式存在不同的困境

相较一般认为的市场、政府、居民的三方主体，城市更新实际上有实施主体、社区居民、金融方、政策方、第三方五方参与到整个"规—投—建—管—运—维"过程中，更新五方的收益逻辑有所不同且互相影响，难以达到动态平衡。实施主体逐渐从开发商转变为需要整合投、建、管、运的统一投资开发主体，除了资产类收益，还有服务类收益和股权类收益，以什么方式、多长周期实现财务平衡尚未有标准化的路径。社区居民未来很难一次性获得高额拆迁补偿，他们需要参与到就地更新中，改善社区环境，维护资产利益，但目前共建共享的模式尚不成熟。

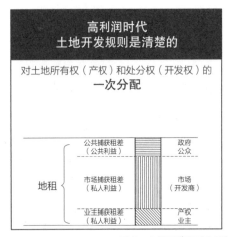
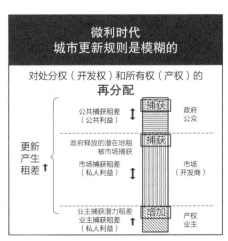

图2　土地开发和城市更新时代的利益分配模式比较

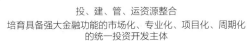

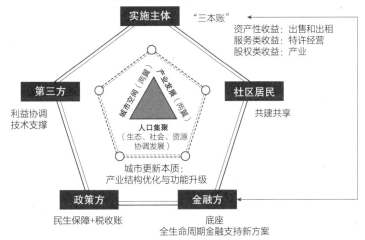

图 3　城市更新五方的关系

金融方过去一般只在建设、运营等单环节提供资金支持，城市更新难以短周期回收成本的情况下，缺少能适配长周期的金融工具来实现资本的增值。政策方作为公共利益的守门人角色，改善民生的净投入造成了巨大的财政压力，无法形成良性的资金循环。第三方充当利益协调者的角色，提供技术支撑，而实际上技术部门知识结构相对单一，对资源的调动和统筹能力十分有限（图 3）。

6.2　公共政策设计：回应各方诉求，建立标准化规则

推动可持续的城市更新，需要理解城市更新的五方逻辑，通过更新政策的设计，回应各方的利益诉求，形成最优的协调统筹方案。基于在上海、杭州、宁波等地持续服务的经验，本文从五方视角，提出公共政策建议，为未来城市更新规划与政策创新提供参考。

6.2.1　政策方：制定清晰的规则，持续经营城市

政策方要通过制定规则，用清晰便捷的流程、有限的公共财政撬动更多的社会资本，维护公共利益的同时缓解自身财政压力。建议一是建立标准化的更新流程。目前各城市已经创新出台更新局部流程优化的政策，但尚未形成一个完整且标准化的架构，让更新项目能够"按图索骥"地推进，应在逐步完善单个环节的基础上，最终形成可推广的标准化更新流程。根据目前多数城市的更新流程设计，在更新区域划定时，建议市级更新办公室牵头，市区两级联动划定。更新方案编制时，建议以规划主管部门牵头，多部门参与，更新方案、控规调整、近期项目方案联动审批，简化环节。项目建设时，建议采用告知许可承诺制、施工图建筑

师负责制来缩短时间。另外，应建立多方参与的标准机制，如专家委员会或三师在方案编制中的全过程参与方法。

二是需要制定精细的奖励机制。目前城市更新的各类奖补机制是模糊的，因地而异，因时而异，项目申报时没有稳定的参考依据，就无法广泛地刺激自下而上的更新热情。应逐步细化明确开发弹性中的要求和限度，并形成公开透明的参考指南，如容积率奖励制度、弹性用地、建筑用途转换等。新加坡 CBD 激励计划首先划定可获得奖励的地区，建立项目申请规则，说明不同利用模式下建议的激励措施，产权人通过阅读这个公开的计划自主提交大纲申请更新。日本东京更新地区则形成了一张容积率奖励表格，根据其对不同区位、不同类型的更新地区的控制目标，提供了详细的奖励计算方法（表 1）。

日本东京城市更新地区容积率奖励表格　　　　表 1

更新内容 ＼ 更新地区		中心城区据点区	核心据点	活力据点	区域据点	周边的核心据点	原城市中心	国际商务交流区	多摩创新交流区
总体容积率奖励上限		—	上限奖励 3.0	上限奖励 2.5	上限奖励 2.0		—	上限奖励 2.5	—
居住	促进住房供给	上限奖励 3.0—5.0	服务公寓：奖励容积率 =（建筑面积 / 基地面积）×200%（租赁型 ×100%）（安置型 ×100%）				—	—	—
	老旧住区更替	上限奖励 3.0—4.0（以外 2.0—3.0）					—	—	—
	配备住宿设施	—	奖励容积率 =（建筑面积 / 基地面积）×100%				—	—	—
环境	滨水活力空间	上限奖励 2.0	奖励容积率 =（设施面积 / 基地面积）× 系数 ×100%（系数根据地区条件改善情况确定，上限为 10）				—	—	—
	推进引导绿化	绿化促进区域（更高的绿化率要求，达成后奖励 7% 的容积率，未达成 -5% 的容积率）、促进区以外（达成后奖励 5% 的容积率，未达成 -5% 的容积率）　更新区外的绿色空间：奖励容积率 =（绿地面积 / 占地面积）× 系数 ×100%× 诱导系数（诱导系数为地方作出的努力）							
防灾	更新区外建设	可奖励 2.0 容积率上限							

续表

更新内容 ＼ 更新地区		中心城区据点区	核心据点	活力据点	区域据点	周边的核心据点	原城市中心	国际商务交流区	多摩创新交流区
防灾	临时住宿设施	—	奖励容积率=（临时住宿建筑面积×0.4）/基地面积×100%				—	—	—
	水灾避难场所	—	奖励容积率=（避难收容空间面积×0.6）/基地面积×100%				—	—	—
全龄友好	育儿设施建设	—	奖励容积率=（建筑面积/基地面积）×100%				—	—	—
	适老设施建设	—	奖励容积率=（建筑面积/基地面积）×100%				—	—	—
TOD城站一体化	步行网络建设	上限奖励2.0	奖励容积率=（设施面积/基地面积）×系数×100%（系数根据步行条件改善情况确定，上限为10）				—	—	—

三是需要明确产权流动规则。对于更新中可能产生的产权流动情况进行分类，建立明确的产权流动规则，让有意愿参与到城市更新的产权主体能够事先选择适用的产权流动模式。对国有企业和民营企业而言，在产权不变的情况下，可以引入开发商合作更新，产权改变的则可以采用收储出让或协议出让；对于小业主资产，产权不变的，应选定更新统筹主体推进，产权变化的，建议引入开发商共享收益。在实际的运作过程中，产权流动的情况更加复杂，尤其是随着分层出让等新形式的出现，分类模式将会更加多样，事先的规则制定会成为重中之重。

四是建立城市经营逻辑的财税支持方案。政府从供应土地转向经营城市，通过设立专项资金池、以奖代补、税收减免等财税政策，撬动社会资本，共同投入公共领域，创造高质量空间、高品质服务、足够的就业。空间增值带来的税收收益、专项收入等形成长期稳定的现金流，覆盖一般性公共服务支出，形成城市可持续经营的闭环过程。

6.2.2 金融方：提供全生命周期的适配金融工具

公共政策应鼓励金融方创新灵活金融工具，对城市更新项目完整周期进行适配支持。建议一是扩大政策性金融工具覆盖领域，创新长周期金融工具。成立城市更新"中央母基金"，拓展长期低息金融工具，扩大政策性银行服务范围，如扩大政策性金融服务范围，扩大现行专项债支撑领域，鼓励将符合标准的城市更新项目纳入特别国债支持范围。建议人民银行为商业银行提供城市更新领域的专项再贷款支持，支持商业银行对城市更新项目实行优惠利率，降低城市更新融资成本。

二是推进国家层面政策性金融立法，配套金融工具创新政策。明确可以投资的城市更新领域，优化融资担保方式。探索出台更新项目REITs政策，保障更新项目投资退出的闭环。建立城市更新领域特许经营制度，针对城市更新项目中的（准）公共服务设施，建立系统性（准）特许经营制度，通过公用事业经营收费和其他衍生的经营性收入平衡资金，将（准）特许经营产生的现金流统筹纳入项目收益考虑。

6.2.3　实施主体：保障统筹主体权责，实现理性收益

城市更新中建立统筹单元已成为各地共识，实施主体作为统筹主体，既需要政府赋能来发挥统筹职能，又需要长周期下的收益方式。建议一是细化统筹主体权责，细化统筹主体的遴选方法、职能权责和管理监督方式。界定各类更新片区的适用统筹主体，如公益补短板片区以政府、街道统筹为主，价值激活类片区以实施主体统筹为主，产业更新类片区以管委会统筹为主。北京近期出台的《北京市城市更新实施单元统筹主体确定管理办法（试行）》就明确了北京市城市更新实施单元统筹主体的确定路径，重点解决"谁能当主体""谁来确定主体""如何确定主体""主体能干什么""如何监督管理"五大问题。

二是保障企业理性的收益。结合城市更新实践案例，总结归纳多类产权主体、实施主体、运营主体可选择的运作模式，提供可参考的有限收益模式，保障社会资本的理性的收益。一方面，收益方案可以增强企业参与城市更新的信心，撬动社会资本；另一方面，也能激励各个主体自主地寻找适合其实际情况的运作方式，降低博弈时的沟通成本，加速更新过程。

6.2.4　社区市民：前置公共利益，激励自主更新

要调动社区市民参与城市更新，核心是要明确更新的收益和参与的机制，让市民有利可得，有路可循。因此，建议一是前置清晰的公共利益。基于现状底图底数的详细盘摸，应建立清晰的公共设施、公共空间、公共交通要素清单，并作为更新规划的前置性要求，在规划、设计、建设、管理过程中不能随意改变，保障居民的公共利益诉求。宁波中河街道更新就预先确定了更新中的公共利益清单，包括七类公共设施要素、三类公共空间要素和三类公共交通要素。

二是建立自主更新的路径。鼓励居民自主更新，需要为他们提供明确的资金方案、可选择的设计方案、适配的流程设计。浙江出台了因地制宜的资金平衡方案，给不同家庭提供多户型的方案设计，确定了"双轮抽签"流程，实现了多例居民自主承担改造费用的老旧小区就地更新。以杭州浙工新村为例，居民申请重

建老旧小区，居民承担了 80% 的改造费用，业主最低只要出资 10 万，即可享受户均面积、配套设施和停车位的增加，剩余资金则由政府专项资金补贴。

三是保障以人民为中心的基层治理。发挥街道、社区规划师等一线工作者的力量，搭建居民共建共治的平台，有助于提升居民的主人翁意识，自主参与更新过程，自觉维护更新结果。如北京的责任规划师制度引入了 64 家单位，近 300 个团队，协助街道和居民开展老旧小区改造、公共空间改造等更新工作；街道针对百姓反映突出问题、应急处置、综合执法等可进行"吹哨"，各条线部门快速响应，向下连接；上海以 15 分钟生活圈为平台，搭建了居民全过程参与的机制，居民们通过信息平台出谋划策，共筹建设资金。

6.2.5 第三方：人才队伍转型

规划师正在经历从功能策划师到城市"跨界"操盘手的角色转变。这要求规划师们保持开放心态，开展跨界交流会、咨询会、研讨会，加强与投资方、操盘方、运营方、甲方的沟通交流，边学边干，逐渐成为城市更新的"百科全书"。企业人才、政府管理人员也需要增加知识储备，把握国家政策及政策资金的动态导向，掌握城市建设投融资模式，理解社会资本开发经营的方式和逻辑，才能共同实现城市高质量的治理。参与智慧城市建设的信息平台人员在数据处理技术以外，也应当提升规划素养，才能够提供安全风险评估、交通模拟、碳排放模拟、职住平衡模拟等城市切实需要的数据支持。

7 结语

城市更新的逻辑需要顺应时代不断调整，城市更新是城市战略，需要因城施策解决实际问题；是工作过程，需要系统性地实现城市提升；是实施方案，需要多专业融合贯通协同工作；是公共政策，需要协调各方利益的治理思维。城市规划应当回应当下城市更新的逻辑转变，才能更好地助力城市高质量发展。

参考文献

[1] 丁寿颐. "租差" 理论视角的城市更新制度——以广州为例 [J]. 城市规划，2019，43（12）：69-77.

[2] 陈浩，张京祥，吴启焰. 转型期城市空间再开发中非均衡博弈的透视——政治经济学的视角 [J]. 城市规划学刊，2010（5）：33-40.

[3] 宋伟轩，刘春卉，汪毅，等. 基于 "租差" 理论的城市居住空间中产阶层化研究——以南京内城为例 [J]. 地理学报，2017，72（12）：2115-2130.

[4] 唐燕，刘畅. 存量更新与减量规划导向下的北京市控规变革 [J]. 规划师，2021，37（18）：5-10.

[5] 阳建强，孙丽萍，朱雨溪. 城市存量土地更新的动力机制研究 [J]. 西部人居环境学刊，2024，39（1）：1-7.

[6] 陈浩，张京祥，林存松. 城市空间开发中的 "反增长政治" 研究——基于南京 "老城南事件" 的实证 [J]. 城市规划，2015，39（4）：19-26.

[7] 赵楠楠. "冲突—共识"：城市更新规划的公众利益实现路径——基于恩宁路二期和碧江社区实证 [J]. 城市规划，2024，48（4）：51-58.

[8] 胡澎. 日本 "社区营造" 论——从 "市民参与" 到 "市民主体" [J]. 日本学刊，2013（3）：119-134，159-160.

[9] 罗家德，孙瑜，谢朝霞，等. 自组织运作过程中的能人现象 [J]. 中国社会科学，2013（10）：86-101，206.

[10] 刘鹏飞，赵海月. 空间政治经济学视角下的城市更新 [J]. 学术交流，2016（12）：135-139.

[11] 苗野，石晓冬. 通过规划治理构建城市更新新秩序 [N]. 中国房地产报，2024-05-13（006）.

[12] 陈易. 转型期中国城市更新的空间治理研究：机制与模式 [D]. 南京：南京大学，2016.

[13] 唐燕，叶珩羽，殷小勇. 城市更新专项规划编制的内容体系构成与关键技术路径 [J]. 规划师，2024，40（2）：8-16.

[14] 列斐伏尔. 都市革命 [M]. 刘怀玉，张笑夷，劲超，译. 北京：首都师范大学出版社，2018.

[15] 彼得·罗伯茨，休·塞克斯. 城市更新手册 [M]. 叶齐茂，倪晓晖，译. 北京：中国建筑工业出版社，2009.

[16] 杨保军. 实施城市更新行动的核心要义 [J]. 中国勘察设计，2021（10）：10-13.

[17] 王富海，阳建强，王世福，等. 如何理解推进城市更新行动 [J]. 城市规划，2022，46（2）：20-24.

[18] 唐燕，殷小勇，叶珩羽. 协同视角下城市更新规划的定位、层级与运作——基于北、上、广、深等地城市更新制度的研究与比较 [C]// 中国城市规划学会. 人民城市，规划赋能——2022 中国城市规划年会论文集（02 城市更新）. 北京：中国建筑工业出版社，2023：13.

[19] 周喜，梁志刚，金琳. 运营前置视角下城市更新实施路径探析 [J]. 城市建筑空间，2023，30（3）：20-23.

[20] 恽爽. 运营前置推进城市更新规划实施 [J]. 城市设计，2022（3）：14-21.

袁奇峰，中国城市规划学会组织工作委员会、区域规划与城市经济专业委员会委员，乡村规划与建设分会副主任委员，华南理工大学建筑学院、亚热带建筑与城市科学全国重点实验室教授、博士生导师

李如如，华南理工大学建筑学院博士研究生，美国北卡罗来纳大学教堂山分校联合培养博士研究生

潘卓鸿，东莞市城建规划设计院规划师

潘
卓
鸿

李
如
如

袁
奇
峰

小街区空间公共性有效供给机制研究
——以珠江新城居住街坊为例

2015 年 12 月，中央城市工作会议提出"原则上不再建立封闭住宅小区，已建成的住宅小区和单位大院要逐步打开……"。2018 年 12 月，《城市居住区规划设计标准》GB 50180—2018（以下称《2018 居住标准》）开始实施，明确居住区应采取"小街区、密路网"的布局模式；以"居住街坊"为居住基本单元，并限定居住街坊的规模和尺度（2—4 公顷）；对各级生活圈和居住街坊内的公共绿地的建设也提出了要求，以改善城市公共性 [1]。

区别于交通、市政、教育、医疗卫生及警察、安保等城市生活必需设施，公园绿地、图书馆、休闲娱乐等设施是提高城市居民生活水平及质量的设施 [2]。在公园绿地等各类公共空间中，相比有政府财政支持的城市级公共空间，社区级公共空间的供给往往受到忽视。然而，社区公共空间的存在和共享性恰恰是小街区中开放小区的重要特征之一 [3]，同时，公共空间的本质是空间公共性 [4]。

若按照产权公有来定义公共空间的话，土地所有权公有的中国城市的公共空间必然是最具有公共性，但现实并非如此 [5]，这也揭示了以所有权界定公共空间的问题所在。Nemeth 与 Schmidt 对纽约 62 个产权公有的公共空间与 89 个产权私有的公共空间（POPS）的公共性进行定量测度，其结果表明两者在公共性上没有显著区别 [6]。对私有产权公共空间的承认，极大地突破了传统公共空间的范围，丰富了公共空间的类型，同时也意味着公共空间的价值追求能够回归到其本质——人的使用这一话题上来 [7]。

因此，笔者从公共空间的本质——空间公共性出发，以具有小街区特征的珠江新城居住街坊中分别代表公有和私有公共空间模式的典型案例，探讨小街区中社区空间公共性存在的困局，并试图揭示其内在逻辑，进而对小街区社区公共空间的有效供给提出相应的改进建议。

1　珠江新城的规划历程——典型的小街区模式

作为城市中心，珠江新城代表着广州当代公共空间建设的水平，其经历了两版均采取"小街区、密路网"的控规方案。然而，因开发模式的差异，珠江新城呈现出两种不同的居住空间形态，其丰富的公共空间可为广州当代城市公共性的研究提供众多良好素材。

1.1　珠江新城 1993 版控规——城市轴线 + 中央公园 + 小方格街道开发模式

1992 年，珠江新城的建设被提出。1993 年，美国托马斯服务公司以"城市轴线 + 中央公园 + 小方格街道"为理念的方案成为珠江新城城市设计国际竞赛的优胜方案。同年，以该方案为基础的控规《广州市新城市中心——珠江新城综合规划方案》获批（以下称《1993 规划》）。《1993 规划》将珠江新城划分为 15 个功能区、402 个边长为 50—80 米的规则矩形开发地块[8]，目的是通过高密度支路网或建筑退让用地红线空间而形成的公共通道来增加地块可达性以及城市空间整体的公共性[9]。

然而，对按照《1993 规划》建成的典型街坊 I1 的分析可知，《1993 规划》在实际建设管理中导致了建筑排排坐、街道墙失控等城市形态问题。使用者从城市公共街道直接进入私密的单体建筑的情况，使街坊空间的过渡作用基本丧失。另外，单体建筑的开发商又千方百计通过将支路网私密化、专用化来建构这种从公共空间到私密空间的过渡，并通过物业管理将街坊的内街用围栏等工具将其辟为专用车道以及将建筑退让街道的空间作为专用停车场，导致城市街道和街坊完全丧失了空间的公共性（图 1）。

1.2　珠江新城 2003 版控规——计划单元综合开发模式

1999 年，广州开始对珠江新城检讨，并在 2003 年完成控规成果《GCBD21——珠江新城规划检讨》（以下称《2003 规划》）。《2003 规划》采用了国际通行的"计划单元综合开发（PUD）"模式，将《1993 规划》中的若干个由支路划分开的小型开发地块合并为一个扩大单元，形成 150—250 米的矩形街坊，街坊内再细分 2—4 个 1—1.5 公顷的开发地块[10]（图 2）。建筑采取周边围合的布局，以争取最大的街坊围合公共空间，同时有利于形成完整的城市"街道墙"[9]。现今看来，《2003 规划》中的居住街坊尺度也与《2018 居住标准》中 2—4 公顷的街坊尺度要求较为契合。

在启动规划修编时，珠江新城内有相当比例的土地已按《1993 规划》出让给了开发商及已赔偿给了因建设珠江新城而失地的村民，然而属于未建状态。因此，

图 1　小地块 + 方格网模式下的实施效果（I1 街坊）
资料来源：平面图根据《1993 规划》或百度地图绘制，照片为笔者自摄

《2003 规划》希望通过规划介入，采用 PUD 模式增进城市空间公共性，并根据产权划分了两类社区公共绿地：第一类是能够明确划出产权的社区公共绿地，政府对其保留了对应绿地的公共产权，属于社区公有公共绿地；第二类是通过规划干

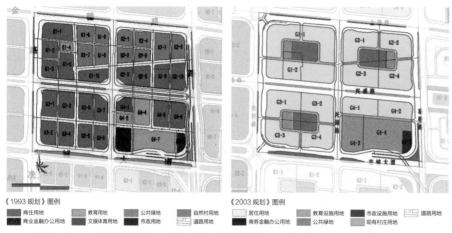

《1993 规划》图例
■ 商住用地　　　■ 教育用地　　　■ 公共绿地　　　■ 自然村用地
■ 商业金融办公用地　■ 文娱体育用地　　■ 市政用地　　　□ 道路用地

《2003 规划》图例
□ 居住用地　　　■ 教育设施用地　　　■ 市政设施用地　　□ 道路用地
■ 商务金融办公用地　■ 公共绿地　　　　　■ 现有村庄用地

图 2　《1993 规划》小地块＋方格网模式（左）与《2003 规划》PUD 模式（右）的对比
资料来源：根据《1993 规划》和《2003 规划》绘制

预，在已经出让或有产权主体但又未建设的地块内划定了绿地范围，规定新建小
区采用周边式布局而出现的集中绿地，希望这些产权各异、空间连片的绿地能够
成为相邻地块之间共享的"半公共绿地"，性质属私有公共空间[11]。

　　从规划实施情况看，这些绿地在空间上都留出来了，然而使用情况究竟如何
呢？因此，笔者在珠江新城建成的街坊中，选取了 D5 与 G2 街坊分别作为社区公
有公共空间与社区私有公共空间的代表，从规划、建设、管理三个角度对其进行
跟踪考察和分析（图 3）。

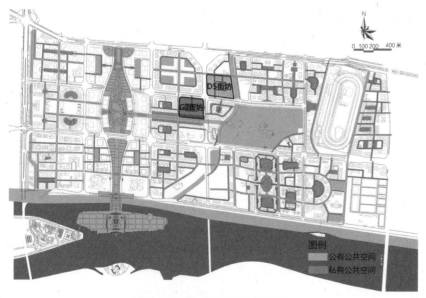

图例
■ 公有公共空间
■ 私有公共空间

图 3　珠江新城公共空间的规划体系
资料来源：笔者根据《2003 规划》绘制

2　社区公有公共空间模式的困惑——以 D5 街坊绿地为例

2.1　规划情况

在 D5 街坊规划中，D5-6 地块占地 0.57 公顷，用地性质为公共绿地，即社区公园。《2003 规划》通过出让高强度的净开发用地（容积率 8—10），将周边小区内的公共绿地集中起来，规模化设置公共空间，起到促进邻里交往、老人锻炼、儿童游戏等社区活动的作用（图 4）。

图 4　D5 街坊在《2003 规划》中的规划情况
资料来源：笔者根据《2003 规划》绘制

2.2　建设与使用情况

单从空间布局来看，D5 街坊切实反映了《2003 规划》的设想，但 D5-6 地块的实际建设与使用情况却不佳。时至今日，地块作为公共绿地仅通过简单的植被铺设与绿化种植以满足基本的视觉绿化效果，与周边小区内部精致的花园形成鲜明对比；公园没有明确的管理单位，基本无人问津，内部活动设施锈迹斑斑；部分绿地直接作为废弃共享单车的停放场所，甚至成为堆放生活垃圾的场所，破坏严重（图 5）。

2.3　开发与管理情况

D5-6 地块属于政府保留下来用作社区公共绿地的储备土地。因产权公有，其投资主体应为区政府。通过对管理 D5 街坊的金园社区居民委员会访谈可知，政府未对该公园投入建设资金，公园建设是临近的丽 × 花园的开发商在楼盘建设时，为了楼盘销售效果而进行的绿化处理，后原天河区园林局未对带有经济属性的公园进行验收。

公共空间一般由区政府财政统一拨款，建设完成后交由街道办事处的城市管

图5　D5街坊实际使用现状情况
资料来源：左上图根据百度地图绘制，其余为笔者自绘或自摄

理科负责实际的维护和管理工作。但政府未对D5-6地块验收，也就没有将其列入公园绿地管理名录中，统一的管理费用自然也未落实到D5-6地块，最后也就造成了D5-6地块基本处于无人打理的状态。经访谈，丽 × 花园的物业管理人员表示："该公园平时并无人员进来打扫，因为公园主要靠近丽 × 花园，所以物管会组织清洁工人对靠近自己小区且有碍小区景观的公园进行整理，费用由丽 × 花园承担"。然而，周边小区物管（尚 ×·美御与丹 × 阳光）认为该社区公园对自己小区没有影响，且未有业主就此提出相关问题，便未对其管理。

事实上，作为社区公园的公有公共绿地在各版《广州市绿化条例》中本身就出现了双重的身份，性质含糊。从投资主体来看，D5-6地块满足政府投资建设的公共绿地的性质，应属园林局负责管理工作，费用由财政拨款；然而，从使用性质来看，它又同时符合居住区绿地的类型，那么其该由居住区内的业主来负责，费用也该由业主来承担。这样双重的身份造成了管理权责主体的不清晰，一方面政府部门认为该公园是住区公园的范畴，并且开发商为提升销售时的小区品质和房价溢价，确实也进行了公园的建设；另一方面，负责各小区管理的物业公司认为D5-6地块既然属于政府保留下来用作社区公共绿地的储备土地，即使在自家门口也无权过多干涉，即使最后交由小区物业公司进行管理，在产权公有的情况下，也难以保证各个小区保持同样的参与积极性。此外，据金园社区相关人员透露："社区管辖范围内很少出现政府建设的社区绿地的先例，街道办与区园林局正在对 D5-6 地块的困境商讨具体的解决方案"。这从侧面也反映了，公有社区公共空间容易出现后期复杂的管理权责关系，也直面了小街区中的社区公园到底归谁管的问题。

从 D5-6 地块可知，政府本质上还是本着大街区时代下封闭小区"谁建设、谁负责"的原则，希望社区公园旁的小区开发商作为供给和管理主体，这基本是当前各地在社区公园上的普遍做法。然而，随着小街区的推行，为周边小区服务的小型社区公有公共空间将会越来越多，其供给及管理将是个大问题。

2.4　公有模式下，政府角色在社区公共空间的迷失

笔者对珠江新城其他社区的公有公共空间进一步考察后发现，社区公园这类小型公有公共空间都存在着开发与管理不善的情况。这说明政府在社区公共空间的供给上不具备效率，主要体现在政府在公共空间建设上出现负向的"规模效应"以及管理上的"公地悲剧"。

（1）产权公有下，公有公共空间建设中的"规模效应"

"规模效应"是指产权公有的制度安排在大型公共空间的开发上具有较高的效率，而在小型社区公共空间的开发上则相反。产权公有的制度安排就意味着政府承担公共空间投资开发的责任。在过去 20 年间，政府在珠江新城建设了一系列省、市级公共空间，如花城广场、珠江公园、滨江绿带等。相反，小型公共空间的建设却不尽人意。一方面，由于政府有限的财政与自身政绩价值的追求，使得政府更青睐于大型公有公共空间的投资建设。并且大型公共空间的建设和维护都有专项资金的保证，政府的责任十分明确，能较好地实现空间的公共性，在实际运作中也显示出不错的效果[12]。如花城广场作为广州新中轴线的一部分，就是由政府专门成立广州新中轴建设有限公司进行开发、建设与管理。其各项支出由财政兜底，现已成为广州最著名的公共空间之一。另一方面，政府在决策过程中采用的无差异偏好策略，在小型公有公共空间的建设上容易出现决策的偏差，导致生产出来的公共空间与市民的需求可能不相符合。此外，因社区公有公共空间的维护工作下放到街道办事处，相应的资金又难以得到保证，必然会出现管理不善的情况。

这种长期过分依赖单一的政府供给的策略，会导致各类城市公共空间在规模上的结构性失衡（图 6）。以公共绿地为例，广州公共绿地中与市民日常活动密切相关的街头绿地、社区绿地等小型的公共绿地，只占到全市绿地总面积的 1.3% 左右[13]。

（2）产权公有下，公有公共空间管理中的"公地悲剧"

"公地悲剧"最早来源于哈丁所假设的"公共草场放牧"的场景——在一个缺少私人产权安排的公共牧场中，他预示了公

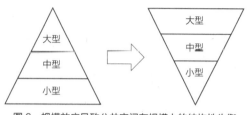

图 6　规模效应导致公共空间在规模上的结构性失衡
资料来源：笔者自绘

共财产被私人自利的行为"踢成碎片"的灾难。"公地悲剧"说明了公共物品属于"公共池塘资源"时，追求个人利益最大化的理性经济人，在不需要付费的情况下，会导致公共物品超额消费的结果。而社区公共空间因为规模小，更是具有了拥挤的属性。所以，在产权公有的制度安排下，容易出现私人不加节制地使用，甚至私人占有的行为。同时，政府的绿化条例或相关条例认为社区公共空间应由直接使用者来维护，在潜意识上出现了"不归我管"的怠慢态度，法律上的漏洞一定程度上造成了社区公有公共空间出现"产权主体虚位与责任主体虚位"的情况。

早在 20 世纪 60 年代的美国，随着政府权力的分散，城市中同样出现了大量维护不善的社区公有公共空间，推动社区公共空间的私有化管理和运作是美国城市的解决措施之一。为此，纽约通过修改区划法，成为第一个通过区划奖励政策来鼓励私人资本投资建设城市公共空间的城市[14]，即私有产权的公共空间（POPS）。事实上，在珠江新城，《2003 规划》也安排了私有公共空间，那么其效果如何呢？

3　社区公共空间私有模式的尝试——以 G2 街坊绿地为例

3.1　规划情况

与 D5 街坊不同的是，G2 街坊在土地出让时将公共绿地与开发用地一并捆绑出让，街坊内的社区公园属于私有公共空间。《2003 规划》规定"应采用联合建设的方式联合设计报建，待后建项目竣工时一并建成，费用根据开发量公平分摊"[10]。通过规划机制，政府让开发商共同筹资建设街坊社区公园，希望形成"一个个漂亮的小花园"（图 7）。

3.2　建设与使用情况

G2 街坊实际建设效果与《2003 规划》的愿景存在较大差距。具体来说，《2003 规划》中环绕社区公园的街坊道路只剩一条用以分割不同楼盘的消防通道，

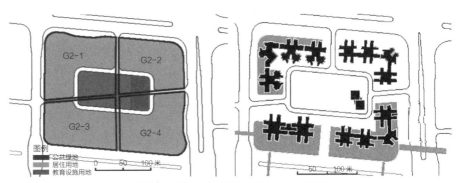

图7   G2街坊在《2003规划》中的规划情况

资料来源：笔者根据《2003规划》绘制

甚至某些开发商对消防通道也私有化。规划设想的社区公园并未形成，取而代之的是各小区用来显示"主权"的栏杆与围墙，规划中完整的社区公园被分割成三个私家花园（图8）。

3.3   开发与管理情况

在G2街坊中，G2-2与G2-4地块同为一个开发商（中×地产），小区名为璟×华庭。G2-1与G2-3也同为一个开发商（广州南×地产），但有实质上的差别，G2-1地块为冼村的回迁房（盈×花园），而G2-3地块为商品房（博×御轩）。因此，G2地块内由两个开发商开发，形成了三个项目，不同项目分别建

图8   G2街坊实际使用现状情况

资料来源：左上图根据百度地图绘制，其余为笔者自绘或自摄

设了各自产权红线内的绿地空间（图8）。在管理上，G2街坊则更为复杂，可以概括为"一街坊、三小区、两居民委员会、两物管"（表1）。

G2街坊的管理情况　　　　　　　　　　　表1

名称	性质	开发商	物管公司	居民委员会	业主委员会	小区公园
盈×花园	回迁房	广州南×集团	源×物管（旗下公司）	冼村居委	冼村村民委员会	半封闭管理
博×御轩	商品房	广州南×集团	中×物管（旗下公司）	金园居委	无	封闭管理
璟×华庭	商品房	中×集团	中×物管（旗下公司）	金园居委	无	封闭管理

资料来源：笔者自绘

从居民委员会管理情况来看，G2街坊内存在金园和冼村两个居民委员会：盈×花园是冼村的回迁房，属冼村居委管理；博×御轩和璟×华庭属金园居委管理。从物业管理情况来看，博×御轩和璟×华庭采取封闭管理方式，由开发商旗下的物管公司进行管理且开发商负责小区物管公司的聘任，均没有业主委员会；这两个小区的主要区别在于物业管理费标准，博×御轩为2.3元/（月×平方米），而璟×华庭为3.3元/（月×平方米）。然而，盈×花园采取半封闭管理方式，物业标准为1.9元/（月×平方米）。由于盈×花园内很多村民对外出租房子，人员流动性较大，难以实施门禁管理。盈×花园由开发商旗下的物管公司负责管理，但雇主是冼村村民委员会。考虑到盈×花园的业主都是村民，因此村民委员承担了业主委员会的职责。

调研后发现，盈×花园的使用边界与管理边界并不重合，内部花园的使用者实际上已经超出了小区的边界范围，附近小区的老人会带着小孩来使用盈×花园的公共设施。另外，G2街坊内的幼儿园及街坊南部小学的孩子放学后会经常结伴到盈×花园内的公共空间玩耍，这种现象证明了本属于小区内部的公共空间成为大家可以共享的私有公共空间的可能性。

3.4　私有模式下，社区公共空间私人利益与公共性的冲突

根据D5和G2案例，可以看到《2003规划》在小街坊公共空间营造上的努力。但在实际建设和使用过程中，规划中"漂亮的小花园"均未能如愿。在产权私有模式下，G2街坊社区公共空间遇到分散建设、分散管理到封闭使用的尴尬局面。笔者认为主要原因如下：

（1）产权私有下，公共性交易成本与开发商的成本规避

在G2街坊，《2003规划》试图通过地块控制，让多个开发商将相邻绿地整合起来以增加街坊的公共性。但是，多开发商介入在建设过程中必然会产生交易

成本，尤其是协商成本。

《2003规划》规定G2这类街坊应采用"联合建设的方式联合设计报建"的策略。若按该策略执行，开发商在开发建设中会同时存在时间和空间上的问题。时间问题指，开发商开发建设小区的时间均不相同，极端情况是这边开发商建完了，那边开发商还是未知，进而产生巨大的交易成本；空间问题指，不同开发商对产品都有不同的建筑风格、不同的人群定位、不同的质量追求和不同的投入预算，而这种差别往往是开发商的营销策略之一，无法进行统一，并且这些差异又需要不同的管理维护标准。在控规没有强制规定的条件下，追求私人利益最大化的开发商通过各自建设的方式来消极地规避交易成本的产生。因此，建设策略的改变并没有改变开发商追求的交换价值（物业价值），但交易成本的减少，就意味着开发商其他价值的增加（图9）。因此，每个开发商在各自地块内建造空间割裂的私家园林。该现象在珠江新城屡见不鲜，甚至有更极端的情况，四个开发商同时进入却建设了四个私家花园。

根据制度经济学，好的制度设计应该做到减少社会的交易成本，然而《2003规划》的制度设计却增加了交易成本。为解释这一现象，笔者引用诺斯对"政治市场"与"私人市场"的对比分析。诺斯认为政治市场所涉及的是公共领域，公共领域的交易侧重公共效用，一般表现出高额的交易成本。而私人市场所涉及的是私人领域，以私人效用为标准。也就是说某些交易成本的付出是为了表达社会上各方利益的诉求、实现社会资源的均衡与共享所必须投入的。对于私人开发商而言，这些成本和其他的成本被无差别地混在一起。而对于代表公共利益的政府而言，这类成本的产生与公共利益的实现是密切相关的。

可以认为在多开发商介入的私有公共空间建设中，所产生的交易成本同样具有公共性。在某种程度上，这类成本的存在代表了空间的公共性。但从开发商角

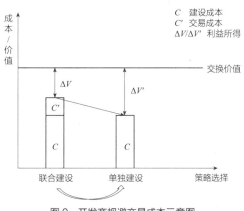

图9　开发商规避交易成本示意图

资料来源：笔者自绘

度来看，这类成本对其私人利益而言是有害的。最终，开发商采取应用围墙隔离、独自建设的消极方式规避了公共性交易成本，也因此导致私有公共空间的分割及公共性的丧失。

（2）产权私有下，公共性带来的潜在帕累托改进与补偿机制的缺失

产权私有的社区空间公共性的增加，不仅在建设阶段会给开发商带来额外的交易成本，在管理阶段也会给住户带来额外的使用成本，主要有三个方面的体现：第一，公共使用可能造成社区不安全[15]，尤其是在社会差距较为悬殊的情况下；第二，公共使用会造成公共空间的拥挤，降低业主的使用价值；第三，公共使用引起了公共空间额外的管理维护成本。街坊社区公园的开放虽然增加了社会的总体利益，但并没有增加街坊内居民的自身利益，反而增加了私人的使用成本。因此，正常情况下，私人产权的社区空间并不会提供给公众进行公共使用，私人利益与公共使用也由此产生了矛盾。

这一分析与"潜在帕累托改进"所假设的条件吻合。经济学家卡尔多与希克斯提出："如果某项变动，使受益者获得利益的总和足以弥补受损者损失利益的总和，这种增进社会总福利的改进就是潜在帕累托改进"。潜在帕累托改进必须建立在，经济变动中的受益者对受损者提供利益损失补偿，并且使得受益者的处境仍然能够维持在更好的基础上[16]。

对比社区私有公共空间，其在有效供给上缺少了必要的激励机制。公共空间供给的激励机制可以认为是以"潜在帕累托改进"为理论基础的，本质是以公共利益为导向的政府为了社会总福利的增进而采取的一项补偿机制。那么，激励机制的过程实质是代表公共利益的政府与代表私人利益的开发商/业主，就私有产权公共空间使用权的一次交易行为[17]。这种补偿机制同样也存在着有效的条件，假设 $U1$ 为产权所有者对公共空间的效用，$U2$ 为外来使用者对公共空间的效用，X 与 X' 分别代表拒绝公共使用与允许公共使用的效用情况，若 $\Delta U1<\Delta U2$，那么就可以认为公共空间的激励机制是有效的（图10）。这里隐含着一个前提，受益者一般为社会中的弱势群体，其边际效用大于受损者的边际成本。

4　小街区空间公共性有效供给的改进建议

公有公共空间的供给是在产权公有制度下，城市空间公共性的供给，其内在机制是政府主导下公共物品有效供给的制度安排；而私有公共空间的供给是在产权私有制度下，城市空间公共性的供给，其内在机制是政府为促进社会公平与增进社会总福利，而激励私人资本为市民提供公共空间的一项公共政策。然

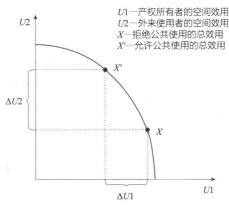

图 10　潜在帕累托改进的条件
资料来源：笔者自绘

而，根据珠江新城的案例，美好的规划并不能解决小街区空间公共性的有效供给：
①《1993 规划》划分的地块尺度过小，容易出现单一的住宅空间形态以及支路
和公共空间被私密化。②而《2003 规划》中的公有公共空间在建设中会出现负
向的"规模效应"和管理中的"公地悲剧"问题；私有公共空间则会出现公共性
交易成本与开发商的成本规避以及因公共性带来的潜在帕累托改进与补偿机制的
缺失等问题。

相比较大街区开发模式，小街区开发本就是一个空间公共性整体提高的过程，
社区公园是小街区必不可少的一部分，原本内向的居住小区级绿地也将向社区公
园转变。笔者认为，在满足规划供给的基础上，空间公共性的供给还需安排公共
空间的使用制度及规则，应包括由规划机制、建设机制、管理机制、激励机制以
及监督机制组合成的一束制度，来保证公共空间同时具有物质条件与使用状态的
公共性，也就是完整的空间公共性（图 11）。

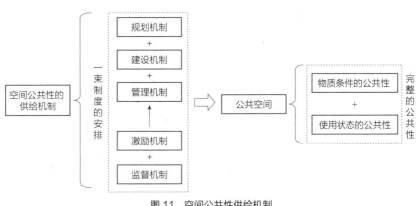

图 11　空间公共性供给机制
资料来源：笔者自绘

4.1 规划机制的改进——控制土地出让尺度及建立公共与私密明确的空间边界

在规划时，应研究居住用地的尺度，既不能过大，也不能过小以规避本该属于城市公共空间的街道或公共空间被开发商私密化的可能（图1）。另外，简·雅各布斯在《美国大城市的死与生》中指出，公共空间和私人空间必须界线分明。这说明，在土地使用权出让中应有明确的边界，进而在设计中来构建公有公共空间—私有公共空间—半私密空间—私密空间这一完整的城市空间体系。其中，最为重要的是私有公共空间与私密空间的边界（图12）。

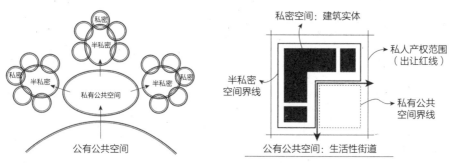

图12　完整的城市空间体系示意图
资料来源：笔者自绘

4.2 建设机制的改进——建立产权合理的制度安排

在产权公有的制度安排下，公共空间的开发建设由政府负责，容易忽略小型公共空间的开发。在产权私有的制度安排下，公共空间的开发建设由市场负责，但是市场一般无法胜任大型公共空间的建设。这意味着，产权制度的安排与公共空间的规模之间存在着密切的关系。从政府与市场之间存在的不同程度的合作关系中，可以演变出不同形式的开发机制（表2）。

公共空间的多元开发　　　　　　　　　　　　表2

组织形式	政府职能	产权归属	空间性质	适用范围
政府主导形式	全程负责	公有	公有公共空间	大型公共空间
政府与市场合作	项目外包	公有	↓	↓
	政府协调建设	私有		
市场主导形式	引导、激励、监管	私有	私有公共空间	小型公共空间

资料来源：笔者自绘

因此，产权的界定则变得尤为重要。产权界定是市场交易的先决条件，如果产权没有得到清楚的界定和保护，市场参与者将面临高昂的缔约成本等交易费用，难以通过交换实现资源的有效配置[18]。

4.3 管理机制的改进——建议地方立法以加强公共空间的管理规则约束，同时建立权责清晰与主体统一的运作模式

加强地方立法，使公共空间受管理规则约束：借鉴纽约和新加坡对社区公共空间的管理规则，建议各地加强公共空间的立法研究，使得社区公共空间的使用得到地方法规的支持。

建立以公共空间为纽带的街坊共同体，实现管理主体的统一：借鉴郑州市的以楼宇为单位的业主代表协调委员会制度，笔者建议在居民委员会的协调下，建立以街坊为单元的街坊共议区。街坊共议区的管理范围与居民委员会、业主委员会之间有着不同的分工。街坊共议区针对的对象是街坊内的私有公共空间，业主委员会针对的对象是不同楼宇间的半私密空间，而居民委员会针对的对象是街坊与街坊之间的社区公共空间（图13）。

改进社区管理手段，促进私有公共空间的公共使用：以半私密空间作为门禁防卫单元以代替门禁小区。根据中山某城市风景小区的经验，门禁防卫单元的占地标准一般为 0.5—1 公顷[15]。G2 街坊的 G2-4 开发地块纯居住用地面积为 0.9公顷，也就刚好成为一个门禁防卫单元的标准。而这样一个门禁防卫单元实质上是以半私密空间为组织基础的，单元内部可以有封闭的宅前绿化、老人休憩设施、幼儿游戏场地等基本设施。而其他较大的公共设施与公共绿地应该布局在私有公共空间内[19]。这样的管理手段可以减少公共使用与私人利益间的冲突，有助于实现私有公共空间的公共性。

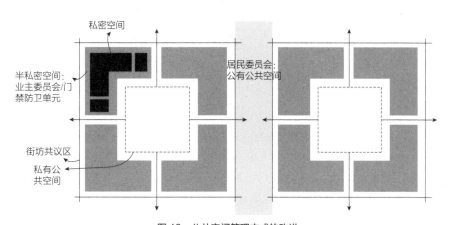

图 13　公共空间管理方式的改进
资料来源：笔者自绘

4.4　激励机制的改进——建立私人利益损失的有效补偿机制

明确激励对象：不管是前期开发建设还是后期管理维护，激励机制的对象是因公共空间供给而产生额外费用的实际承担者。在实际运作中，所有权的转移往往会使前期开发建设与后期的管理维护出现不同的产权主体，此时政府的激励机制就应准确地对应相应的利益受损者，避免在这一过程中某些利益团体窃取不应当的补偿（图 14）。

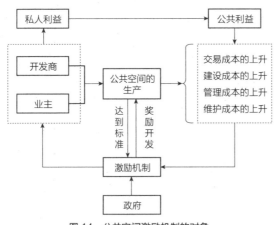

图 14　公共空间激励机制的对象

资料来源：笔者自绘

明确准入标准：通过对纽约区划法的分析可知，产权私有下的公共空间的激励机制必须建立在一套完整可行的准入标准上，这样才能保证在公共空间开发与管理过程中对品质的把控，而空间的公共性可以用物质形态和使用状态去衡量[4]。因此，笔者尝试从这两方面提出对空间公共性的要求（表 3）。

公共空间激励机制准入标准　　　　　　　　　　　表 3

价值追求	目标设定	标准体系
公共性的 物质形态	公共空间的布局	步行可达性、视线穿透性、日照要求、围合空间要求、 形状规整要求、亲近的出入口设计等
	公共空间的规模	规模要求、进深要求、面积要求
	公共空间的品质	空间整体性、休憩环境营造、坐憩设施数量、无障碍设施、绿 化要求、夜间照明质量、安保设施设置、公共空间标识
公共性的 使用状态	使用人群	不能拒绝正常的使用者、倡导使用人群的多样性
	行为方式	不能限制正常的行为方式、倡导使用方式的多样性
	频率与延续性	一定的使用频率、达到规定连续的开放时间

资料来源：笔者自绘

明确资金来源：在大街区时代，政府对这类供周边社区使用的小型公共空间本着"谁建设、谁负责"的态度，城建配套费未安排足够的资金给小型公共空间，难以保证小街区时代社区公共空间的有效供给。笔者建议，政府应坚持每年从土地出让金中划出一定比例的资金专门用于社区公共空间的供给；同时学习新加坡的绿地绿化管理经验，成立城市绿化基金会，鼓励市民以个人名义捐赠资金并吸引境内外资金等方式形成多元化的资金来源[20]，以支持各地建设"公园里的城市"的目标。

4.5　监督机制的改进——建立公众参与的有效途径

公共空间的规划、开发、管理和运营是一个复杂的综合性过程，涉及土地、市政、经济、环境、社会等方面。一方面，我国的公共空间规划往往只是城市规划编制中的附属部分；另一方面，不同的公共空间分属不同部门管理，如城市公园归属园林部门、街道归属市政部门、康体设施归属文体部门等，缺乏一个集规划、开发、管理、运营于一体的公共空间监督管理体系。笔者认为可设立一个公共空间监督管理委员会制度，由该机构组织相关人员负责起草激励性公共空间条例、审批公共空间规划设计方案、验收公共空间的建设、定期检查公共空间的使用等工作，同时负责公共空间管理数据库的建设等相关工作（图 15 ）。

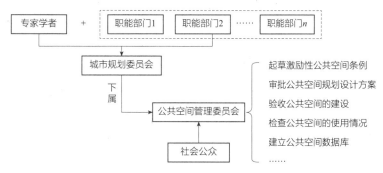

图 15　公共空间联合管理机构
资料来源：笔者自绘

公共空间在通过验收后，须在显著位置明确标识出相关内容，包括公共空间的开发者、管理者、使用规定、开放时间、设施数量等基本信息，以使信息透明化并杜绝所有者通过隐性手段规避公众使用的行为，增加公众监督的途径。

5　结语与讨论

在大街区时代，地块内的公共设施与公共绿地是由开发商按照"谁开发、谁配套"的开发模式，根据城市规划的要求进行配置。这种"排他性"的配置方式造成城市空间封闭、城市交通拥堵、公共服务设施低效、社会阶层分离等一系列负面影响。因此，"小街区、密路网"的开发模式在中国得到了推广。

当前，中国城市正经历从大街区向小街区转变的关键时期，笔者认为这不仅仅是增加道路网密度的过程，更是城市空间公共性整体提高的过程。因此，审视现有小街区中社区空间公共性供给制度以及提出相应的改进建议显得非常迫切。然而，根据对具有小街区特征的珠江新城居住街坊的分析可知，美好的规划并不能解决小街区空间公共性的所有问题。不管是社区公有公共空间还是私有公共空间，其空间公共性均受到严峻的挑战，面临难以有效供给的困局，未发挥社区公共空间的真正作用。

在满足规划供给的基础上，空间公共性的供给更需要有对空间的使用制度及规则的安排，并尝试从规划机制、建设机制、管理机制、激励机制、监督机制五个方面提出相应的改进建议。唯有如此，社区公园的公共性才能进一步提高，进而成为大众可共享的开放性公共物品，我国才能真正走向小街区时代。

参考文献

[1]　中华人民共和国住房和城乡建设部.城市居住区规划设计标准：GB 50180—2018[S].北京：中国建筑工业出版社，2018.

[2]　LINEBERRY R.L, WELCH R.E. Who gets what：Measuring the distribution of urban public services[J]. Social Science Quarterly，1974（54）：700–712.

[3]　罗璇，李如如，钟碧珠，等.回归"街坊"——居住区空间组织模式转变初探 [J]. 城市规划学刊，2019（3）：96–102.

[4]　王鲁民，马路阳.现代城市公共空间的公共性研究 [J]. 华中建筑，2002（3）：49–51.

[5]　王玲，王伟强.城市公共空间的公共经济学分析 [J]. 城市规划汇刊，2002（1）：40–44.

[6]　NEMETH J, SCHMIDT S. The privatization of public space：Modeling and measuring publicness[J]. Environment and Planning B：Planning and Design，2011（38）：5–23.

[7]　孙彤宇.从城市公共空间与建筑的耦合关系论城市公共空间的动态发展 [J]. 城市规划学刊，2012（5）：82–91.

[8]　广州市城市规划局.广州新城市中心——珠江新城综合规划方案 [R]. 广州：广州市城市规划局，1993.

[9]　袁奇峰.21世纪广州市中心商务区（GCBD21）探索 [J]. 城市规划汇刊，2001（4）：31–37.

[10]　广州市城市规划勘测设计研究院.GCBD21——珠江新城规划检讨 [R]. 广州：广州市城市规划勘测设计研究院，2003.

[11]　李如如，袁奇峰，韩高峰，等."小街区"还是"大街区"：珠江新城居住街坊城市支路私密化之困 [J]. 规划师，2021（13）：87–94.

[12]　丁少江，欧阳底梅.浅谈深圳市城市公共绿地管理的改革 [J]. 中国园林，2001（4）：57–58.

[13]　黄国涛，林本坚.广州城市公共绿地建设浅析 [J]. 科技信息，2008（20）：293–294.

[14]　NEMETH J, HOLLANDER J. Security zones and New York City's shrinking public space[J]. International Journal of Urban and Regional Research，2010，34（1）：20–34.

[15]　杨靖，马进.建立与城市互动的住区规划设计观 [J]. 城市规划，2007（9）：47–53.

[16]　吴伟.公共物品有效提供的经济学分析 [M]. 北京：经济科学出版社，2008：47–49，145–149.

[17]　张庭伟，于洋.经济全球化时代下城市公共空间的开发与管理 [J]. 城市规划学刊，2010（5）：1–14.

[18]　刘守英，路乾.产权安排与保护：现代秩序的基础 [J]. 学术月刊，2017（5）：40–47.

[19]　缪朴.亚太城市的公共空间——当前的问题与对策 [M]. 北京：中国建筑工业出版社，2007：3.

[20]　高翔伟.借鉴新加坡经验，加强上海城市绿化管理 [D]. 上海：复旦大学，2005.

熊健，中国城市规划学会常务理事、总体规划专业委员会副主任委员、学术工作委员会委员，上海市城市规划设计研究院党委书记、副院长，正高级工程师

卢弘旻，上海市城市规划设计研究院城市更新和公共空间促进中心高级工程师

宋煜，中国城市规划学会总体规划专业委员会青年委员，上海市城市规划设计研究院长三角空间发展战略研究中心主任，高级工程师

熊健
卢弘旻
宋煜

塑造社区共同体
——探讨低碳韧性社区的建设路径

当前中国城市已进入高质量发展阶段，但气候变化、自然灾害、公共安全等不确定因素带来的风险日益凸显，低碳韧性成为城市发展关注的重点。党的二十大报告提出"打造宜居、韧性、智慧城市"，2023 年 11 月习近平总书记在上海考察时强调"全面推进韧性安全城市建设"。"社区"作为城市生产生活和系统运行的基础单元，其应对风险的能力直接关系到城市整体的安全韧性水平。目前低碳韧性社区建设中"重工程，轻治理"的问题依然突出，而学界对低碳韧性社区的探讨聚焦于理论层面、技术层面，缺少实践经验对理论研究的支撑，缺少从治理角度探讨低碳韧性社区的建设。上海作为超大城市精细化治理的样本，具有良好的基础和条件，以上海为例，探讨以塑造社区共同体为路径的低碳韧性社区建设之路具有积极的意义。

1　建设低碳韧性社区的重要意义

1.1　"低碳韧性"成为全球城市可持续发展共识

1980 年代以来，气候问题逐渐成为影响人类发展的重要议题（图 1）。为应对气候变化挑战，国际社会通过签署《联合国气候变化框架公约》《京都议定书》《巴黎协定》《2030 年可持续发展议程》等公约，建立了低碳转型与可持续发展的全球共识。同时，各国相继出台纲领性文件和政策法规，将低碳韧性的建设转化为实际举措。党的二十大报告和国家"十四五"规划也明确强调"宜居""绿色""韧性"在城市建设中的重要性。"低碳韧性"一方面是要求最大限度地利用清洁能源、减少生态破坏与环境污染，另一方面则是通过提升社区自组织能力应对不确定的自然和社会压力。

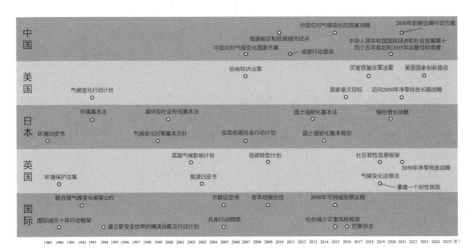

图 1　国内外低碳韧性相关重要文件梳理
资料来源：笔者自绘

1.2　社区是建设低碳韧性城市的基本单元

社区的特点决定了社区是践行低碳韧性理念的基层治理单元。一是社区与人深度链接。社区由一定空间、一定人口、共同情感三大要素组成。社区的减碳潜力和韧性能力依赖于社区中每一个具体的"人"的共同意识与行动，社区居民在行动中加强联系、积累社会资本，并反馈于社区环境的维护，二者相辅相成[1]。二是社区是城市治理的基本单元，是自上而下公共管理体系中的基层环节。随着治理重心的下移，社区成为减碳的前端、抗击灾害的一线，是自上而下落实低碳战略与自下而上社会行动的重要桥梁。三是社区具有可复制意义。以社区为单元开展试点实践，系统集成低碳韧性的经验做法，具备实施性、操作性和推广性。

1.3　当前低碳韧性社区建设难点

1.3.1　自上而下尚未形成统一的理念共识

低碳韧性社区被普遍认为是物质性建设问题，"人"的重要作用往往被忽视。比如部分政府文件将社区工作、生活圈建设等同于社区服务设施配置。社区建设被认为是政府一家责任，多主体参与渠道少且不通畅，而居民也缺少主体性，无法实现实质性参与。居民既对自身面临的风险及其潜在影响缺乏充分认知，也缺乏积极主动的责任意识，将低碳韧性社区建设寄托于"自上而下"的政府管理。此外，居民之间未产生互动、交流和合作的交集，只是物理空间上的邻居，权利意识强、公共精神弱、缺乏"家园感"。对于低碳韧性社区建设来说，政府主导的建设是引导性、基础性的，更重要的是倚赖于社区居民的低碳生活共同意识的形成，这有待于公民意识的培育，且必将是一个长期过程。

1.3.2 缺少统筹各方力量、系统指导的顶层设计

当前社区治理的核心问题在于社区原子化、社会资本薄弱，居民无法自发地联系起来从而具备自组织能力，而风险的复杂性又要求低碳韧性社区建设工作系统化、专业化和精细化，需要加强整体统筹和指导。上海"十四五"规划提出"共建安全韧性城市"，强调以社区为重心筑牢超大城市治理的稳固底盘，但全市层面尚缺乏鼓励多元参与、统筹各方力量、系统指导建设的顶层设计。当前低碳韧性社区建设仍具有很强的行政化特征，各方力量参与缺少接口和指导，公众参与的操作细则、社会组织的培育政策等缺失。

1.3.3 社区共建的广度、深度有待加强

当前社区共建面临高度的"社区折叠"，参与人员单一、参与频次不足、参与深度浅层化。从广度上看，相关主体参与社区建设和治理的覆盖度不足：多数居民主体极少参与社区事务；社会组织参与机制不顺、动力不足，协同合作和资源配置的作用难以充分发挥；社区规划师的工作权限缺少指引，影响其参与的能动性和话语权。从深度上看，社区共建的内容和范围较为有限，主要集中在调研与公示阶段，在决策制定、方案编制、行动实施、后续维护等过程中都缺少常态化的参与路径与机制。

2 低碳韧性社区与社区共同体的耦合关系

2.1 低碳韧性社区的核心要义：既要关注环境、也要关注人

国内外对低碳韧性社区的研究普遍认为，低碳韧性社区具有多样性、变化适应性、模块性、创新性、迅捷的反馈能力、社会资本储备以及生态服务能力七大特征[2]，并受物质要素、文化要素和社会资本共同作用[3]；英国《伦敦城市韧性战略2020》也着重关注在低碳社区构建中人、空间、过程三大要素的重要性。低碳韧性社区发展和研究历程变化展现出"比空间更重要的，是连接人与人的关系"[4]（图2），"人"的作用越来越重要，社群及社会网络的作用[5]越来越突出，通过社会性建设激励社区成员改变行为模式可以达到降低社区碳排放强度、增强抗击风险能力的目的[6]。因此，塑造社区共同体，将成为建设好低碳韧性社区的核心，发挥着重要的调节、内驱和导向作用。

2.2 社区共同体的本质属性：认同性、熟人化、自组织

"社区"最初就包含"共同体"的含义，是由共同利益、共同文化、共同情感、共同习俗而结成的社会共同体。德国社会学家费迪南·滕尼斯在1887年《共

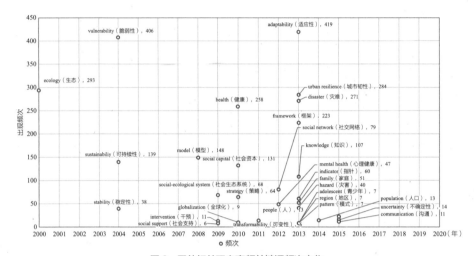

图2　国外相关研究高频关键词频次变化
资料来源：笔者根据相关研究成果 [7] 整理自绘

同体与社会》提出"Gemeinschaft"一词，德语原意不强调"地域"而是"基于
情感或血缘关系的社会关系"，强调共同体的认同感和归属感。"社区共同体"引
入中国后，经历了从强调空间的"社区"逐步向强调社会网络的"共同体"演化
的过程 [8]。

　　"社区共同体"本质是人、事和组织的结合，是以共同议题为纽带的人的
组织和合作，因此其本质属性在于价值认同、熟人网络、自组织能力，体现为
三方面的具体特征。一是认同性，价值认同是社区共同体的基础。只有当社区
成员深刻认识低碳韧性、可持续发展等理念，价值观上达成一致，才能形成稳
定的社区环境，为建立熟人网络和自组织能力奠定基础。二是熟人化，熟人网
络是社区共同体的核心。在价值认同的基础上，社区成员通过互帮互助形成基
于私人身份的人格化交往 [9] 和基于信任、互惠、依赖关系的熟人网络。熟人网
络的存在能增强社区成员协作的紧密性，有利于共同应对挑战，推动社区可持
续发展。三是自组织，自组织能力是社区共同体的关键。自组织能力使社区在
没有外界干预的情况下能自行组织、协调和解决问题。这对建设低碳韧性社区
至关重要，非中心化、具备强大自组织能力的社区才能够迅速适应变化、有效
应对挑战。

2.3　塑造社区共同体是建设低碳韧性社区的重要路径

　　社区共同体与低碳韧性社区两者的核心都围绕着"人"，均聚焦于社会韧性。
低碳韧性社区是服务于社区共同体的客体环境，当以低碳韧性社区为建设目标时，
社区共同体是建设主体，塑造社区共同体则是建设路径。低碳韧性社区建设既要

做好硬环境，更要以更有温度、更加人性化的方式强化软环境建设、构建社区共同体，共同形成社区强韧性。塑造社区共同体支撑低碳韧性社区建设主要体现在四个方面：

提供强大的社会资本。社区共同体通过长期相互合作，积累大量的社会资本，包括居民间的信任、互助和合作精神，这些都是低碳韧性社区建设至关重要的资源。社会资本的存在提高了社区的应对能力和恢复能力。

促进信息共享和资源整合。社区共同体内部建立的紧密社会网络使信息能在居民间迅速传播。这种信息共享机制有助于及时传递环保理念、节能知识和应对灾害的技巧，还能有效整合资源，为低碳韧性社区建设提供物质和人力支持。

增强居民参与意识和自我管理。社区共同体建设使居民更加关心社区事务，愿为社区发展贡献自己的力量。这种参与意识和自我管理能力将转化为居民自发组织的行动，从而提升社区的整体韧性。

塑造低碳韧性的社区文化。社区共同体建立的基础即文化价值观的一致性，与低碳韧性社区建设理念高度契合。通过塑造和传播这种可持续的社区文化，社区共同体为低碳韧性社区的建设提供了有力的文化支撑。

3　基于社区共同体的低碳韧性社区建设框架

基于"塑造社区共同体是实现低碳韧性社区的重要路径"的认识，本文旨在构建一个基于社区共同体、"人—时—空"三要素支撑的低碳韧性社区建设框架（图3）："人"的维度关注从思想到行动，"空间"维度关注实体空间和虚拟空间，"时间"维度关注变化的过程。

具体而言，共同价值是基石。社区共同体培育有赖于共同价值的建立，共同价值是居民参与社区公共事务的驱动力。只有建立起共同目标，明确社区共同体核心价值观，才能有效指导和推动后续工作。共建议题是纽带。以空间、时间、治理三个维度构建共建议题。社会网络、社会资本的形成是居民参与一个个共建议题的达成过程，在这个过程中，发现并培养社区领袖，鼓励居民加强互动、参与社区活动，增强居民

图3　低碳韧性社区建设框架示意图
资料来源：笔者自绘

链接、积累社会资本，增强社区认同意识和归属感，提升社区的自组织能力。复合场景是载体。社区共同体需要增强社区成员横向的联系和互动[10]。共建议题拉近了同好群体，复合场景则通过社区活动、文化交流等各类功能在同一时空的复合、叠加，创造不可预知的连结机会，持续强化社区居民之间的连结。有机更新是准则。社会网络是社区场所系统所体现的一种社会功能，社会网络的发展需要物质空间场所作为媒介。宜人的公共空间、和谐的邻里关系，经过长久的积累便形成一种具有内聚力的场所精神，交织出错综复杂的社会网络。时空维度的小规模、渐进式的有机更新，使既已建立的熟人网络基本盘得以稳定但又逐步演进，能避免大拆大建对社区网络带来的破坏。数字社区是补充。数字技术以一种"脱域"的方式在更大尺度上形成共同体认同，构建全过程、扁平化、线性化的沟通机制，有助于社区价值形成。另外，数字技术能极大促进居民随时随地和高频高效的沟通交流，快速捕捉居民感兴趣的共同议题，有助于社区活动的丰富和互动的加强。随着互联网原住民成长，未来数字社区在社区共同体塑造、低碳韧性社区建设方面将发挥更重要的作用。

4　建设路径与上海实践

4.1　建立共识，利用共商平台强化社区价值观

低碳韧性社区的建设重在转变和提升社区居民意识和理念。共识建立的过程需要借助长期驻地的外力帮助，搭建平台，倡导为主，遵循"利益—行动—情感"逐层递进的原则，鼓励居民参与，引导居民协商，增强居民连结，从利益共同体向情感共同体转化，最终形成低碳韧性生活方式的共识和社区自组织能力。其中，长期驻地力量的引导不可忽视。在地组织通过自身影响力、专业性和资源网，推动社区居民理解和认同低碳韧性理念，形成共同体共识。其主要包括党建引领、企业引导、社会组织引导和专家引导四种模式。

4.1.1　党建引领模式

党建引领模式是我国建立社区共同体共识的独特制度优势，依靠基层党组织充分发挥党员动员优势、治理协调优势以及资源调配优势，建立社区共识，支撑低碳韧性社区建设。不同社区根据居民认知基础、介入程度不同，"党建引领"又分为"主导型""协商型""引导型"[11]，随着社区意识的觉醒，正逐步从"主导型"向"协商型""引导型"变化。以上海市黄浦区外滩街道山北社区为例，2022年山北社区启动社区生活圈更新行动，涉及慢行空间、口袋公园、社区服务等多项低碳韧性建设内容。行动初期以山北社区党总支主导协商为主，依托"零距离

家园理事会"平台以及线下、电话、微信、小区"心愿风铃"等多个渠道收集居民意见建议，随后围绕难点痛点问题，开始采用一周一例会方式协调解决居民矛盾，而针对维护难题，党总支组织大走访，通过 6 次居民议事会商议确定并发布了居民公约《如意里住户守则》1.0 版，共同维护改造成果。基于笔者全程跟踪调研，由于前期"全员全过程参与"凝聚了共识，居民满意度高，也意识到参与社区建设与自己息息相关，居民的主动性和社区的自组织能力大幅提升。

4.1.2　企业引导模式

企业引导模式由负责社区或街区运营的企业开展。当前主要房产企业纷纷探索转型方向，强化延伸运营端产业链，培育社区共识。企业引导低碳韧性社区建设也是应对存量时代、突出社区比较优势、体现企业社会责任的重要方式。企业引导低碳韧性社区建设更为直接，具有组织协调、资金调配、实施建设等优势。以上海市静安区疗愈花园建设为例，花园位于华 × 集团所开发的新小区，住户之间缺乏社会资本的积累，住户原子化现象普遍。华 × 集团改变以往单纯"卖房"模式，更强调运营，希望通过居民参与促进社区共识形成。在疗愈花园的策划、设计阶段，通过举办各类工作坊为社区居民搭建交流互动的平台：自然教育工坊，让居民一起聊疗愈、画花园；共创花园工作坊，鼓励居民用黏土设计自己的花园；闲置物艺术改装工作坊，引导居民将闲置物品重新设计变成全新艺术品装点花园；养护公约工作坊，组织居民协商花园维护规则。这一系列活动不仅丰富了居民业余生活，更潜移默化地培养居民的低碳生活意识，强化了居民连结和社区韧性。

4.1.3　社会组织引导模式

社会组织引导模式是国内外较为常见的方式。通过社会组织在地营造，引导当地居民、商家、管理者等不同主体在共建行动中形成社区共识和内生动力。这类社会组织在日本、中国台湾发展相对成熟，如日本东京世田谷社区营造中心以及台东区历史都市研究会、中国台湾南投桃米社区发展协会等，所服务社区经多年运营已具备较好的自组织能力。上海社会组织起步较晚，始于 2010 年代，目前社会组织角色的重要性日益显现，发挥着不可或缺的主导作用。以上海市长宁区新华路街道为例，大鱼营造作为该街道的在地组织，主导或参与了街道几乎所有的社区行动。其中，入选"联合国开发计划署全球环境基金小额赠款计划"的"零废弃社区营造行动"即是由该组织和新华路社区伙伴共同设计、共同推动、共同申报；通过"思辨设计"工作坊等形式探讨零废弃社区建设方案；举办"社区花园节"等节庆活动以及讲座课堂，引导市民学习专业知识，倡导低碳生活方式；组织"有种行动队"等自组织团体持续践行低碳生活理念，带动更多居民参与。

4.1.4　专家引导模式

专家引导模式包括各类高校和专业机构的老师、专家、社区规划师等，借鉴国际经验，带研究成果入社区，提升居民认识，专业团队也可以为低碳韧性社区建设提供智力支持、人力保障和项目支撑。北京、台湾等地社区营造都离不开在地大学或责任规划师、社区规划师的支撑，他们助力基层政府孵化更多给当地群众带来真正获得感、幸福感、安全感的项目。以上海市杨浦区五角场街道为例，街道周边高校和社区规划师资源丰富，各方围绕社区花园建设，发掘社区达人作用或自发共商形成各项自治公约，积极孵化活动、升维共识，提升居民认同感、加深情感联系。通过长期的在地陪伴式服务，专家与社区形成良好的互动机制，共同推动了社区共识的形成。

4.2　社区共建，在共建场景中建立居民强连结网络

低碳韧性社区的共识是在行动中逐步形成并最终确立。社区的每个人都是空间的使用者，通过参与式规划，从广泛动员、深度调查、共同决策、共同建设、共同维护的完整工作闭环入手，建立全过程的社区共建模式，让社区居民全过程自觉自主参与，从而将规划建设过程变成凝结共识的过程。上海围绕共建15分钟社区生活圈，推动低碳韧性社区的在地化建设，逐步增强居民的强连结网络。

4.2.1　前端：共享氛围的培育

建设前的氛围培育，采用活动引流吸引居民参与，创造居民交往的时空场景。上海市静安区南京西路街道社区规划实践基地2023年正式成立，2024年进入实质运作阶段，探索建立长期陪伴、持续互动、凝聚共识的工作机制，以多种方式持续推动低碳韧性社区建设。如举办公众开放的主题论坛，结合世界地球日，以生境花园为主题，由专家讲解并带领居民实地参观，通过专家与居民的互动，增强居民对韧性社区复原力的认识；采用野生动物记录小程序的方式，动员居民利用业余时间参与科研活动，培育全员参与低碳韧性社区建设的氛围。此外，像社区议事厅、参与式工作坊等形式，围绕低碳韧性议题，引导多元人群参与共议、共学、共绘，都是培育共享氛围的重要平台。

4.2.2　后端：共建行动的推进

建设后的维护行动，需要居民自觉参与，通过主题性、参与性活动增强居民交流和连结。以上海市长宁区江苏路街道生境花园为例，志愿者是维护社区建设成果的先行者，由热心居民、园艺爱好者以及专业人士共同组成，负责日常巡查、科普知识和街区历史讲解；群众是维护社区建设成果的主体，通过发动学校参与园地认养计划，带动少年儿童及其背后的家庭成员共同参与社区建设，比如愚一

小学认领并维护"愚露生花"园地。笔者从当地社区自治办了解到，自生境花园建成后，居民对社区自治共治的关注度有了显著提高，花园不仅是生态空间，更是增强居民交流的平台。

4.3 复合利用，创造不可预知的网络关联机会

社区作为城市应对未知挑战的基本单元，既要应对灾害带来的紧急状况，也要为不可预见的未来预留好可转化的空间，所以社区应具备复合多变、动态适应、开放生长的功能空间属性。

4.3.1 功能复合

复合功能的空间场所，满足多样需求，鼓励包容性的混合使用，使不同需求、不同爱好的人群在同一时空相遇，有助于增强多元人群链接与交往。上海各街镇邻里中心（人民坊）建设理念的核心即在于"功能复合"，旨在提供一站式的社区服务综合体。以普陀区 1690 党群服务中心为例，其所在的中远两湾城是上海内环内规模最大的小区，人口多、密度高、配套少，且可建设空间不足。在充分调研的基础上，2000 余平方米的服务中心设有社区食堂、图书角、卫生服务站、托老所、综合服务窗口、公共活动大厅等多类型空间，集成了党群、政务、生活、文体等综合功能，使得社区生活需求出行大幅降低，有效减少了社区碳排放；多样功能的集合也吸引了不同人群在同一时空汇聚并产生关联，促进了社区内部以及与城市不同社群的网络连结。

4.3.2 分时共享

分时共享有利于提高空间的利用效率、减少出行碳排放，而且更重要的是动态增强了社区的网络连结。在公共空间局促的中心地区、人流不相关联的楼间场地，分时利用可以营造易于人群产生更多积极互动的临时时空场所。上海街道空间的分时共享启动较早，较为典型的有静安区安义路、杨浦区大学路、黄浦区枫泾路的临时市集。临时市集越来越注重体验、情感连接和社群黏性等与社区韧性紧密相关的要素，积极融入社区，与当地居民进行互动，逐渐形成融合商业、文化、社区和公益于一体的综合性公共活动空间，对低碳韧性社区的作用逐渐增强。分时利用空间还包括早晚开放的学校操场、夜间或周末短时封路的步行街道，在不增加建设量的前提下，创造了空间共享的时段，增强了社区居民彼此的连结。

4.3.3 平急两用

平急两用同样是时间维度上的复合利用，只是更强调在预留紧急情况的韧性冗余的同时，创造居民日常连结的公共空间，以低碳的方式增强社区韧性。以长宁区闲下来合作社为例，其"闲置空间的激活、闲置物品的流通、闲暇时间的创

造"的理念和实践充分体现了低碳韧性的导向，以可持续的社会议题串联起可持续的社区网络。如利用小区的废弃闲置防空洞，激活闲置资源作为邻里共享、青年创业的空间。空间被划分为社区公共中心和青年众创中心两类区域：社区公共中心供居民共享，包括社区公共客厅、书吧、活动室、自习室以及便民服务等；青年众创中心提供低成本的工作空间和资源，支持青年主理人在社区中开展创业创新、文化交流。

4.4　有机更新，小规模渐进式维护既有社区网络

低碳韧性社区建设应以小规模、渐进式、协商型为主。从低碳韧性角度看，小规模更新能避免大规模的、突兀的改变，有效减少拆除带来的碳排放，而渐进式推进则延续了既有社区网络，保留了社会资本。长宁区愚园路的更新历程充分展现了小规模渐进式更新的特点，体现在空间、业态和社会网络三个方面。空间上，愚园路从 2015 年更新之始，即转变"大拆大建"思维，保留原有历史风貌，从改造公共空间、生态空间入手，满足城市公共功能需求，如创邑 SPACE 草坪、长宁区少儿图书馆及工人文化宫翻新等，同时结合"城事设计节"开展多项微改造，通过公共艺术装置展示、主题快闪商店等方式赋予新的功能。业态上，2018年以来愚园路通过业态更新带动空间有机更新，如愚园百货公司、愚园公共市集的更新，强调功能带动，使空间改造服务于社区韧性建设。社会网络上，由于采用有机更新的方式，愚园路的"原真性"和"地方性"得到保留。笔者调研发现，愚园路熟人化程度高，新老居民、租客商户相熟相知、紧密连结，创意工作者的加入也为街区注入了新的活力。尽管愚园路操盘者创邑 SPACE 仅有约 35% 商铺物业经营权且分布零散，但相对稳定的社会网络和既已成熟的自组织能力推动愚园路的有机更新进入良性循环，许多个体产权物业自发更新并主动遵守社区的整体指导。

4.5　数字社区，多方式保持居民高效高频链接

数字社区，既包含传统熟人社区特性，又具备新的治理潜能。一是数字链接减少非必要出行，减少碳排放；二是数字技术创造人与人、人与社区的高效高频链接，弥补社区居民空间非在地性的不足，持续增强社区黏性。但数字赋能低碳韧性社区，核心仍应关注"人"，治理的"温度"比"速度"更重要。数字技术赋能、提升社区治理效率的同时，许多事务仍需线下解决，低碳韧性社区最终的效能仍体现在人的感知上，如居民矛盾的面对面协商、实地走访关怀弱势群体等。

4.5.1 通过数字社群链接人与人

一方面充分利用疫情期间建立起的社区微信社群，发起兴趣群组并转化为线下活动，强化人、物、空间要素的网络化组织，支撑低碳韧性社区行动的开展。这些社区组织和社群的发展也促进了社区凝聚力的提升，提升了居民的社区归属感。另一方面，依托大数据，借助 AI 技术研判社区关键议题、模拟空间优化方向、评估社区建设成效，为社区服务工作提供数字支撑和指导。如通过数字手段监测人与场景的链接，能对类似 2023 年万圣节巨鹿路狂欢等线上发起、线下集聚的活动作出及时反应，进一步增强治理韧性。

4.5.2 通过社区平台链接人与社区

社区小程序平台集成多种功能模块，连结个人与社区，及时反馈居民诉求，简化工作流程，可为居民提供全面高效的社区服务和资源流动。例如浦东新区花木街道基于智能化全息测绘技术建模，实现户、楼、小区、居委会、街道等多层级实时监测管理；长宁区江苏路街道通过"数字生活圈"小程序、"数字孪生街区"加强社区监测和运营；北新泾街道强化人工智能与社区服务相结合，聚焦康养、文体、金融、出行等建立了多元生活场景服务。

5 结语

社区作为城市治理基本单元，其低碳韧性的提升对于整个城市的可持续发展具有重要意义。塑造社区共同体，是低碳韧性社区建设的必然路径，通过凝聚低碳韧性的共同价值、积累强大的社会资本、促进信息共享和资源整合、增强居民参与意识和自我管理，可以有效地推动低碳韧性社区的建设。

上海正在探索中国特色超大城市治理现代化之路，低碳韧性社区是重要议题之一。通过建立基于社区共同体的低碳韧性社区建设框架体系，结合上海经验总结，从共同价值、共建行动、共用空间、有机更新、数字连接等五个方面，从思想到行动、从空间到时间、从实体到虚体的全维度角度，系统性地支撑引导低碳韧性社区建设。笔者也希望通过体系的建立，并以此作为低碳韧性社区建设的理论架构和逻辑主线，持续跟踪低碳韧性社区工作，深化实践的佐证和理论的演进。

参考文献

[1]　宋言奇. 刍议国内外生态社区研究进展及其特征、意义 [J]. 现代城市研究，2010，25（12）：5-10.

[2]　Allan P，Bryant M. Resilience as a framework for urbanism and recovery[J]. Journal of Landscape Architecture，2011，6（2）：34-45.

[3]　Ungar M. Community resilience for youth and families：Facilitative physical and social capital in contexts of adversity[J].Children and Youth Services Review，2011，33（9）：1742-1748.

[4]　山崎亮. 城市更新与公众参与 [J]. 风景园林，2021，28（9）：19-23.

[5]　吴晓林，谢伊云. 基于城市公共安全的韧性社区研究 [J]. 天津社会科学，2018（3）：87-92.

[6]　叶昌东，周春山. 低碳社区建设框架与形式 [J]. 现代城市研究，2010，25（8）：30-33.

[7]　许振宇，张心馨，曹蓉，等. 基于知识图谱的国内外韧性城市研究热点及趋势分析 [J]. 人文地理，2021，36（2）：82-90.

[8]　邓伟志. 社区：城市社会生活的共同体 [J]. 上海城市管理职业技术学院学报，2007（2）：2.

[9]　熊易寒. 社区共同体何以可能：人格化社会交往的消失与重建 [J]. 社会科学文摘，2019（9）：50-52.

[10]　高亚芹.“共同体”概念的学术演进与社区共同体的重构 [J]. 文化学刊，2013（3）：48-54.

[11]　陈毅，阚淑锦. 党建引领社区治理：三种类型的分析及其优化——基于上海市的调查 [J]. 探索，2019（6）：110-119.

段德罡
韩璐

段德罡，中国城市规划学会学术工作委员会委员、乡村规划与建设分会副主任委员，西安建筑科技大学教授、博士生导师

韩璐，西安建筑科技大学在读博士研究生

共建共治共享
——抱龙村乡村治理实验

1 引言

党的十九大报告中提出要打造"共建共治共享的社会治理格局"，"三共"治理理念的提出充分彰显了以人民为中心的社会治理模式，其内涵包括实体上的共同建设、行动上的共同治理以及成果的共同享有，体现了社会主义治理实践的丰富内涵[1]。自我国推进社会主义新农村建设以来，普遍采取的自上而下的治理模式虽从根本上改变了农村的落后面貌，但同时也导致了乡村治理的过程与结果呈现出"农民置下"的被动状态[2]，成为乡村治理中亟需逾越的难题。今天在和美乡村的语境下，乡村治理的内容正在从外在的治理向内涵式治理、由物质空间向人的发展转变。充分发挥农民的主体作用、调动农民的积极性和创造性，既是构建我国社会治理格局中必然遵守与贯彻的基本原则，也是实现乡村振兴、激活内生发展的强大动力。

抱龙村，坐落于秦岭山脚之下，拥有绝佳的自然风光、便捷的区位交通，是一座典型的都市边缘型村庄（图1）。建设前，村庄存在卫生环境脏乱、公共设施及空间配置不足、农宅私搭乱建风貌混乱等突出的人居问题（图2），同时村庄地少人多且农业种植收益极低，多数村民迫于生计选择临近城市、乡镇务工，村庄空心化、老龄化趋势加剧。2018年，抱龙村作为当地政府创建"花园乡村"示范村的选点之一展开集中建设，经过近五年的共建行动，村庄的公共空间、基础设施和风貌环境得到提升（图3），从一个没落的普通村庄转变为宜居宜业的现代村庄。正是基于良好的空间基础与完备的设施建设，2020年疫情当前，抱龙村却凭借良好的村庄环境品质唤起了市场的关注，民宿等产业在抱龙村迅速涌现，

图1　倚于秦岭山脚之下的抱龙村　　　　　　图2　抱龙村建设前现状

抱龙广场

农宅风貌

"龙"墙

牛圈改造而成的街角绿地

图3　抱龙村建设后成效

激发村民返乡致力民宿发展，使得抱龙村成为西安近郊规模最大的乡村民宿集群之一。

如果说，对于村庄的"硬件"系统升级是开展人居环境建设，将推动村庄空间与产业协同发展、初步实现生态宜居和产业兴旺作为乡村振兴的"前半篇"工作，那么抱龙村已然取得显著成绩。针对当前市场的关注和外来资本的涌入，抱龙村进入到运营发展的新阶段，人居环境管护不佳、资源利用效率不高、产业业态较为单一等问题随之产生，村庄的"软质"系统亟待构建，"后半篇"工作亟需持续推进。党的十九大提出打造共建共治共享的社会治理格局，在和美乡村背景下乡村治理需要从构建治理管护机制、培育村民思想意识现代化等方面着手，使村庄生长出健康持续发展的内生动力，指引抱龙村发展的方向与目标。

2 抱龙村乡村建设"前半篇"历程

2019 年 1 月，抱龙村启动乡村建设行动。规划设计团队以驻村陪伴的工作模式展开调查—规划—设计—建设—运营实践，全程参与抱龙村建设与发展。团队针对抱龙村的资源基础与现状问题，结合村民诉求使规划项目化，分为核心打造项目、重点提升项目与基础保障项目三个层级和多种类型的项目内容（表 1），增强规划实施性。在多方人员共同协作之下村庄展开集中建设，先后完成了"龙"墙、农宅风貌、街角游园、中心公园等多个建设项目，推动村庄物质空间现代化。至 2019 年底，抱龙村空间建设基本完成，村容村貌焕然一新。

抱龙村 2019—2020 年项目计划表   表 1

项目类型	名称	内容
核心打造项目	抱龙村中心公园建设	景观绿化、游步径
		生态停车场
		生态儿童游乐设施、室外村民培训场地
	河道环境改善	河道生态化改造、景观步道建设、廊桥建设
		沿河公共活动空间建设
		滨河公园建设、村民活动中心、生态停车场
重点提升项目	231 村道沿线风貌改造提升	沿线危旧建筑拆除、过度建设内容拆除
		入口节点建设，沿线公交车站台、石龙墙、古庙等公共节点的建设与改造
		沿线树池、花池的砌筑，沿线绿化种植
		沿线建筑立面、山墙面改造

续表

项目类型	名称	内容
重点提升项目	立面、门前风貌提升	重点街区沿街立面改造、门前风貌提升
		一般巷道沿街立面改造、门前风貌提升
	民宿建设	依托空置住宅、宅基地建设村集体运营的示范民宿
	美丽庭院建设	经营户院落内外空间整体改造
基础保障项目	基础建设项目（村道及入户道路沿线）	村庄道路系统完善
		农户改厕
		给水排水设施建设
		亮化工程
		公共厕所改造、新建

2.1　合理规划定位

抱龙村是一座背靠秦岭的山村，也是一座都市边缘区的村庄。在快速城镇化进程中，进城寻求发展成为村里人的共同选择，村庄人口逐年减少，面临中国多数乡村的共同问题，如何探索适应于抱龙村村庄振兴与城乡融合的发展路径是一大挑战。抱龙村有南北两个自然村，其中南侧的抱龙峪村处在秦岭生态控制区域中，建设行为受到严格限制，如何探索适应于抱龙村生态保护与村庄发展和谐并进的振兴之路是另一大挑战。

面对保护与发展两大挑战，规划提出"山里讲故事，山外品生活"的发展定位。针对山里的南村，要求落实保护性质不改变、生态功能不降低、建设面积不增加的生态修复保护原则，在保证低影响、低干预的前提下，制订活动准入门槛，讲好生态故事；针对山外的北村，要求空间产业同步发展，结合现状闲置空间资源施行存量规划，完善村庄公共服务设施，建设高品质人居空间，并结合村民能力特征与产业发展诉求明确产业发展方向。规划中系统考量两大挑战，针对山内、山外村庄准确定位，重新调配生态、空间、人力等资源内容，为抱龙村振兴提供具备可实施性的路径。

2.2　精准设置项目

乡村建设中大量项目要真正发挥效用，应在明确村庄发展方向与定位的基础上，统筹与利用村庄空间、产业、人力各类资源，将项目作为落实规划实施的抓手和纽带，向上争取资金保障与支持，向下衔接具体村庄的实施路径[3]。抱龙村结合村庄资源设定与其相匹配的产业内容，通过各类项目形成系统的项目库，构建利用闲置空间资源与发挥村民能力特征的匹配关系。

因此，对于项目设置要理清建设与发展间的关系。首先，明确物质空间建设的问题。空间建设涉及基础设施、公共设施、空间品质、风貌特色等方面的建设内容，投入人力物力即能在短期见效。产业运营与乡风文明等方面的建设内容则涉及未来村庄发展，是村庄的深层肌理，需要投入更多精力、历经长期培育方才成型。因此，项目内容的设立要在物质空间建设与未来村庄发展之间形成一脉相承的思路。其次，明确何时做的问题。乡村建设项目类目繁多且细碎，无法做到在同一时间面面俱到。规划立足村庄最为紧迫的现状问题，以防撞挡墙作为急需开展的项目，切实满足村民诉求；对于承载村民现代生活需要、满足村庄产业发展诉求的基础设施（道路、污水等）与公共服务设施（公共活动空间、公共厕所等）项目紧随其后展开；对于村庄未来长远发展、需多方主体与专项资金支持的项目内容，如涉及抱龙村产业发展的民宿、美丽庭院建设则要在后续建设中逐步培育。最后，明确谁来做的问题。项目设立要明确投资主体，涉及公共空间与基础设施提升类的项目应依托公共财政资金展开建设，能够有资金保障并为后续项目建立空间基础；涉及产业发展类的项目宜引入社会资本，以推动村庄与市场接轨，同时设立激励机制引导村民参与空间建设并融入村庄产业运营发展。

2.3　多方协力共建

自 2005 年至今，近二十年的乡村建设与治理积累了丰富的实践经验，也汲取了诸多失败的教训，要改变以往单纯自上而下推动乡村建设的治理模式，更加提倡调动多元主体共同参与，发挥村民的主体性。抱龙村建设中，通过构建政府、村委、驻村设计团队、施工企业以及村民多元主体共建共治的工作模式，推动了村民以多种方式参与村庄规划与建设，实现了"决策共谋、发展共建、建设共管、效果共评、成果共享"的共同缔造新局面。

以"龙墙"建设为例（图 4），首先在村庄规划编制中，由村民向各村组代表表达诉求，再由村民代表、村委、驻村设计团队共同商议，经过共同决策将防撞挡墙作为最急迫解决的问题；其次在村庄建设中，建立"村组长—匠人—普通村民"的工作体系，由三个村组长分区承包建设"龙墙"的三个部分，匠人负责主要技术把控和指导，村民通过投工投劳方式不同程度地参与建设，还形成了三个村组相互比赛的热闹场景（图 5）。正是在这个过程中，村民的积极性得以调动，大家集思广益共同推动家园建设，让村民们充满了家园责任感，这也为后期空间维护建立了责任意识。

图4　建设前（左）与建设后（右）对比

图5　村民协力共建"龙墙"

2.4　社会资本入驻

近年来在乡村振兴背景下，大量乡村获得财政资金投入，经过短期集中建设提升村庄物质空间环境，形成了可观的乡村资产[3]。然而，乡村建设不只是物质空间建设，更重要的是未来如何存续的问题。乡村的发展振兴，要让这些高品质的空间环境发挥作用，就需要在物质空间环境与村庄运营管护之间建构起一座桥梁，让村庄与市场接轨，找到产业振兴的出路。抱龙村，作为西安市大都市边缘区的村庄，具备为城市服务的功能与条件，也是其产业发展的路径与方向。

历经2019年"花园乡村"建设，2020年后抱龙村依托村庄物质空间环境品质引驻政府国企和市场资本，掀起了村庄民宿发展的热潮（图6）。前期，在区政府的引导下其下设国企文旅公司入驻抱龙村，依托闲置宅院投资开设了民宿，逐步由一个院落扩大规模至八个院落，形成连片民宿集群，为村庄由农家乐向民宿转型作出初步探索、发挥引领作用，成为政府推动村庄市场化运作的重要力量。随后，民营企业跟进国企的步伐，成为推动村庄民宿发展的另一股重要力量，如某企业本是参与村庄建设的施工企业，在抱龙村建设过程中，其与村庄建立了深厚情谊，对抱龙村的未来发展充满信心，因此也向村民租用了若干闲置院落开设了三家民宿。国有企业与民营企业的入驻，为抱龙村的持续发展注入了全新的力量，推动了村庄由"乡村建设"转向"乡村运营"的新阶段[4]，实现了村庄闲置资产盘活。

图 6 企业建设与经营的民宿

在国企与民企的引领之下，依托村庄良好的物质空间环境，当地村民的宅院价值从 5 千元每院每年增长为 2 万—3 万元每院每年，在外打工的村民看到了自己家园的发展契机纷纷回村创业发展（图 7），近五年时间抱龙村新增各类产业近30 家，民宿从原有的 3 家发展至近 20 家，其中村民自主投资经营 8 家，占比达40%，新增产业带动了大量村民就业。与此同时，村民对民宿的认识也在过程中发生转变，审美意识由原来单一的"田园""乡土"向"简约""现代"等多元标准转变，民宿品质得到提升，价格定位也随之提高，实现了村民收益的增长。

图 7 本村村民及入驻村民建设与经营的民宿

3　抱龙村乡村建设的"后半篇"实验

抱龙村在乡村振兴"前半篇"中取得了良好的成效，建设了生态宜居的乡村空间、形成了如火如荼的乡村产业，实现了美丽乡村的图景。党的二十大"建设宜居宜业和美乡村"的提出，为抱龙村的"后半篇"提供了方向，即乡村不仅要"美"，更要"和"。

3.1　建立五方共治平台

在抱龙村的营建过程中，其所形成的各级政府、村委、驻村设计团队、施工企业与村民多元主体共建的工作模式，为推动村庄的建设与发展搭建了有力的平台。其中，各级政府对村庄的基础设施与人居环境改善给予高度重视，提供资金与政策保障的同时，充分尊重规划理念，为抱龙乡建提供了充分的实施条件；村委在建设中发挥党员引领的作用，为村民树立示范和榜样，引导村民主动配合建设工作；驻村设计团队统筹协调各方诉求，全程参与村庄规划编制、驻村指导村庄建设，通过"调查—规划—设计—建设—运营"五位一体的乡建模式逐步有序地推动着抱龙村的建设与发展；施工企业秉持着工匠精神在营建中充分发挥主观能动性，积极配合规划设计要求，绘就抱龙花园乡村的靓丽风景；村民积极表达诉求，参与村庄的规划与建设工作。

随着抱龙村物质空间的逐步完善，乡村营建向乡村经营的转变，村庄治理的主体进一步丰富，并且借助校地合作与"百校联百县兴千村"的行动契机明确了"校—地—村—企—社"五方共治乡村治理体系（图8），各方在"下半篇"的进程当中发挥各自专长与优势共同推动村庄的运营与发展。高校基于多年来校地合作的基础，持续陪伴村庄成长，为村庄引入专业人才资源，助力村庄的运营发展。入驻村庄的企业带头发展高品质精品民宿，为村民建立民宿的标准与榜样，并结合企业专长承担村庄空间维护工作，为村庄人居环境的提升贡献力量。村民则在企业的带动之下自发开办民宿，推动村庄产业发展，形成了村民自主投资经营民宿的新局面，村集体经济合作社也展开了实质性运营工作，不断吸引各类经营主体参与产业运营，并在交易活动中发挥中介担保作用，为外来投资者提供选址参考、土地协调、推广宣传等服务，保障村民与外来投资业主的利益平衡。

3.2　成立村庄自治组织

乡村社会是熟人社会。回顾中国历代从中央到地方的行政链条特征，政令自上而下到县之后难以继续而有"皇权不下乡"之说。对县以下的乡村则是在熟人相联

图8 "百校联百县兴千村"行动签约仪式，明确"校—地—村—企—社"五方共治乡村治理体系

的网络格局中，形成了基于乡俗、民约、情感、伦理、价值等要素构成、族系和血缘维系的"柔性约束"在乡村治理中发挥效用。立足抱龙村发展的新阶段，市场主体介入村庄发展产业，为村庄迎来了新村民，改变了传统乡村社会结构，推动了抱龙由原来"血缘＋地缘"的传统乡村社会转向以"业缘"为核心的"业缘＋情缘＋地缘＋血缘"的新型乡村社会。

2022年10月，为促进村庄发展，抱龙村通过"自上而下"和"自下而上"两条路径，建立了村民自治管理与村庄运营发展的新组织。自上而下的"村庄议事会"（图9），是政府为促进村庄产业发展与乡村治理相关工作的开展在村设立的组织，由政府派驻相关工作人员、村委以及积极参与村庄事务管理的村民组成。自下而上的

图9 成立自上而下的抱龙村议事会组织

"同心商业联盟"（图10），则是由村民自发形成，为村庄产业发展群策群力、展开深入交流，促进村庄及自身发展的自治组织。成立这两种路径的自治组织，为抱龙村聚焦现代乡村治理体系的构建和治理能力的提升，由"村治"向"自治"，再向"多元共治"的柔性治理格局转化[5]，促进乡村社会和谐发展。在抱龙村申报"雪鹿奖·乡建年度榜样"的投票过程当中，村庄自治组织充分发挥作用，在各方能人

图10 成立自下而上的抱龙村同心商业联盟组织

图 11　同心联盟成员教助村民投票，最终抱龙村入选"雪鹿奖"

带头之下，走入村民家中手把手教助村民投票（图 11），最终"抱龙村乡建共同体"案例以票数第一成为"年度乡建榜样"，这给坚持动员和投票的新老村民们很大鼓舞，提振了村民的自信心和凝聚力。

3.3　探索村庄品牌推广

历经五年发展，抱龙民宿产业初具规模，由国企、民企、本村村民等不同主体开设的民宿主题多样。然而，于游客而言，来访抱龙的目标多集中在几家网红民宿品牌的吃住休闲，其他民宿则缺少宣传和客流。与此同时，新的问题应运而生。一方面，来访游客到抱龙，享受生态自然的乡土田园，却缺少娱乐购物的体验内容；另一方面，诸多村民借助抱龙民宿产业发展的东风，主动发展土鸡、土猪、城市菜地等养殖、种植、采摘产业（图 12），但由于规模、水平、品质的局限，销量无法得到保障，村民百姓的发展未能融入到村庄的整体发展格局当中。

图 12　待发展的村庄资源（手工制品、农产品、养殖等）

面对游客需求与村庄发展的矛盾，在跟随调查中发现，同心联盟的成员们建立了发展共识，认为抱龙的发展不能只聚焦在民宿单一主题上，而是基于民宿这条主线串联多样丰富的体验内容，并将村民养殖、种植、采摘等产业内容融入其中，实现全村村民的共同参与，而非某一家或某几家民宿自身的经营与发展。基于此，驻村团队引导村庄自组织建立抱龙村产业发展体系认知，明确设立抱龙品牌、打造抱龙 IP 是实现抱龙共同发展的路径。

当时适逢"五一"假期，同心商业联盟自主筹划"优惠券"活动，发挥经营商户的主观能动性，组织 17 家商户共同探索抱龙品牌的推广。"优惠券"的版面设计由驻村团队完成，以手绘地图的方式将抱龙村民宿、露营地、农产品售卖处以及村庄的公共空间节点予以呈现，为游客提供指引，树立抱龙印象。其次，通过设置"优惠券"打卡使用机制来引导游客前往不同的民宿进行体验，集齐打卡次数还可以兑换农产品，通过构建使用机制来促进民宿与农产品等各个经营主体的共同发展（图 13）。

图 13　"五一"假期宣传活动策划的优惠券、店铺展板以及打卡印章系列内容

3.4　推动活动有序开展

抱龙村由于村庄物质空间环境的改善与民宿产业发展引发了社会关注，自 2021 年起依托村庄的公共空间和民宿院落空间承办了丰富多元的文化娱乐活动（图 14），丰富村民精神文化生活的同时也为村庄注入了活力。

图 14　诗词歌会、乡村演唱、学术会议等各种类型的活动在抱龙村齐聚展开

2021 年盛夏，依托抱龙广场空间，举办了"美好夏田、乡约长安"系列活动之"民宿民歌民谣——乡村音乐会"，为村民百姓送来夏日的凉爽，还吸引了不少城里人自驾前来。2021 年 9 月，依托云裳花栖民宿，举办了"我们的节日——中秋长安主题音乐诗会"，聚集现场百人互动、线上万人观看的盛况。2022 年 6 月，小葵家民宿筹办了首场线上音乐会，主理人子龙邀请了同他一样热爱音乐的朋友们，现场和线上为观众们分享音乐。2022 年 9 月，西安建筑科技大学与当地政府共同筹办"抱龙论道——廿学术暨乡村共建论坛"的学术活动。未来，抱龙还将开展类型丰富的系列活动。然而，各类活动的举办要考虑同村庄的关系，究竟哪些活动适宜在村庄举办，是否能够丰富村民的生活以及为游客带来良好的体验，还需设立活动的准办机制。驻村团队将对即将在抱龙举行的活动进行研判，针对利于抱龙村村庄未来发展、带动村民参与、弘扬乡村文化、促进乡风文明等的活动内容予以"活动认证"并由公众平台进行转载，发挥"校—地—村—企—社"五方共建乡村治理成效。

4　从"空间建设"向"社会治理"转变的抱龙实践

4.1　宜居宜业和美乡村建设的内涵与要求

回顾和梳理国家主导推动乡村建设的各个阶段，从 2003 年面对城乡二元结构导致的"三农"问题，中央提出要统筹城乡经济社会发展，扎实稳步推进新农村建设，城乡关系进入"工业反哺农业、城市支持乡村"的新阶段，建设的重点主要围绕村容整洁和基础设施展开；到 2013 年建设"美丽中国"的提出，美丽中国的重点、难点和关键点皆在乡村，由此催生了"美丽乡村"的建设目标，要求从经济、文化、生态等多方面打造美丽乡村，实现生活美生态美生产美；再到 2017 年党的十九大报告提出农业农村农民问题是关系国计民生的根本性问题，提出要按照"产业兴旺、生态宜居、乡风文明、治理有效、生活富裕"的总要求实施乡村振兴战略，把乡村发展提至新的高度，并在《乡村振兴战略规划（2018—2022年）》中明确要求建设"生态宜居美丽乡村"。

2022 年党的二十大报告提出"全面推进乡村振兴"，强调"建设宜居宜业和美乡村"，为新时代新征程全面推进乡村振兴、加快农业农村现代化指明前进方向。党的二十大坚持农业农村优先发展，全面推进乡村振兴，强调"统筹乡村基础设施和公共服务布局，建设宜居宜业和美乡村"，延承从"社会主义新农村"到"美丽乡村"再到"和美乡村"的内核实质，并在新的阶段赋予新要求、新目标，让乡村不仅要"美"，更要"和"，全面提振乡村能力的前提下推进城乡融合发展，使农村基本具备现代生活条件，创造更多农民就地就近就业机会，保持积极向上的文明风尚和安定祥和的社会环境，城市和乡村要各美其美、协调发展。

综上，"宜居宜业和美乡村"是具有良好人居环境，产业、人才、文化、生态、组织全面协调发展的乡村，乡村建设要从"表层"向"内涵"发展，要从"物"到"人"转变，要由"空间建设"向"社会治理"转变，致力于实现治理现代化。基于上述目标和要求构建和美乡村建设的理想图景，具体包括和于时代、和于生态、和于城乡、和于近邻、和于百业、和于乡党六个维度（图15），为和美乡村建设提供方向。

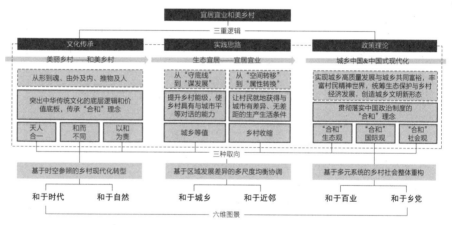

图 15　和美乡村建设的理想图景

4.2　抱龙村由"美"向"和"的探索

抱龙村的乡村建设，先期在政策与资金的支持下以空间环境改造、基础设施提升以及公共服务设施建设为切入口推动村庄的物质空间环境现代化，通过承载现代生产生活方式的功能空间与充满时代气息的空间形象使村庄与时代同步，让村庄活在当下。在建设的过程当中，严格遵循秦岭生态环境保护相关条例，优化存量空间以闲置空间的改造再利用为主，顺应自然环境将建设内容与秦岭生态保护相协调，并全程适时引导村民参与建设工作。抱龙村作为地处西安大都市边缘区的村庄，依托乡村建设的物质空间环境，紧扣都市主题与需求，发展高品质乡村休闲产业，推动村庄社区化、村民市民化，提升村庄与城市的对话能力，实现城乡融合发展。

通过先期的建设与发展，抱龙村从普通的空心山村成了美丽的花园乡村，初步实现了和于时代、和于自然、和于城乡的目标。抱龙村未来的发展目标，将是巩固拓展花园乡村的建设成果，推动以乡村治理为核心的抱龙村"后半篇"建设，实现全方位乡村振兴的和美乡村。然而，当前抱龙村在"和于近邻、和于百业、和于乡党"的方面还存在一定差距，新的阶段新的问题接踵而至，在多方共治、空间管护、品牌塑造、活动组织、村民培育等方面亟待持续探索与改变。

美丽的村庄环境吸引了企业投资，纳入诸多"新村民"，抱龙的乡村社会由"血缘、地缘"为核心的传统乡村社会转向以"业缘"为核心的现代乡村社会。各类驻村帮扶团队、来村发展的社会企业及个体等"新村民"构成了新时期的抱龙利益共同体。那么，在村庄运营与发展当中，如何发挥各主体的效用？追溯乡建历程，各级政府、企业、驻村设计团队、村集体以及村民各尽其职、各显其能，实现了多元共建的局面，为当下多方共治指引了方向。借助"百校联百县兴千村"的契机，搭建了"校—地—村—企—社"五方共建乡村治理体系，发挥各主体优势，为村庄治理发力。此外，多方主体还在成立自治组织、推广村庄品牌以及有序组织活动等方面展开探索，下一步抱龙村乡村治理工作的推进，将以和美乡村的六和图景为框架，构建和于时代、和于自然、和于城乡、和于近邻、和于百业、和于乡党的路径，明确每一条路径的行动指南，推动村庄共建共治共享，实现由"表"及"里"，由"美"向"和"的转变，绘就和美底色，实现和美乡村。

5　结语

当前，我国大都市区的城乡关系正处在融合发展的新阶段。大都市边缘乡村地区作为承接城市功能外溢的主要区域，导致其极具复杂性与矛盾性，也兼具区位优势和发展机遇。在国家治理现代化的要求下，大都市区的高水平治理必然要求边缘区乡村的协调发展，以共建共治共享的治理理念引领大都市边缘区乡村的振兴发展，锚定大都市边缘区乡村的功能承载，因时因地培育乡村的内生动力，顺应城乡融合发展的新形势、区域协调发展的新规律，构建一套可操作的共建共治共享机制，推动边缘区乡村成为大都市的有机组成部分。

抱龙乡建的"前半篇"历程与"后半篇"实验恰阐释了由"空间"及"社会"不同层面的共建共治共享路径及机制。所谓共建，基于适度的财政资金支持即可实现村庄物质空间的提升与完善，更重要的是过程培育，要让村民百姓参与空间建设与产业发展内容的共同制定，形成空间、产业、村民相匹配的项目设置，引导村民参与，让村民获得家园自豪感。所谓共治，则需要花费诸多时间精力，推动多元主体形成良性互动，充分发挥各类主体作用，抱龙村经历了政府引入国企入驻，到民营企业主动入驻，再到本村村民主动返乡的不同阶段，政府通过间接的治理方式营造了良好的投资环境，不仅形成了新老村民多元主体的治理格局，还形成了自上而下与自下而上相结合的自治组织，为多元主体持续共建共享提供了重要保障。所谓共享，随着村庄物质空间环境的完善与民宿产业的持续发展，村民百姓不仅实现了现代的生活条件，闲置农宅的价值更是得以数倍提升，随着资本入驻实现了增收致富，村合作社也展开了实质运行。近五年的抱龙治理实验，百姓生活水平得到提升，思想观念意识得到转变，产业发展持续向好，从物质空间建设到乡村社会治理为探索大都市边缘区乡村共建共治共享提供了借鉴与参考。

参考文献

[1] 江国华，刘文君.习近平"共建共治共享"治理理念的理论释读 [J]. 求索，2018（1）：32-38.

[2] 邹艳丽.我国乡村治理的本原模式研究——以巴林左旗后兴隆地村为例 [J]. 城市规划，2015，39（6）：59-68.

[3] 申明锐.从乡村建设到乡村运营——政府项目市场托管的成效与困境 [J]. 城市规划，2020，44（7）：9-17.

[4] 豆岚雨，申明锐.乡村规划之后——国企下乡运营的强制通行现象与可持续悖论 [J]. 国际城市规划，2023，38（4）：114-121.

[5] 邹艳丽，郑皓昀.传统乡村治理的柔软与现代乡村治理的坚硬 [J]. 现代城市研究，2015（04）：8-15.

黄铎，华南理工大学建筑学院副教授、博士生导师

袁奇峰，中国城市规划学会组织工作委员会、区域规划与城市经济专业委员会委员，乡村规划与建设分会副主任委员，华南理工大学建筑学院硕士研究生导师

唐琦婧（通讯作者），华南理工大学建筑学院硕士研究生

兰志懿，华南理工大学建筑学院、亚热带建筑与城市科学全国重点实验室副教授、博士生导师

魏宗财，华南理工大学建筑学院、亚热带建筑与城市科学全国重点实验室副教授、博士生导师

高质量发展导向下大城市社会空间分异格局及其调控策略

——以广州为例 *

1 引言

党的二十大报告将高质量发展作为中国全面建设社会主义现代化国家的首要任务，强调推进以人为本的新型城镇化，提出要提高城市治理水平，加快转变超大特大城市发展方式。高质量发展目标要求城市积极应对不同人群的差异化需求，建设高水平公共服务体系 [1]，使全体居民共享现代化建设成果。改革开放以来中国社会经济体制发生变革，城镇居民收入分化日趋明显，新的社会分层和多样化住房市场正重塑中国城市社会空间 [2]，城市社会空间维度的不均衡发展日趋凸显 [3]，已经成为制约城市高质量发展的瓶颈 [4]。在此背景下，以高质量发展为导向，探索城市社会空间分异的相关调控策略刻不容缓。

广州多种居住模式并存，造成了差异显著的居住条件和居民特征 [5]，是中国大城市的典型代表；其中中心城区覆盖了全市约 62.9% 的常住人口，社会空间分异现象尤为明显 [6]。因此，选取广州市中心城区作为研究范围，综合使用人群画像和人口普查数据等多源数据，聚焦城市内部各街区，通过将居住空间类型与社会群体分布和各类公共服务设施配置进行关联分析，深入探究中心城区社会空间分异特征及存在问题，探索城市社会空间高质量均衡发展的调控策略，以期为缓解城市不平衡不充分的发展提供研究支撑。

* 基金项目：国家自然科学基金项目"移动互联网技术影响下城市零售空间重构特征与机理研究"（编号：42271206）；广东省基础与应用基础研究基金项目"基于虚—实消费行为互动的城市零售业空间布局优化策略研究"（编号：2021A1515011073）。

2　相关研究进展

城市社会空间分异及其调控是城乡规划领域的重要议题。传统城市社会空间分异研究多聚焦于居住空间视角 [7]。西方学者的相关研究始于 20 世纪 20 年代，芝加哥学派总结提出城市居住分异的三大经典模型 [8]，经过百余年的发展已衍生出生态学派 [8]、行为学派 [9]、实证主义学派 [10] 等研究脉络。当代西方城市社会空间分异是政治、经济和文化多重力量作用的产物 [11]。伴随着改革开放的深入，受政治经济变化、城市功能结构与房地产发展组织方式的转变 [12, 13] 影响，中国城市社会阶层和社会空间遭遇了深刻重构 [14]，其中居住空间分异现象成为最直观、最典型的可视化空间响应 [15]，居住隔离、居住空间分异等逐渐成为国内学者关注的热点话题 [12, 13, 16]。近年来，国内相关研究成果不断涌现，对于上海 [11]、北京 [17]、广州 [18] 及南京 [19] 等大城市的实证研究尤为丰富，一些学者从居住空间分异的程度 [20]、结构演变 [21] 与形成机制 [22] 等方面展开了大量且深入的探讨。

在高质量发展导向下，厘清中国城市社会空间分异特征，以缓解城市社会空间维度的不均衡发展问题，亟待城乡规划学贡献学科智慧。研究表明，21 世纪以来我国大城市的社会空间分异持续加剧 [23]，上海 [16]、深圳 [20]、南京 [22]、广州 [24] 等大城市的社会空间结构随着外来人口的快速涌入快速变化，趋于复杂。部分学者提出要警惕西方国家由社会空间分异引发的城市危机，例如社会空间极化将进一步加剧阶层的对立和空间的对抗，危及城市社会可持续发展 [4, 25—27]。因此，明晰城市社会空间维度不均衡发展特征及存在问题，采取针对性的调控策略以实现资源的更合理配置，是大城市迈向高质量发展的必要之举。

既有研究主要关注社会空间在社会维度和居住空间维度的分异，近年来公共服务设施分异的研究也逐渐兴起 [28]。年龄 [29]、收入 [30]、职业 [25] 等社会群体属性，与住宅价格、交通区位、住房条件等居住空间属性 [31]，是造成城市社会空间分异的重要因素。随着各地公共服务不均等矛盾的日益凸显，居住空间分异和公共服务不公平性的内在联系开始受到学界关注 [32]。有学者发现不同收入水平群体享有的公共服务资源存在显著差异 [33, 34]，亦有学者指出不同群体对居住空间的竞争加剧了城市公共服务设施空间分布的不均衡现象 [35]。总体上看，以往研究多聚焦单一维度的社会分异现象，对于社会群体、居住空间、公共服务设施三者空间关联的关注不够，对城市社会空间分异的调控策略仍有待进一步探讨。

3 研究设计

3.1 研究范围

本文选择广州市中心城区作为研究范围，共计 974.9 平方千米（图 1）。参考《广州市城市总体规划（2017—2035 年）》中对中心城区的界定，同时考虑行政区的完整性，进一步将研究范围划分为中心区（荔湾区、越秀区、天河区、海珠区）和近郊区（包括白云区北二环高速公路以南、黄埔区新龙镇以南及番禺区广明高速以北地区）两部分。根据行政区边界、主要交通线（如道路）和蓝绿空间边界将中心城区以居住功能为主的区域划分为 256 个街区，作为分析单元。其中中心区和近郊区的街区数量分别为 154 个和 102 个。

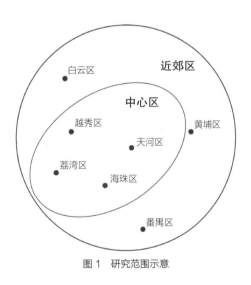

图 1 研究范围示意

3.2 数据来源及研究方法

研究采用的人口社会属性数据主要是包括来自第六、第七次全国人口普查公报和广州市统计年鉴的人口统计数据，以及来自极光智能服务平台以软件开发工具包（Software Development Kit，SDK）采集的人群画像数据。人群画像数据于 2020 年 3 月采集，包括白天与夜晚常住人口数量，以及年龄、性别、收入水平、受教育程度、消费水平、职业类型、家庭结构等在内的人群画像特征，不涉及个人隐私信息。其余数据还包括从高德地图开放平台获取的广州市 POI 数据、从开源地图数据库获取的行政边界、道路中心线、蓝绿空间等基础地理数据。

运用 ArcGIS 空间分析方法对社会群体与公共服务设施供给的分异特征进行探究。选取 SDK 数据中的夜间常住人口数据表征居住人口，采用空间连接工具对分析单元内的人群画像特征进行统计；鉴于广州中心城区各街区不同社会属性人口比重存在差异，通过自然断点法划分 5 个等级，以刻画不同类型社会群体的空间分布格局。采用核密度估计和构建基于熵权法的生活便利度指数，定性、定量测度城市公共服务供给水平及匹配程度。首先，利用核密度分析工具探讨各类公共服务设施的空间集聚情况[36]，进而以熵权法确定各类指标的权重系数[37]，将各类服务设施的核密度归一化值作为因子，经过加权计算得出街区生活便利度指数[36]，甄别城市公共服务设施配置的现存问题。最后，采用空间连接工具统计分析单元内的生活便利度均值，以测度城市公共服务供给水平与社会群体、居住空间的匹配程度，进而从可负担住房保障和公共服务设施布局两方面提出面向城市高质量发展的大城市社会空间维度调控策略。

4　广州中心城区社会空间分异特征

4.1　街区类型及其空间分布特征

广州市中心城区各街区在居住空间类型方面以商品房街区和城中村街区为主，老旧街区面积占比较小，呈现显著的居住空间分异特征（图 2）：

（1）老旧街区占比较小，仅为 11.0%，主要集中在中心城区的老城区（如越秀区、海珠区江南西片区），在五山等高教区亦有分布。该类型街区包括城市形成最早时期的旧街坊社区和单位制解体前组建的单位社区[38]，建成年代久远，建筑多为多层住宅，街区内部环境衰败，常住居民以本地人为主[39]。

（2）商品房街区占比超过一半，具体数值为 52.9%，其分布呈"云山珠水"格局，即主要沿珠江两岸和白云山两侧分布，如珠江新城、白云新城、琶洲、万博商务区等；其在黄埔区中部也有分布，这是由广州在 2000 年后持续推进东进战略，特别是广州经济技术开发区的跳跃式发展所致。该类型街区内多为由开发商主导建设并配有现代化物业管理的住区，街区整体环境较好，房屋租金也相应较高。

（3）城中村街区占比超过 1/3，数值为 36.1%，主要分布在中心城区边缘，如白云区亭岗村、荔湾区西塱村、黄埔区南岗村、番禺区南村等，在海珠区的城乡接合部亦有分布。该类型街区建筑密度高且环境设施差，凭借低廉的租金在城市发展过程中聚集了大批外来务工者，人员构成复杂多样[5]。

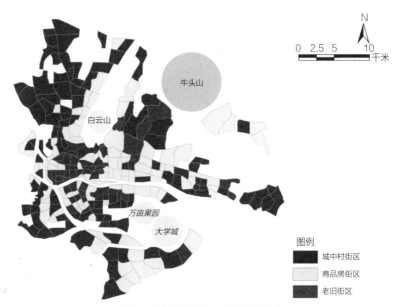

图 2　广州中心城区三类街区空间分布

4.2　各类型社会群体空间分异特征

4.2.1　不同社会属性群体集聚特征

　　广州中心城区居民的收入水平呈现圈层式分布。如图 3（a）、（b）所示，高收入群体集聚珠江南北两岸的商务区（珠江新城 CBD、金融城和琶洲），以此为核心向外围延伸，而中心城区边缘的城中村街区集聚了较高比例的低收入群体；此外，黄埔区科学城、番禺区万博商务区也存在部分高收入群体集聚区。这主要由于商务区和科学城的企业产业附加值较高，故吸引了大量的高收入群体集聚，而城中村则承载着大量低附加值的劳动密集型产业，为外来人口提供了庞大的就业机会。

　　广州中心城区不同教育水平居民的空间分异现象与高等院校和城市产业区布局关联紧密。如图 3（c）、（d）所示，高受教育程度群体主要集中在商务区（天河 CBD、金融城）和高等院校集聚地（五山、龙洞），在空间上沿珠江北岸和白云山东侧连绵分布；低受教育程度群体主要分布在中心城区外围，这与地区的工作岗位对受教育程度要求相对较低有关。可见，受教育程度在很大程度上影响着人们的收入水平，进而影响了人们的居住空间选择，故导致了广州市中心城区居民在受教育程度上的空间分异。

　　广州中心城区各年龄层居民的空间分布呈"中心—外围"格局。如图 3（e）、（f）所示，老城区（越秀、荔湾和海珠区西部）集聚了较高比重的中老年人口。由于老年人经济状况相对较差、对社会关系和生活环境等依恋较强，因此其居

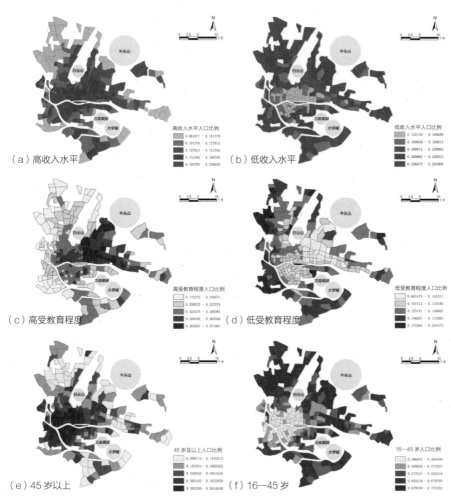

图3　广州中心城区街区各类型社会群体比例的空间分布

住搬迁动力较弱，故大量老年人一直居住在留存有大量老式住房和公有住房的老城区内[18]。16—45岁青壮年人口主要分布在老城区外围，包括天河区东部和北部，以及白云区、番禺区等近郊区，这些区域的现代服务业、战略性新兴产业以及劳动密集型产业吸引了大量适龄劳动人口迁入，集聚了较大比重的青壮年人口[40]。

4.2.2　不同街区类型的社会分异特征

三类街区的居民在以年龄、受教育程度、收入和消费水平为主要表征的社会经济属性特征方面差异显著（表1）。老旧街区具有显著的老龄化趋势。从居民年龄结构来看，老旧街区中46岁以上居民占比（37.0%）明显高于其他两类街区（城中村街区20.3%，商品房街区32.0%），这与前文对不同社会属性群体的空间分布结果相符，也与周春山等对广州市2010年居住空间结构的研究结果相似[24]，

广州市中心城区街区居民社会经济属性占比　　　　表 1

属性	具体指标	城中村街区（%）	老旧街区（%）	商品房街区（%）
性别	男性	52.7	50.0	51.1
	女性	47.3	50.0	48.9
年龄	16—25 岁	25.1	17.4	16.9
	26—35 岁	27.0	20.1	21.9
	36—45 岁	14.4	14.0	17.2
	46 岁及以上	20.3	37.0	32.0
收入水平	高收入	11.2	14.5	15.7
	中等收入	67.3	68.1	67.0
	低收入	21.5	17.4	17.3
受教育程度	高受教育	32.1	37.4	37.2
	中等受教育	54.7	50.0	50.8
	低受教育	13.2	12.6	12.0
消费水平	高消费	13.5	18.9	22.0
	中等消费	64.1	63.8	60.6
	低消费	22.4	17.3	17.4

进一步印证了集中在老城区的老旧街区以中老年人居民为主，具有较强的居住稳定性。

　　商品房街区内有较高比例的高消费水平群体。商品房街区内高消费水平的居民占比达 22.0%，明显高于老旧街区（18.9%）和城中村街区（13.5%），这与商品房作为一种满足中产阶级对更多家庭隐私、更高品质住房和建成环境追求的消费产品属性有关，即居住在商品房街区的居民多具备较强的购买能力。此外，商品房街区作为中国住房制度改革背景下由房地产开发商创造出来的消费产品，主要吸引在社会经济地位、生活方式等方面具有一定共同属性特征的居民购买和入住[41]，且在家庭生命周期方面多为"夫妻、夫妻＋未婚子女、未婚者＋父母"三类核心家庭[42]，这也解释了商品房街区内各年龄层段居民比例无突出特征的原因。

　　城中村街区以青壮年居住为主，同时也是低收入群体的落脚点。研究表明，年龄方面，城中村街区内近八成居民在 45 岁以下，其中 16—25 岁和 26—35 岁居民的占比分别达 25.1% 和 27.0%，显著高于其他两类街区；收入水平方面，城中村街区内低收入居民占比 21.5%，而此类群体在老旧街区和商品房街区中占比均不到 20%，反映出城中村容纳了较多的低收入人口，为他们融入广州提供了落脚空间。既有研究也表明，城中村街区的形成与城市扩张过程中对以前农村的侵占有关，其建筑密度较大、质量较差，但物价和房租相对低廉，加之其往往处于交通便利的城市区域，故吸引了大量的外来人口聚居。这些人多为年轻人，收入不高，暂住于此，一旦收入提高后便会搬到条件更好的街区（如商品房街区）居住；另一部分是在城中村街区经营的小商小贩，他们常年租住于此，经营着各种店面，以服务周边的居民为主 [43]。

5　广州中心城区公共服务设施的社会分异特征

5.1　公共服务设施空间分布格局

广州中心城区各类公共服务设施空间分布总体呈现"中心集聚，外围分散"格局（图 4）。教育服务设施呈现多中心集聚的空间分布特征，并伴有连片分布趋势。通过设施点核密度分析可见，教育服务设施在中心城区中西部地区高度集中，呈现出连片分布的特征，尤其是在越秀区（广州市政府所在地）、海珠区中山大学所在片区、天河区珠江新城 CBD 片区最为集中；在其他各区（荔湾区、白云区、番禺区）的中心（区政府所在地）及大学城片区同样较为集中，具有典型的多中心集聚特点。文化服务及体育休闲设施配建相对较少，两类设施在中心区内具有相对明显的规模优势，集聚中心位于越秀区（广州市政府所在地）及天河区珠江新城 CBD 片区；但对于外围的近郊区，其分布规模较小且分散，各区虽有核密度相对高值区域，但集聚效果并不明显，反映出外围街区居民的文化及体育休闲需求难以满足的现状。

医疗卫生设施，包括综合医院、专科医院、诊所、药房等，在中心城区内各行政区均有集聚点，且主核面积覆盖范围较大，并随距离的衰减作用较弱。其中，老城区的长寿路片区、烈士陵园片区以及新城市中心的天河区珠江新城 CBD 片区属于高密度聚集区；医药类高校（如广州中医药大学、广东药科大学等）周围属于中高密集区域。相较之下，商业服务和生活服务设施空间分布较广，总体较为均衡，呈现出"多主核 + 次核"的分布模式，主核主要位于市中心的越秀区和天河区，其余各片区亦有集聚中心。

总体上，广州各类公共服务设施空间分布的集聚特征显著，在中心城区范围内分布较不均衡，基本呈现以广州市政府所在的越秀区及新城市中心所在的天河区（尤其是珠江新城 CBD）为主核，海珠、荔湾的区域中心（区政府所在地）为

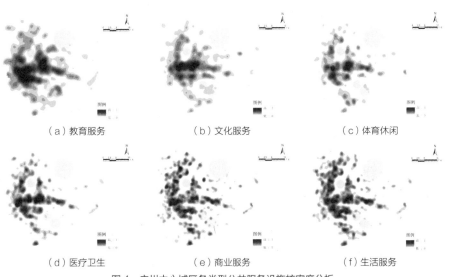

（a）教育服务　　　　　　　　（b）文化服务　　　　　　　　（c）体育休闲

（d）医疗卫生　　　　　　　　（e）商业服务　　　　　　　　（f）生活服务

图 4　广州中心城区各类型公共服务设施核密度分析

次核的模式分布，而中心城区外围片区虽也有公共服务设施集聚中心出现，但核密度高值相对较低且集聚中心面积覆盖范围较小，反映出外围片区公共服务设施供给水平整体较低的现状。

进一步计算街区生活便利度发现（图 5），位于老城区核心及珠江南北两岸（如越秀区、天河区南部和海珠区西北部）的老旧街区和商品房街区生活便利度较高，其内居住的居民享有较便利的城市公共服务；而由于开发时序、地理区位及人口密度等因素的"持续累计"[44] 影响，外围地区的城中村街区和商品房街区周边城市公共服务设施配置尚不完善，是城市公共服务的"洼地"，尤其是对于教育服务、医疗卫生、文化服务和体育休闲设施等的供给水平亟待提高，从而提高其内居民的便利化程度。

5.2　街区类型与居民群体、生活便利度的匹配特征

在厘清广州中心城区各类型公共服务设施空间分布特征的基础上，进一步从社会空间分异视角下，探究不同社会群体类型、不同街区类型及街区生活便利度的对应匹配关系，明晰公共服务设施供给的社会空间分异现状，以甄别广州市中心城区社会空间分异的现存问题。

广州中心城区公共服务设施供给表现出显著的社会空间分异特征，反映出公共服务设施在各社会群体及三类街区之间存在明显的不均衡性，社会公平存在明显的边缘"弱化"现象 [34]。图 6 所示的桑基图直观地反映出以收入水平为表征属性的社会群体、街区类型、街区生活便利度三者之间存在的对应组合关系。

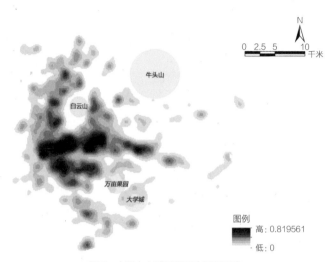

图5　广州中心城区街区生活便利度

其一，居民收入水平对其居住选择具有显著影响，高收入群体在住宅市场中拥有更高的选择自由度，通常选择有更高居住品质的街区；相反，低收入群体则没有太多的选择机会，只能租住在房屋及社区建成环境品质较低的城中村街区，这也代表了中国大城市社会群体居住选择的普遍规律[31]。如图6所示，高收入群体及超过六成的较高收入群体主导街区为商品房街区，而对于低收入及次低收入两类群体主导的街区，均有超八成为城中村街区。

其二，老旧街区生活便利度总体较高，城中村街区公共服务设施供给缺口较严重。由前文对三类街区空间分布特征的分析可知，老旧街区主要分布在中心城区的老城区，该片区具有较长建设历史，公共设施累积作用较强，故老旧街区大多配置了相对完善的公共服务设施，超七成老旧街区享有高或较高的生活便利度。对比拥有较完善公共服务设施的城市街区，城中村街区的公共服务设施供给水平一般都比较低，研究发现，32.5% 的城中村街区在生活便利度方面处于次低水平，

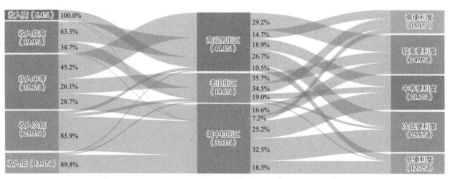

图6　广州市中心城区社会群体、街区类型与生活便利度匹配情况

18.5% 处于低水平。此外，商品房街区在公共服务设施供给水平方面出现了内在异质性，有约 43.9% 的商品房街区享有高或较高的生活便利度，亦有约 37.2% 的商品房街区生活便利度水平处于次低或低水平。可能的原因是，随着广州"东进"和"南拓"战略的持续实施，近郊区如黄埔区科学城、番禺区南村万博商务区成为新的工业"飞地"[45]，在带动了大量从业人群流动的同时，也吸引了不少商品房住宅开发，而这些商品房街区往往存在居住小区先开发、公共服务设施后配置的过程[34]，故导致部分商品房街区的生活便利度较低。

6　广州中心城区社会空间分异格局

综合上述分析，广州中心城区社会空间分异现象形成了"圈层 + 斑块"的空间结构（图 7）：

第Ⅰ类社会区（老年人口集聚区）地处中心城区的老城区（越秀、荔湾和海珠西北部），是社会空间结构的核心。该类社会区开发建设最早，以老旧街区为主，居民年龄结构趋向老龄化，公共服务设施配套完备、成熟，生活便利度最高。

第Ⅱ类社会区（精英群体集聚区）地处新城市中心（珠江新城 CBD、琶洲），在社会空间结构中呈斑块状沿珠江分布在老城区以东。该类社会区在城市规划的

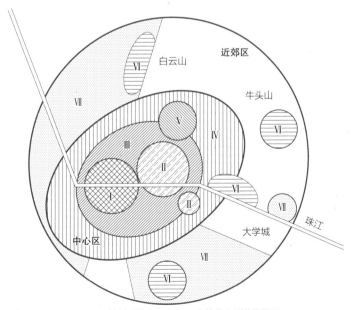

Ⅰ 老年人口集聚区　　　Ⅱ 精英群体集聚区　　　Ⅲ 中等收入群体集聚区
Ⅳ 中低收入群体集聚区　　Ⅴ 高等院校集聚区　　　Ⅵ 中高收入群体集聚区　　　Ⅶ 低收入群体集聚区

图 7　广州中心城区社会空间分异格局

引导下发展起完善且优质的公共服务设施以及一批高品质商品房街区，社会群体多为受教育程度、收入水平均较高的精英群体。

第Ⅲ类社会区（中等收入群体集聚区）地处中心区内、老城区和新城市中心外围，是社会空间结构的第二圈层。该类社会区中的街区类型以商品房为主，社会群体多为收入水平较高、受过良好教育的中青年，公共服务设施供给水平较高。

第Ⅳ类社会区（中低收入群体集聚区）地处中心区外围，是社会空间结构的第三圈层。该圈层内以城中村街区为主，并混杂有商品房街区和老旧街区，社会群体多为中低收入群体。

第Ⅴ类社会区（高等院校集聚区）主要是五山、龙洞等高等院校和科研单位集中的片区，呈斑块状镶嵌在社会空间结构的第二、三圈层。从街区类型上看多为老旧街区，社会群体以暂无固定收入的大学生为主。

第Ⅵ类社会区（中高收入群体集聚区）地处中心城区的近郊区，包括科学城、黄埔港、白云新城、万博商务区等外围产业区，呈斑块状分布。该类社会区中街区类型多为商品房街区，居民以中高收入水平社会群体为主，但是受开发时序的影响公共服务设施配套较欠缺。

第Ⅶ类社会区（低收入群体集聚区）位于中心城区外围，是社会空间结构的最外圈层。该类社会区以为收入水平和受教育程度"双低"的中青年群体提供落脚点的城中村街区为主，是城市公共服务供给水平的"洼地"。

城市历史发展惯性、城市规划引导、房地产发展带动三者共同影响着广州市中心城区居住空间分布格局，进一步导致社会群体的空间分异。城市连续扩展使得社会空间结构呈现圈层特征，同时呈"飞地"形式发展的高教区、外围产业区，以斑块的形式镶嵌在圈层式结构中。对比周春山等总结的 2010 年广州市社会空间结构 [45]，2010—2020 年间广州市中心城区社会空间结构总体保持稳定，局部发生变化。由于老城区风貌保护严格、居民认同感强烈，高教区教育功能稳定性高，故此两类社会区内街区和群体特征相对稳定。老城区和珠江新城周围原本的"低收入群体聚集区"，由于毗邻市中心，商业价值较高，成为房地产开发的热点，故伴随着商品房街区不断增加，该区域的中高收入群体不断壮大，逐渐变化为"中等收入群体聚集区"。近郊区新出现了多个"中高收入群体集聚区"斑块，其动因可分为两种：一种是产业先行带来的从业人员集聚，从而带动街区开发；另一种是依托环境优势直接吸引房地产进驻 [24]。二者导致了近郊区呈现出商品房和城中村街区混杂的现象。

综上所述，广州市中心城区公共服务设施配置存在非均衡现象，尤其是受教育程度、收入水平"双低"群体面临着社会空间边缘化困境，城市社会空间维度发展的不平衡不充分日趋显现。不同居民对住房的选择实则是对公共服务资源需求的反映,城市公共服务设施供给水平与匹配程度的空间差异也可能在城市尺度上成为社会空间分异的催化剂[46]。中高收入群体通常具备根据自身需求来选择住房的能力;而中低收入群体因受价格限制,住房选择有限,往往被迫居住在环境品质较差、生活便利度较低的街区;最终,反映在城市社会空间维度,即公共服务设施的非均衡分布,尤其是对公共服务资源依赖程度较高的中低收入群体,却往往处于城市公共服务供给水平"洼地"的问题。这充分表现了城市社会群体与居住选择等社会分异现象的复杂性[31],也揭示出高质量发展导向下实行精准调控策略的必要性。

7 广州中心城区社会空间分异的调控策略

城市社会空间分异作为城市社会空间维度不均衡发展的表现,会带来社会问题增多、治理成本增加等一系列问题[16],需要在城市高质量发展进程中进行缩小。积极满足不同类型人群对居住环境的差异化需求,建设高效的公共服务体系是高质量发展的重要保障。针对当前广州中心城区在社会空间维度存在的问题,从完善可负担住房保障体系和推动公共服务设施布局均衡化两个方面提出面向城市高质量发展的调控策略。

7.1 完善可负担住房保障体系

从"有房可住"到"有家可归"是高质量发展导向下城市住房保障体系的发展目标,应着重从拓展住房供给渠道,营造"以人为本"的居住环境等方面进一步改善,实现可负担住房量的基本适足到质的均衡提升。

第一,拓展住房供给渠道,完善多元化的住房供给。为适应居民多层次的住房消费能力、满足其多样化的住房需求,应完善"向下有公租房兜底,向上有共有产权住房等通道"的可负担住房保障供给体系[47]。一方面,要扩大可负担住房的供给。在低收入群体集聚的城中村实施包容性城中村改造[48];在城市近郊区的外围产业区建设面向新市民的保障性租赁住房,化解外来务工人员、毕业青年等群体的阶段性住房困难;对于新建的商品房住区鼓励引导开发商配建保障房[49];对于老年人口集聚的旧城区,参考国外退休人群"大房换小房"等政策调整住房市场结构,间接增加可负担住房供应量[49]。另一方面,要加大经济和政策支持力度。规范发展面向低收入群体的公租房,实行差别化租金补贴;探索实施面向"夹心层"群体的共有产权住房,以灵活的政策工具帮助其在经济实力范围内逐步获得住房产权。

第二，通过科学合理布局与精细化设计，营造"以人为本"的宜居环境。住区尤其是保障房住区宜尽可能布局在交通和生活便捷地区[50]，尽量降低通勤时间增加给居民生活成本带来的消极影响[51]，还需要在空间上规避低收入群体大规模集聚及其产生的新的社会空间分化[52]；在住区设计方面，应注重在开敞空间增设如羽毛球场等兼具运动和积极社交功能的服务设施；同时更需关注社会文化方面的需要[53]，增强住区居民归属感。

7.2　推动公共服务设施布局均衡化

促进城市公共服务设施配置的均衡化是缓解城市社会空间维度不平衡不充分发展的重要手段，应注重从布局原则、规划方法、效用评估等方面优化公共服务设施配置，推进舒适安居的社区便民生活圈建设。

第一，遵循以人为本原则，从数量和质量两方面持续优化城市公共服务设施的均衡配置[54]。城市公共服务设施布局宜结合不同社会群体的实际需求，分阶段、分层次进行差异化配置。例如，针对广州老城区老年人口集聚带来的庞大养老需求，可重点提升养老与医疗设施的供给品质；针对近郊区的中高收入群体集聚区，在继续完善公共服务设施配置的同时，需要重点考虑高消费群体的文化休闲需求[55]，适当增大文化、体育、商业设施的配置比例；针对低收入群体集聚的城中村街区，除了基础的便民生活设施，还需要重视对法律援助、失业救助等外来人口服务功能的完善[55]，适当增加行政管理设施。同时，应按生活圈体系配套相应公共服务设施，提高公共服务设施的群体可达性[28]，使不同群体均可在步行尺度内获取社区便民公共服务。

第二，提倡在规划实践中积极应用新数据、新技术，完善生活圈规划效用评估体系。例如，综合采用人口普查数据、手机信令数据、居民日常活动 GPS 数据与活动日志数据等多源数据，明晰不同群体对公共服务设施的需求[56]，从而准确判断现实生活圈存在的问题；运用机器学习、人工智能模拟等新技术，探寻实现公共服务设施布局均衡化的最优解，并与城市尺度的快递、物流、即时配送等新兴服务业态相结合，形成面向智能时代城市虚实空间交互的系统化社区生活圈规划方案[57]。此外，结合可达性测度和居民需求及满意度调查，设立社区生活圈公共服务设施定期效用评估政策[28]；以效用评估结果为基础，制定城中村、商品房和老旧街区等不同类型街区的公共服务设施补缺清单，精准推进舒适安居的 15 分钟社区便民生活圈建设。

8　结语

随着中国快速城镇化、城市住房市场持续分化、外来人口迅速涌入和城市居民频繁迁居等，城市社会空间不断重构，分异格局日趋凸显。以广州为案例，采用人口普查数据和人群画像数据，发掘中心城区街区类型及其分布格局，深入探究不同社会属性群体集聚特征及其与街区类型的空间关联，进一步评估公共服务设施均衡性及城市社会空间维度存在的问题，提出高质量发展语境下的城市社会空间分异调控策略。

研究发现，广州中心城区在街区类型方面以城中村街区和商品房街区为主，老旧街区占比较小，呈现显著的居住空间分异，且三类街区的居民在年龄、受教育程度、收入水平和消费水平等方面的社会经济特征差异显著；广州中心城区各类型公共服务设施空间分布呈现"中心集聚，外围分散"格局，且表现出显著的社会空间分异特征，在各社会群体及三类街区之间存在明显的不均衡性；在历史发展惯性、城市规划引导、房地产发展带动共同影响下，广州中心城区社会空间呈现"圈层 + 斑块"的分异结构。为缓解城市社会空间维度的不平衡不充分发展，从可负担住房保障和公共服务设施布局两方面提出调控策略，旨在推动城市高质量发展。

研究综合使用人口普查数据、基于手机 APP 的 SDK 人群画像数据、POI 数据等多源数据，弥补了传统社会统计数据的时滞性缺陷；同时聚焦城市内部各街区，通过将居住空间类型与社会群体分布和公共服务设施配置关联分析，准确刻画城市社会空间分异现象，是明晰城市不平衡不充分发展问题的积极尝试。研究发现广州中心城区社会空间分异格局存在明显的圈层特征，在城市快速向外拓展的过程中发展基础和条件的差异又催生异质性"斑块"，且低受教育程度、低收入水平群体面临着社会空间边缘化困境，该现象在中国其他一些大城市中亦存在[13, 16, 20, 24]。面向高质量发展任务，弥补居住空间生活便利度差异引发的城市社会空间维度不均衡发展是相关政策制定的重点关注领域。

本研究仅以广州中心城区为研究对象，对城市近、远郊区等的关注度不足，未来可从以下几方面进行深化：以家庭为单位，将职业、家庭结构、消费习惯等社会经济属性考虑在内，发掘家庭层面的社会空间分异规律；使用高精度数据，从社区等小尺度探究大城市社会空间分异机制；基于中国大城市社会空间分异的特征，发掘其形成路径、机制及其关联效应，提出更加精准的调控策略，助推大城市的高质量发展。

参考文献

[1] 张文忠，许婧雪，马仁锋，等 . 中国城市高质量发展内涵、现状及发展导向——基于居民调查视角 [J]. 城市规划，2019，43（11）：13-19.

[2] WU F. Sociospatial differentiation in urban China：Evidence from Shanghai's real estate markets[J]. Environment and Planning A，2002，34（9）：1591-1615.

[3] 谢富胜，巩潇然 . 资本积累驱动下不同尺度地理空间的不平衡发展——史密斯马克思主义空间理论探讨 [J]. 地理学报，2018，73（8）：1407-1420.

[4] 李东泉 . 新型城镇化进程中社区治理促进市民化目标实现的条件、机制与路径 [J]. 同济大学学报（社会科学版），2021，32（3）：82-91.

[5] 朱战强，陶小芳，周素红 . 城市居民超重的居住分异——以广州市为例 [J]. 热带地理，2020，40（3）：487-497.

[6] 张济婷，周素红 . 转型期广州市居民职住模式的群体差异及其影响因素 [J]. 地理研究，2018，37（3）：564-576.

[7] 陈梓烽 . 基于时空行为大数据的城市社会空间分异研究 [J]. 人文地理，2022，37（6）：72-80.

[8] PARK R E，BURGESS E W. The city[M]. Chicago：Chicago University Press，1925.

[9] CLARK W A V. Revealed preferences and neighborhood transitions in a multi-ethnic setting[J]. Urban Geography，1989，10（5）：434-448.

[10] SHEVKY E，BELL W. Social area analysis[M]. Stanford，CA：Stanford University Press，1955.

[11] 李志刚，吴缚龙 . 转型期上海社会空间分异研究 [J]. 地理学报，2006（2）：199-211.

[12] 顾朝林，C . 克斯特洛德 . 北京社会极化与空间分异研究 [J]. 地理学报，1997（5）：3-11.

[13] 吴启焰，崔功豪 . 南京市居住空间分异特征及其形成机制 [J]. 城市规划，1999（12）：23-26，35-60.

[14] 柴彦威，张艳，刘志林 . 职住分离的空间差异性及其影响因素研究 [J]. 地理学报，2011，66（2）：157-166.

[15] 宋伟轩，吴启焰，朱喜钢 . 新时期南京居住空间分异研究 [J]. 地理学报，2010，65（6）：685-694.

[16] 梁海祥 . 双层劳动力市场下的居住隔离——以上海市居住分异实证研究为例 [J]. 山东社会科学，2015（8）：79-86.

[17] 冯健，周一星 . 转型期北京社会空间分异重构 [J]. 地理学报，2008（8）：829-844.

[18] 周春山，刘洋，朱红 . 转型时期广州市社会区分析 [J]. 地理学报，2006（10）：1046-1056.

[19] 徐旳，汪珠，朱喜钢，等 . 南京城市社会区空间结构——基于第五次人口普查数据的因子生态分析 [J]. 地理研究，2009，28（2）：484-498.

[20] 张瑜，仝德，IAN MACLACHLAN. 非户籍与户籍人口居住空间分异的多维度解析——以深圳为例 [J]. 地理研究，2018，37（12）：2567-2575.

[21] 廖邦固，徐建刚，宣国富，等 . 1947—2000 年上海中心城区居住空间结构演变 [J]. 地理学报，2008（2）：195-206.

[22] 宋伟轩，黄琴诗，谷跃，等 . 宁杭城市多时空尺度居住空间分异与比较 [J]. 地理学报，2021，76（10）：2458-2476.

[23] 黄琴诗，周强，宋伟轩 . 新时期城市居住分异研究的多维转向与尺度响应 [J]. 地理科学进展，2023，42（3）：573-586.

[24] 周春山，罗仁泽，代丹丹 . 2000—2010 年广州市居住空间结构演变及机制分析 [J]. 地理研究，2015，34（6）：1109-1124.

[25] 王春兰，杨上广，何骏，等 . 上海城市社会空间演化研究——基于户籍与职业双维度 [J]. 地理研究，2018，37（11）：2236-2248.

[26] 李志刚，吴缚龙，刘玉亭 . 城市社会空间分异：倡导还是控制 [J]. 城市规划汇刊，2004（6）：48-52，96.

[27] 孙斌栋，吴雅菲 . 上海居住空间分异的实证分析与城市规划应对策略 [J]. 上海经济研究，2008（12）：3-10.

[28] 汪成刚，魏宗财，章倩滢，等 . 新世纪以来国内外城市公共服务设施研究述评 [J]. 南方建筑，2023（8）：12-22.

[29] 周春山，童新梅，王珏晗，等 . 2000—2010 年广州市人口老龄化空间分异及形成机制 [J]. 地理研究，2018，37（1）：103-118.

[30] 王洋，武友德，吴映梅，等 . 昆明主城区高收入人口的居住空间结构与区位选择特征 [J]. 地理研究，2023，42（8）：2104-2120.

[31] 黄琴诗，刘丽艳，叶玲，等 . 大城市居住社会—空间分异格局与耦合模式研究——以南京、杭州为例 [J]. 地理研究，2022，41（8）：2125-2141.

[32] 张明，张兴祥 . 基本公共服务均等化与共同富裕——来自 2013—2020 年地级市面板数据的经验证据 [J]. 经济学家，2023（6）：110-119.

[33] 高军波，周春山 . 转型期城市社区资源配置的社会分异研究——基于广州的实证 [J]. 现代城市研究，2011，26（7）：14-20.

[34] 张志斌，陈龙，笪晓军，等 . 基于社会阶层的公共服务设施空间公正性——以兰州市中心城区为例 [J]. 城市规划，2021，45（12）：48-58.

[35] 李斌，张贵生 . 居住空间与公共服务差异化：城市居民公共服务获得感研究 [J]. 理论学刊，2018（1）：99-108.

[36] 李志学，莫文波，周松林，等 . 空间主成分分析的城市生活便利度指数研究——以长沙市为例 [J]. 测绘地理信息，2021，46（2）：110-115.

[37] 曹贤忠，曾刚 . 基于熵权 TOPSIS 法的经济技术开发区产业转型升级模式选择研究——以芜湖市为例 [J]. 经济地理，2014，34（4）：13-18.

[38] 周春山，徐期莹，曹永旺 . 基于理性选择理论的广州不同类型社区老年人独立居住特征及影响因素 [J]. 地理研究，2021，40（5）：1495-1514.

[39] 李志刚，吴缚龙，肖扬 . 基于全国第六次人口普查数据的广州新移民居住分异研究 [J]. 地理研究，2014，33（11）：2056-2068.

[40] 周柳青，周婷婷，王莉，等 . 老龄人口与养老设施匹配关系时空演化研究——以广州市为例 [J]. 热带地理，2023，43（9）：1777-1786.

[41] WU F. Creating Chinese urbanism：urban revolution and governance changes[M]. London：UCL Press，2022.

[42] 杨高，金万富，周春山 . 家庭生命周期视角下珠三角农民工的居住选择及影响因素 [J]. 中山大学学报（自然科学版）（中英文），2023，62（1）：96-105.

[43] 叶继红 . 城中村治理：问题、困境与理路——以城湾村为个案 [J]. 行政论坛，2016，23（3）：69-74.

[44] 高军波，周春山，江海燕，等 . 广州城市公共服务设施供给空间分异研究 [J]. 人文地理，2010，25（3）：78-83.

[45] 周春山，胡锦灿，童新梅，等 . 广州市社会空间结构演变跟踪研究 [J]. 地理学报，2016，71（6）：1010-1024.

[46] 陈培阳 . 大城市基础教育设施空间不均衡特征及成因——以南京都市区为例 [J]. 中国名城，2019（1）：74-78.

[47] 虞晓芬 . 构建"向下有托底、向上有通道"的大城市住房保障供给体系 [J]. 探索与争鸣，2023（4）：28-31.

[48] 叶裕民 . 特大城市包容性城中村改造理论架构与机制创新——来自北京和广州的考察与思考 [J]. 城市规划，2015，39（8）：9-23.

[49] 杨跃龙，韩笋生 . 澳大利亚住房保障的供给侧改革和创新性实践 [J]. 城市与环境研究，2019（2）：80-92.

[50] 魏宗财，陈婷婷，孟兆敏，等 . 广州保障性住房的困境与出路——与香港的比较研究 [J]. 国际城市规划，2015，30（4）：109-115.

[51] 李春江，张艳，刘志林，等 . 通勤时间、社区活动对社区社会资本的影响：基于北京 26 个社区的调查研究 [J]. 地理科学，2021，41（9）：1606-1614.

[52] 刘友平，陈险峰，虞晓芬 . 公共租赁房运行机制的国际比较及其借鉴——基于美国、英国、德国和日本的考察 [J]. 建筑经济，2012（3）：68-72.

[53] 魏宗财，张园林，张玉玲，等 . 保障房住区人居环境品质评价与提升策略 [J]. 规划师，2017，33（11）：30-38.

[54] 孟兆敏，张健明，魏宗财 . 快速城市化背景下城市基本公共服务配置有效性的理论研究 [J]. 城市发展研究，2014，21（8）：63-68.

[55] 周岱霖，黄慧明 . 供需关联视角下的社区生活圈服务设施配置研究——以广州为例 [J]. 城市发展研究，2019，26（12）：1-5，18.

[56] 柴彦威，李春江 . 城市生活圈规划：从研究到实践 [J]. 城市规划，2019，43（5）：9-16，60.

[57] 张姗琪，甄峰，孔宇，等 . 基于虚实空间交互的社区生活圈服务设施评估与优化配置：研究进展与展望 [J]. 自然资源学报，2023，38（10）：2435-2446.

陈宇琳，清华大学建筑学院城市规划系副教授

陈宇琳

非正规住房包容性治理理念与策略 *

1 引言

非正规住房治理是我国城市更新的重要议题。首先，我国非正规居住空间规模大，容纳了许多新市民。在北京、广州、深圳等大城市，由于保障性住房短缺、商品房房价高，城中村和地下室等非正规居住空间凭借便利的交通条件和低廉的租金，成为大城市新市民的重要住房选择。据不完全统计，在我国主要大城市中，城中村容纳常住人口比例大约在 45%—70% 之间（叶裕民，2015）。深圳作为中国最典型的移民城市，城中村容纳了约 1200 万人（深圳社区网格管理办公室 2017 年数据），占全市实有人口的 64%（缪春胜，等，2021）。在北京，居住在万人以上规模城中村的流动人口超 400 万（北京市流动人口与出租房屋管理委员会办公室于 2007 年调查）（包路芳，2010）；居住在普通地下室和人防工程的人口约 100 万（北京市建委和民防局于 2011 年调查）（张墨宁，2011）。换言之，在北京 704.5 万流动人口（2010 年）中，约有 56% 居住在城中村，14% 居住在地下室。非正规居住空间在大城市发挥了重要的可负担住房功能。

其次，我国非正规居住空间风险高，是城市更新的突出短板。由于非正规居住空间长期处于政府管制的"真空"地带，建设过程缺乏规范约束，建成之后又疏于管理，不仅住房质量较差，而且安全隐患大。2011 年和 2017 年在北京大兴发生的两起重大火灾事故都位于城中村，分别造成 18 人和 19 人死亡；2019 年福州和 2022 年长沙又相继发生两起城中村自建房倒塌事故，分别造成 3 人和 54 人

* 基金资助：本文受国家重点研发计划（编号：2022YFC3800301）、国家社会科学基金重大项目（编号：21ZD111）、国家自然科学基金青年项目（编号：52008226）资助。

死亡。2020 年，十九届五中全会审议通过《中华人民共和国国民经济和社会发展第十四个五年规划和 2035 年远景目标纲要》，将城中村列为城市更新的重点片区。与老旧小区、老旧厂区、老旧街区等其他存量片区所面临的好不好用、高不高效、有没有活力等问题相比，城中村亟需解决的是最为基本的安全问题。可以说，非正规居住空间的质量决定了我国城乡人居环境品质的下限，非正规居住空间治理是我国城市更新工作的关键。

第三，我国非正规居住空间治理难，是对城市治理能力的严峻挑战。长期以来，我国大城市在非正规居住空间治理过程中多采用高成本再开发或运动式清理取缔等方式，并没有实质上解决这一城乡人居环境短板问题。即使在为数不多的试点实践中，由于非正规居住空间类型多样、产权关系复杂、改造维护成本高、治理措施难以标准化等原因，也始终没有形成一套行之有效的非正规居住空间常态化治理方法。2023 年，国务院审议通过《关于在超大特大城市积极稳步推进城中村改造的指导意见》，提出在"超大特大城市积极稳步实施城中村改造"。如何在非正规居住空间治理的理念、制度和策略上有所突破，亟需探索可行的实施路径。

2　非正规住房概念

非正规住房是指不受政府管制或缺少政府管制的居住环境，多在正规住房供给不足的情况下由居民自发建设而成，普遍存在土地利用违规、居住环境较差、安全隐患突出、公共服务供给短缺等问题（UN-habitat，2003）。非正规居住现象最早于 20 世纪 60 年代在非洲、南美洲和南亚等发展中国家出现（图 1、图 2）。据联合国统计，2022 年，全球 40 多亿居住在城市的人口中，约有 11 亿人生活在贫民窟（Slum）或类似的非正规居住空间，并且这一人数预计在未来 30 年还将增长 20 亿 [1]。

中国的非正规居住现象也引起了学者的广泛关注，国内外学者在对国外非正规性理论和实践引介的基础上（王晖，等，2008；赵静，等，2008；黄耿志，等，2009；黄耿志，等，2011；徐苗，等，2018），对城中村和小产权房等城市非正规空间开展了研究。已有研究多将非正规空间作为研究对象，对其概念和特征进行分析。以城中村为例，有学者指出这类非正规住区是指在未经政府关于集体土地使用权和发展权的许可下，农民自建住房用于出租或者出售形成的地域空间

---

[1]　SGD 11: Make cities, inclusive, safe, resilient and sustainable [EB/OL]. [2023-09-20]. https://www.un.org/sustainabledevelopment/cities/.

图 1　巴西里约贫民窟　　　　　　　　　　图 2　中国广州城中村
资料来源：笔者摄于 2013 年　　　　　　　　资料来源：笔者摄于 2023 年

（Tian，2008；Wu，2016），具有二元和碎片化的土地所有权、松散的土地管理和发展控制、村集体提供基础设施、边缘化和模糊的村庄治理等特征（Wu，et al.，2013），是一种城乡过渡的社区类型（Liu，et al.，2010）。

3　非正规住房治理理论

对于城市非正规现象的治理，学界存在很多争论。围绕非正规经济这一非正规领域的核心议题，主要有三个理论流派（黄耿志，等，2011）。第一种观点是二元主义。受到正规—非正规性二元思想的影响，学者认为正规经济是比非正规经济更加理想的模式，因而非正规经济的正规化被认为是普遍的规范性方法（如Pratt，2019）。第二种观点是新自由主义。其观点与二元主义恰相反，认为非正规经济是具有活力和创新性的，因此这一理论流派多采取对抗的态度，要求减少政府干预，充分释放市场的力量，鼓励自下而上解决问题（如 De Soto，1989）。第三种观点是结构主义。持这一观点的学者认为要从两个方面来认识非正规就业，一方面是过度的劳工管制，另一方面是丰富的劳动力供给，二者并存产生了非正规就业。因此，他们采用联系和转化的视角认识非正规就业治理问题：一方面要解决工人阶级的权益保障问题，另一方面企业在用工制度上采取更多的灵活性（如 Castells，et al.，1989）。

虽然非正规居住空间与非正规经济本体不同，不能简单套用非正规经济治理理论，但其治理思路大致也可分为以上三类。若将我们常见的非正规居住空间治理方式加以粗略对应的话，清理非正规住房、进行房地产再开发可视为"替代"模式；支持并鼓励非正规住房建设可纳入"对抗"模式；而在增加保障性住房供给的同时规范非正规住房建设并为其正规化提供支撑可归为"联系"模式。当然这三种模式并非截然分开，有时也会组合使用，在特定条件下也可以相互转化。

在国际非正规住房治理领域，有两位学者的观点具有广泛的影响力。一位是英国建筑师特纳（John F. C. Turner），他认为非正规住房是由于贫民无法负担正规市场上的高标准住房，因而"自助"建设的标准较低的住房（Turner，1977）。特纳的观点对于改变人们对非正规住房的负面认识发挥了重要作用。另一位学者是秘鲁经济学家德索托（Hernando De Soto），他认为非正规住区由于缺乏产权，不能在正规市场上进行交易，因而成了"死账"（Dead Capital），而非正规住区的正规化，即私有化和给予产权将改善土地和房地产市场的运作，是减轻贫困、提高居住环境的重要途径（De Soto，2000）。

有学者基于对东南亚和拉美等地区非正规居住空间治理实践的分析，探讨了再开发、就地升级和提供私有产权三种典型治理模式的效果（Birch，et al.，2016）。对于再开发模式而言，贫民区再开发在城市经济状况较好的情况下似乎是多赢的解决办法，但现实结果却不尽然，而且存在分配不公和绅士化等问题；就地升级模式的改造成本相对较低，但对公共机构的经济吸引力不高，并且面临因维护不足而导致环境持续恶化的问题；提供私有产权模式（赋予非正规居住区居民私有产权模式）在理论上有助于增加城市税收、重振城市经济，但在实际操作中需要解决产权边界划定等问题（桑亚尔，2019）。

在我国过去三十多年的快速城镇化进程中，在"大拆大建"的发展惯性下，政府对非正规住房的认识多为"临时的""应该被拆除的"，对其不是漠然忽视，就是寄希望于"一拆了之"，或是在各种城市风貌提升行动中对其进行不定期清理。已有非正规住房治理相关研究主要聚焦于城中村治理。其中，根据治理主体和资金来源，可分为政府主导、开发商主导、村集体主导、多元参与等模式（如张磊，2015；Yuan，et al.，2020；韦长传，等，2022；张理政，等，2022）；根据改造程度，可分为拆除重建、就地升级、综合整治、与保障房联动更新、微更新等模式（如冯晓英，2010；Wu，et al.，2013；文超，等，2017；叶裕民，等，2020；卢文杰，等，2020；万成伟，等，2021）。随着对城中村价值的认识从土地再开发的经济价值转向保障原居民生存发展权和流动人口居住权的社会价值，城中村治理实践逐渐从以开发商为主导的大规模拆迁安置向多元主体协同的就地有机更新转型（如魏立华，等，2005；田莉，2019；张理政，等，2022），并开始探索统筹联动城中村改造与城市公共住房供给的治理思路（如姚之浩，等，2018；楚建群，等，2018；叶裕民，等，2020）。

总的来说，我国对非正规住房是否应该治理、应该如何治理等问题尚缺乏深入、系统的思考。已有实践多为村庄层面的个案探索，建构整体制度并付诸实践的并不多。深圳作为我国率先在全市层面制定规范并推动城中村治理的城市，自

2009 年《深圳市城市更新办法》颁布以来，在政府主导、保障底线的治理方式下，已取得显著成效（缪春胜，等，2021），但也面临治理深度有限、治理效率偏低、财政难以为继等问题（张艳，等，2021）。如何通过综合性的制度设计，统筹多元治理主体、因地制宜分类治理，是我国大城市开展全面非正规住房治理迫切需要解决的问题。

4 非正规住房包容性治理理念

包容性（Inclusiveness）作为一个公共政策领域的概念，可追溯到 2007 年亚洲开发银行提出的"包容性增长"（Inclusive growth）（Ali, et al., 2007）。世界银行在《世界包容城市方法文件》中提出空间包容、社会包容和经济包容多维路径。其中，空间包容是城市地区包容的基石，包括平等获得土地、住房和基础设施；社会包容涉及权利、尊严、公平和安全等基本原则；经济包容是指面向所有人的经济机会（World Bank, 2015）。国务院发展研究中心和世界银行在《中国城镇化研究报告》中指出，中国包容性城镇化的两个关键在于确保城市地区公平获得社会服务，以及改革社会政策促进城乡一体化（World Bank, et al., 2014）。叶裕民在特大城市城中村改造研究中提出，应通过包容性合作式改造保障城中村作为可支付健康住房的功能，实现空间品质、经济结构和社会网络的同步提升再造（叶裕民，2015）。概括来说，包容性是相对于排斥性（Exclusiveness）而言的，让所有人平等地获得空间资源、公共服务和发展机会是包容性发展的核心。

具体到非正规居住空间治理，包容性理念已成为国际社会发展的共识。联合国在"可持续发展目标"（Sustainable Development Goals, SDGs）第 11 项"建设包容、安全、有抵御灾害能力和可持续的城市和人类住区"中，将"包容"（Inclusive）列为首位，并提出"到 2030 年，确保人人获得适当、安全和负担得起的住房和基本服务，并改造贫民窟"的具体目标。

包容性理念为非正规居住空间治理研究提供了一个有益的理论分析思路。首先，需要对包容对象赖以生存的多元空间环境进行系统分析，构建完整的空间谱系；其次，需要通过制度设计将非正规居住空间纳入正规的治理体系；再次，在治理过程中，需要通过综合性策略保障治理过程和治理结果实现包容性目标。

深入非正规住房产生机制，非正规居住现象产生的根源在于政府正规化的管制体系与百姓实用主义的生存策略之间的不匹配。基于"准入—使用—运行"分析框架，将政府职能与市民需求联系起来可以发现：政府在正规的制度框架下，更注重居住空间的保障性（准入）、质量（使用）和秩序（运行）；而市民，尤其是贫困群体，从个体的生存需求出发则更看重居住空间的可获得性（准入）、可负担性（使用）和活力（运行）（陈宇琳，2019）。基于包容性治理理念，非正规居住空间治理应将政府职能与百姓需求相结合，在保障性与可获得性（准入）、质量与可负担性（使用），以及秩序与活力（运行）之间找到平衡点（图3）。

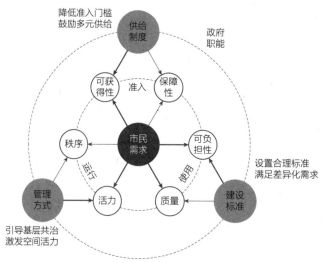

图3　非正规居住空间包容性治理分析框架
资料来源：笔者绘制

5　非正规住房包容性治理策略

借鉴巴西圣保罗非正规住房规划治理、美国纽约地下室合法化改造、中国深圳城中村认定与治理转型、中国北京集体土地租赁住房建设，以及城中村综合整治与运行管理等国内外非正规居住空间治理创新实践经验 ❶，从准入、使用、运行三个维度提出非正规住房的包容性治理策略，以启发我国非正规住房正规化的可行路径（表1）。

5.1　准入维度：降低准入门槛，鼓励多元供给

针对准入维度上"保障性"与"可获得性"的矛盾，首先应将满足民众合理居住需求的城中村、地下室等非正规居住空间纳入城市公共住房体系，通过改造提升将其转化为保障性住房。在巴西圣保罗贫民窟治理案例中，地方政府通过划定特别社会利益区的方式，将贫民窟纳入《战略总体规划》和《城市住房规划》，

---

❶ 案例详细介绍参见：洪千惠，等，2023；陈宇琳，等，2021；GAN, et al., 2019；李梦晗，等，2021；陈宇琳，等，2023。

非正规住房包容性治理策略   表 1

	平衡	策略	具体策略
准入	保障性 vs 可获得性	降低准入门槛，鼓励多元供给	策略 1：将非正规居住空间纳入城市公共住房体系，通过改造提升将其转化为保障性住房
			策略 2：充分发挥市场和社会力量，引导多元主体参与住房建设，扩大住房供给渠道
			策略 3：保障非正规住房正规化之后仍能以较低的成本运行
使用	质量 vs 可负担性	设置合理标准，满足差异化需求	策略 4：摸清非正规居住空间现状，了解空间提升需求，对资金进行统筹安排
			策略 5：从弱势群体的基本生存需求出发，设定合理的住房标准，满足差异化需求
			策略 6：对于无法通过改造达到规范要求的非正规住房，积极探索技术创新，为正规化提供可能
运行	秩序 vs 活力	引导基层共治，激发空间活力	策略 7：赋予基层一定的自主权，保障非正规住房的安全运行
			策略 8：搭建多元共治的决策机制，促进非正规社区的全面提升
			策略 9：利用好技术手段，支撑基层管理的可持续性

并制定综合性的行动指南，推动基础设施的完善和住房质量的提升，其经验值得借鉴（表 2）。类似地，美国纽约市政府在多方力量的推动下，在《安居纽约规划》中明确将地下室居住单元纳入监管范围，并在后续规划中提出合法化的具体措施，为我们制定包容性的住房规划提供了有益参考。在我国深圳城中村就地升级案例中，面对建筑无合法产权且不满足消防规范的现实困境，政府通过行政许可的方式为开发商参与城中村改造提供担保，保障了租赁协议的有效性，不失为准入方面的一种制度创新。2019 年，深圳市颁布《深圳市城中村（旧村）综合整治总体

巴西圣保罗社会住房的相关规定   表 2

建筑类型	居住此类住房中的家庭最高收入	总建筑面积在 ZEIS 1 总建筑面积中的占比
1 类社会利益住房（HIS 1）	不高于 3 倍最低工资	不低于 60%
2 类社会利益住房（HIS 2）	3~6 倍最低工资	—
大众市场住房（HMP）	6~10 倍最低工资	不高于 20%
其他居住或非居住功能建筑	—	不高于 20%

注：（1）巴西 1988 年《联邦宪法》第 7 条规定，雇主对员工支付的工资不得低于一定额度，以满足员工的基本需求，包括住房、食品、教育、保健、休闲、衣物、卫生、交通和社会保障等，该额度即为最低工资，政府会定期调整最低工资以保证居民的购买力；（2）表中"—"表示对此不作要求。

资料来源：Prefeitura de São Paulo. Lei n° 16.050 de 31 de Julho de 2014[EB/OL]. [2022-02-27]. http://legislacao. prefeitura.sp.gov.br/leis/lei-16050-de-31-de-julho-de-2014/.

规划（2019—2025）》，在全市层面探索将城中村纳入政策性住房保障体系，对国内非正规住房治理工作具有重要启发。

其次，还应充分发挥市场和社会的力量，通过激励机制，引导多元主体参与住房建设，扩大住房供给渠道。近年来我国推行的利用农村集体建设用地建设租赁住房的试点工作，是扩大住房用地供给的重要探索。从北京试点情况看，如何更好地激发市场主体参与的积极性，是工作可持续开展的关键。需要在现有制度基础上，合理设定政府管控边界，同时加强金融、财政、监管等方面的配套制度建设。

第三，应保障非正规住房正规化之后仍能以较低的成本运行。非正规住房被纳入城市公共住房体系后，大多并非由政府直接管理，在市场作用下难免存在绅士化的可能。这就需要政府未雨绸缪，提前做好制度设计，确保非正规住房持续发挥低成本住房的功能。例如，深圳市在引入市场力量对城中村进行就地升级后，就出现了租金上涨的趋势，深圳市政府配合《深圳市城中村（旧村）综合整治总体规划（2019—2025）》，出台《关于规范住房租赁市场稳定住房租赁价格的意见》，以调控城中村规模化租赁的租金。纽约市在地下室合法化改造工作中，要求参与改造的业主签署附加条款，根据地区收入中位数控制首次出租的租金，并对每年租金上涨的比例加以控制，以保障改造后继续以较低的租金租给租客，这些做法都值得参考。

5.2 使用维度：设置合理标准，满足差异化需求

针对使用维度上"质量"与"可负担性"的矛盾，首先应摸清非正规居住空间现状，了解空间提升需求，对资金进行统筹安排。非正规空间的改造是一个逐步推进的过程，提升的程度和覆盖面与政府财政密切相关，因而需要摸清家底，才可能精准施策。巴西圣保罗市政府通过搭建统一的信息平台，对贫民窟进行综合评价，进而为其匹配最合适的升级计划，有效保障了政府投资的效益最大化，其经验值得借鉴。在美国纽约地下室空间改造过程中，非营利性组织通过持续的社区调查，摸清地下室潜在住房资源的数量和分布，对推动政府开展地下室改造发挥了关键作用。

其次，应从弱势群体的基本生存需求出发，设定合理的住房标准，满足民众的差异化需求。今天我国城镇居民的人均居住面积已显著提升，接近40平方米/人，但对大城市很多外来人口和低收入群体而言，安全、卫生、满足日常起居仍是居住空间的核心诉求。因此，非正规住房治理首先应当依据这一需求制定标准。巴西圣保罗市政府对贫民窟颁布了专门的建设规范，并对住房安全、基础设施和公共服务短缺等短板制定了针对性的改造措施。通过设定有限改造目标，圣

保罗市得以在更大范围保障低收入群体体面生活的权利。与此同时，圣保罗市还在住宅设计中预留了可加建的空间，以应对未来居民改善居住条件的可能（图4—图6）。在我国北京市利用集体土地建设租赁住房的试点工作中，开发商之所以参与积极性不高，除集体土地住房无法进入正规房地产市场外，公共服务设施配建标准过高也是一个原因。因而政府在制定公共服务设施配建标准时，需要综合考虑建设成本，避免因为标准过高而将成本转嫁给使用者。

第三，对于那些无法通过改造达到规范要求的非正规居住空间，需要探索技术创新，为非正规空间向正规空间转变提供可能。在现实的非正规治理实践中，还存在很多"先天不足"的空间，即这类空间无论如何改造，都无法达到规范的要求。对于这类在非正规空间治理中最具挑战的空间，纽约地下室合法化改造极具借鉴意义。根据既有规范，纽约的地下室必须有一半以上的净空在室外地坪之

图4　巴西圣保罗尼罗村更新后的道路和房屋
资料来源：FRANÇA E，COSTA K P，CYRILLO M O V. Vila Nilo[M]. São Paulo:
Secretaria Municipal de Habitação，2011.

图5　巴西圣保罗尼罗村叠拼住宅平面图、立面图
资料来源：FRANÇA E，COSTA K P& CYRILLO M O V. Vila Nilo[M]. São Paulo:
Secretaria Municipal de Habitação，2011: 56-57.

图6　巴西圣保罗尼罗村公共空间改造前后对比
资料来源：FRANÇA E，COSTA K P，CYRILLO M O V. Vila Nilo[M]. São Paulo:
Secretaria Municipal de Habitação，2011.

上才可以住人（图7）。为了扩大可利用地下室的范围，纽约市市民住房规划委员会组织了一系列住房更新论坛，让人们认识到相较于地下室净空高出地面的比例，消防安全与采光通风才是更为本质的问题。最终，纽约市政府通过了规范调整，即如能满足增设一条直通室外的独立应急通道等消防要求，高出地面比例不足一半的地下空间也可用于居住，并通过一些创新做法，适当放宽了规范对窗户及其可开启部分的要求（图8）。总之，纽约市通过建筑技术的论证，推动相应法律法规调整，在不降低安全健康底线的前提下，使原本非正规的空间具有正规化的可能，对我国相关实践极具启发。

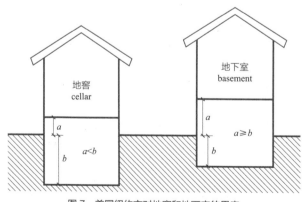

图7　美国纽约市对地窖和地下室的界定
资料来源：笔者根据相关规范绘制

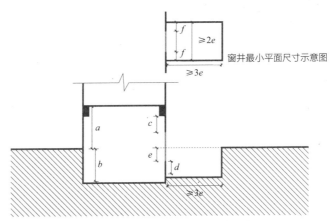

图 8　纽约地下室主要空间尺寸要求示意图

注：$a+b \geq 7$ 英尺，即为了保证居住的基本条件，最小净高为 2.13 米。若 $a>b$，属于地下室。将窗户的地下部分计入采光面积时，需满足以下要求：（1）$0 \leq c \leq 6$ 英寸，即窗户上缘位于梁以下，距离不大于 15.24 厘米；（2）$d \geq 6$ 英寸，即窗口底部高于相邻窗井地面不小于 15.24 厘米；（3）窗井进深不小于窗户地面以下部分高度的 3 倍（$\geq 3e$）；（4）窗井水平方向宽度不小于窗户地面以下部分高度的 2 倍（$\geq 2e$），且窗户两侧各留出 15.24 厘米宽度（$f \geq 6$ 英寸）。若 $a<b$，属于地窖。在符合消防和建设相关规定外，还需满足以下要求：（1）加设一条应急通道；（2）$a \geq 2$ 英尺，即有至少 0.61 米的高度在室外地坪以上。

资料来源：笔者根据以下文献绘制：New York City Council. Local Laws of the City of New York for the Year 2019 No.49 to establish a demonstration program to facilitate the creation and alteration of habitable apartments in basements and cellars of certain one– and two–family dwellings[EB/OL].（2019）[2020–12–13]. https://www1.nyc.gov/assets/buildings/local_laws/ll49of2019.pdf.

5.3　运行维度：引导基层共治，激发空间活力

　　针对运行维度上"秩序"与"活力"的矛盾，首先，应赋予基层一定的自主权，保障非正规住房的安全运行。在非正规住房运行的过程中，基层管理者时常面对"一般性"规定与"特殊性"现实之间的矛盾，甚至可能长期处于无章可循的"真空地带"。在这种情况下，政策的"变形"与执行的"变通"是同步发生的。这就需要基层管理者在保障安全的前提下，因地制宜，弹性治理。在北京城中村治理案例中，W 村村委会出于"应管尽管"的原则，在"刚性"与"弹性"之间找到结合点，进行了有效的管理，其经验值得借鉴。

　　其次，搭建多元共治的决策机制，促进非正规社区的全面提升。在巴西圣保罗贫民窟治理案例中，特别社会利益区管理委员会由数量相等的政府工作人员和贫民窟居民代表构成，保障了贫民窟就地升级工作从方案设计、施工建设到后期运行全过程都充分听取居民的意见；同时，大量社会组织的介入，有效提升了居民的自治能力，在贫民窟改造后，居民围绕废品回收主业自发成立的回收协会不仅运转良好，而且带来了居民收入水平的显著提升。与发展中国家自发形成的贫民窟不同，我国大城市的城中村都有自己的自治组织——村委会。在城中村治理过程中，如何在既定的集体建设用地范围内，既能提供数量充足的安全居住单元，又能提供必要的公共服务设施，这就需要在私人空间和公共空间之间找到平衡。

这一目标的实现，有赖于构建包括政府、基层管理者、房东和租户等多元主体在内的包容性的协商机制，通过充分的调查和沟通，达成行之有效的提升方案。

第三，利用好技术手段，支撑基层管理的可持续性。中国大城市的城中村租户多、流动频繁，对日常管理提出了很高的要求。不论是引入专业的管理团队，还是由村集体和村民自行管理，都需要解决好两个关键问题：一要消除高密度居住状态下的安全隐患问题，二要有稳定的资金来源支撑管理支出。在北京城中村综合整治案例中，W 城中村村集体将智慧化门禁系统与物业费缴纳机制联动起来，既加强了对租户安全的保障，又解决了物业和网格化管理的经费来源问题，形成了良好的自运行机制（图9），对城中村日常运行管理具有很强的启发。

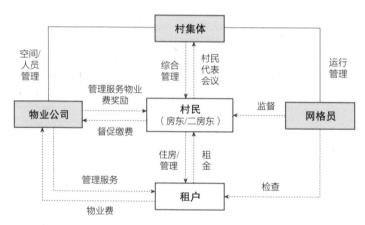

图 9　村集体与村民和租户结成安全治理共同体

资料来源：笔者自绘

6　结论

非正规住房的包容性治理是对包括发展理念、制度设计、技术标准等在内的治理能力的全方位考验。秉承包容性原则，首先需要在理念上正视非正规力量灵活且低成本的优势，认可非正规空间的保障性功能和对正规空间有益补充的重要价值。非正规居住空间是全球范围的普遍现象，以城中村为代表的中国非正规居住空间，与拉美和南亚等地区的贫民窟具有一定相似性，但也有其特殊性。中国的非正规居住空间因涉及产权所有者的获利行为，相较贫民窟建设者占地建房的单一主体行为更为复杂。尽管如此，中国非正规居住空间的提供者因其对社会需求的敏锐嗅觉，成为一支重要的市场力量，为缓解大城市保障性住房短缺这一世界难题提供了不完美但有效的解决方案。不论是借鉴全球非正规住房治理的实践经验，还是面向提高我国城乡存量空间利用效率的现实需求，非正规居住空间的正规化都是大势所趋。其次，在制度层面需要综合考虑准入、使用和运行的可行性，对非正规居住空间开展"系统性"的规划管理和"渐进式"的整治提升，为非正规居住空间的正规化提供制度通道。值得注意的是，非正规空间的正规化并不是对违规行为的无视甚至是纵容，而需要通过合理的制度设计，将违规行为纳入管控，并避免产生新的不公平。第三，需要在技术层面探索"适度化"标准，为非正规空间的正规化提供技术阶梯。中国地域辽阔，南北方差异巨大，"一刀切"的治理标准既不合理也不现实，迫切需要各地在安全、健康的前提下进行技术的突破创新，为非正规空间走出无章可依的管理真空地带、逐步正规化提供可能。

相信随着各级政府和社会各界对非正规居住空间的日益关注，我国非正规居住空间治理工作必将进入一个新的阶段。热切期待非正规居住空间包容性治理能从个案突破走向制度变革，为我国城镇化下半场探索出一条更多元、更和谐、更美好的创新之路。

参考文献

[1]　ALI I, ZHUANG J. Inclusive growth toward a prosperous Asia: Policy implications[R]. Manila: Asian Development Bank, 2007.

[2]　BIRCH E L, CHATTARAJ S, WACHTER S M. Slums: How informal real estate markets work[M]. Philadelphia: University of Pennsylvania Press, 2016.

[3]　CASTELLS M, PORTES A. World underneath: The origins, dynamics, and effects of the informal economy[M]// PORTES A, CASTELLS M, BENTON L A. The informal economy: Studies in advanced and less developed countries. The Johns Hopkins University Press, 1989.

[4]　DE SOTO H. The Other Path: The invisible revolution in the Third World[M]. New York: Harper & Row, 1989.

[5]　DE SOTO H. The mystery of capital: Why capitalism triumphs in the west and fails everywhere else[M]. New York: Basic, 2000.

[6]　GAN X, CHEN Y, BIAN L. From redevelopment to in situ upgrading: Transforming urban village governance in Shenzhen through the lens of informality[J]. China City Planning Review, 2019 (4): 18–29.

[7]　LIU Y, HE S, WU F, et al. Urban villages under China's rapid urbanization: Unregulated assets and transitional neighbourhoods[J]. Habitat International, 2010, 34 (2): 135–144.

[8]　PRATT A. Formality as exception[J].Urban Studies, 2019, 56 (3): 612–615.

[9]　TIAN L. The Chengzhongcun land market in China: Boon or bane? A perspective on property rights[J]. International Journal of Urban and Regional Research, 2008, 32 (2): 282–304.

[10]　TURNER J. Housing by People: Towards autonomy in building environments[M]. London: Boyars, 1977.

[11]　UN-habitat. The challenge of slums: Global report on human settlements 2003[M]. UK & USA: Earthscan Publications Ltd, 2003.

[12]　World Bank. World inclusive cities approach paper[R]. Washington: World Bank, 2015.

[13]　World Bank, Development Research Center of the State Council, the People's Republic of China. Urban China: Toward efficient, inclusive, and sustainable urbanization[R]. Washington: World Bank, 2014.

[14]　WU F. Housing in Chinese urban villages: The dwellers, conditions and tenancy informality[J]. Housing Studies, 2016, 31 (7): 852–870.

[15]　WU F, ZHANG F, WEBSTER C. Informality and the development and demolition of urban villages in the Chinese peri-urban area[J]. Urban Studies, 2013, 50 (10): 1919–1934.

[16]　YUAN D, YAU Y, BAO H. A framework for understanding the institutional arrangements of urban village redevelopment projects in China[J]. Land use policy, 2020, 99 (62): 104998.

[17]　包路芳 . 北京市"城中村"改造与流动人口城市融入 [J]. 新视野, 2010 (2): 67–69.

[18]　陈宇琳 . 中国大城市非正规住房与社区营造：类型、机制与应对 [J]. 国际城市规划, 2019, 34 (2): 40–46.

[19]　陈宇琳，郝思嘉 . 特大城市非正规地下居住空间合法化改造研究——以纽约实践为例 [J]. 国际城市规划, 2021, (6): 1–8, 47.

[20]　陈宇琳，朱辰宇，翟灿灿 . 非正规居住空间的正规管理——北京城中村综合整治的挑战与应对 [J]. 北京规划建设, 2023 (5): 165–174.

[21] 楚建群，赵辉，林坚.应对城市非正规性：城市更新中的城市治理创新 [J].规划师，2018，34（12）：
122-126.

[22] 冯晓英.论北京"城中村"改造：兼述流动人口聚居区合作治理 [J].人口研究，2010，34（6）：55-66.

[23] 洪千惠，陈宇琳.包容性视角下非正规住房治理研究——以巴西圣保罗为例 [J].国际城市规划，2023（4）：
83-90.

[24] 黄耿志，薛德升.中国城市非正规就业研究综述——兼论全球化背景下地理学视角的研究议题 [J].热带地
理，2009（4）：389-393.

[25] 黄耿志，薛德升.国外非正规部门研究的主要学派 [J].城市问题，2011（5）：85-90.

[26] 李梦晗，陈宇琳，王崇烈.风险—收益视角下的北京集体土地租赁住房开发模式研究 [J].北京规划建设，
2021（3）：44-49.

[27] 卢文杰，程佳佳，方菲雅.广州市城中村微改造行动规划探索——以仑头村为例 [J].城市发展研究，
2020，27（5）：94-100.

[28] 缪春胜，覃文超，水浩然.从大拆大建走向有机更新，引导城中村发展模式转型——以《深圳市城中村
（旧村）综合整治总体规划（2019—2025）》编制为例 [J].规划师，2021，37（11）：55-62.

[29] 桑亚尔.发展中国家非正规住房市场的政策反思 [J].陈宇琳，译.国际城市规划，2019，34（2）：15-22.

[30] 田莉.从城市更新到城市复兴：外来人口居住权益视角下的城市转型发展 [J].城市规划学刊，2019（4）：
56-62.

[31] 万成伟，于洋.公共产品导向：多中心治理的城中村更新——以深圳水围柠盟人才公寓为例 [J].国际城市
规划，2021，36（5）：138-147.

[32] 王晖，龙元.第三世界城市非正规性研究与住房实践综述 [J].国际城市规划，2008（6）：65-69.

[33] 韦长传，仝德，袁玉玺，等.城中村研究热点及区域差异——基于 CiteSpace 的文献计量分析 [J].地域研
究与开发，2022，41（3）：68-74.

[34] 魏立华，闫小培."城中村"：存续前提下的转型——兼论"城中村"改造的可行性模式 [J].城市规划，
2005，（7）：9-13，56.

[35] 文超，杨新海，文剑钢，等.基于"城市针灸"的城中村有机更新模式探究 [J].城市发展研究，2017，24
（11）：43-50.

[36] 徐苗，陈瑞.城市非正规性及其规划治理的中外研究比较评述 [J].规划师，2018（6）：19-28.

[37] 姚之浩，田莉，范晨璟，等.基于公租房供应视角的存量空间更新模式研究：厦门城中村改造的规划思考
[J].城市规划学刊，2018，（4）：88-95.

[38] 叶裕民.特大城市包容性城中村改造理论架构与机制创新——来自北京和广州的考察与思考 [J].城市规划，
2015（8）：9-23.

[39] 叶裕民，徐苗，田莉，等.城市非正规发展与治理 [J].城市规划，2020（2）：44-49.

[40] 张磊."新常态"下城市更新治理模式比较与转型路径 [J].城市发展研究，2015，22（12）：57-62.

[41] 张理政，叶裕民.城中村更新治理 40 年：学术思想的演进与展望 [J].城市规划，2022，46（5）：103-
114.

[42] 张墨宁.北京地下空间生存战 [J].南风窗，2011（3）：50，52，54.

[43] 张艳，朱潇冰，瞿琦，等.深圳市城中村综合整治的整体统筹探讨 [J].现代城市研究，2021（10）：
36-42.

[44] 赵静，薛德升，闫小培.国外非正规聚落研究进展及启示 [J].城市问题，2008（7）：86-91.

冷红
赵佳琪

冷红，中国城市规划学会理事、学术工作委员会副主任委员，哈尔滨工业大学建筑与设计学院、自然资源部寒地国土空间规划与生态保护修复重点实验室教授、博士生导师

赵佳琪，哈尔滨工业大学建筑与设计学院、自然资源部寒地国土空间规划与生态保护修复重点实验室博士研究生

美丽城市建设视角下收缩城市空间优化的路径与策略 *

1 引言

　　"美丽中国"这一概念在党的十八大中首次提出，并被确立为执政理念，在2017年党的十九大报告中再次明确了加快生态文明体制改革，建设美丽中国的发展方向。2022年党的二十大报告则进一步强调"绿水青山就是金山银山"的理念，凸显了生态文明建设对于中华民族永续发展的重要性，站在人与自然和谐共生的高度推进美丽中国的建设。目前，我国经济社会由高速增长进入高质量发展阶段，生态文明建设处在关键时期，生态环境保护的现实压力尚存，美丽中国建设任务依然艰巨。2024年1月，国务院《关于全面推进美丽中国建设的意见》（以下简称《意见》）发布，聚焦美丽中国建设的时代背景、总体要求和目标路径提出细化举措。《意见》提出打造美丽中国建设示范样板，坚持人民城市人民建、人民城市为人民，推进以绿色低碳、环境优美、生态宜居、安全健康、智慧高效为导向的美丽城市建设。

　　当前，越来越多的研究显示整体增长背景下中国城市局部收缩现象日趋明显[1]，随着我国人口总量增速的放缓，一些城市逐步显现出了趋于平稳甚至与增长相背的发展状态。在人口收缩情境下，如何采取切实有效的路径策略来适应收缩趋势是亟待探讨的现实问题。全面推进美丽中国建设的政策能够为收缩城市的复兴发展提供新的切入点。在美丽中国政策的支持和指引下，对标美丽城市建设的要点，

* 基金项目：国家自然科学基金"小城镇收缩与社会—生态系统韧性的耦合协调及差异化规划调控研究——以东北地区为例"（编号：52278056）。

本文针对我国城市收缩现象，着眼其面临的挑战，借助国土空间规划体系的带动作用，探究收缩城市的城市空间在管制、建设和治理三方面的优化策略，推动城市更高质量发展。

2 美丽城市建设的要求和目标

《意见》共包含 10 个方面 33 条，为美丽中国建设提供了基本遵循，明确了建设着力的七个重点领域，分别是推进美丽蓝天、美丽河湖、美丽海湾、美丽山川建设，打造美丽中国先行区、美丽城市、美丽乡村。其中，前四项内容涉及组成生态环境的要素和领域，后三项内容则与我国的各个区域和地方相关。

城市区域人口密集、社会经济活动集中、资源开发强度大、生态问题频出，是重大战略下统筹经济社会发展和生态环境保护的重要单元[2]。城市作为打造美丽中国建设示范样板的重要一环，是建设美丽中国的重要载体。聚焦建设美丽城市，与《意见》中提出的多条重点任务息息相关：通过优化国土空间开发保护格局、坚守生态保护红线、加快既有建筑和市政基础设施节能降碳改造等途径，加快发展方式绿色转型；持续深入推进污染防治攻坚，强化空气、水源、土壤的污染治理，推动实现环境健康；稳固国家生态安全屏障，推进国家重点生态功能区、重要生态廊道保护建设，实施山水林田湖草沙一体化保护和系统治理，以此提升生态系统多样性、稳定性、持续性；鼓励绿色出行，推进城市绿道网络建设，完善公众参与，践行低碳生活方式，开展美丽中国建设全民行动。《意见》中提出美丽城市建设的重点是要提升城市规划、建设、治理水平[3]，与长远的任务目标相结合，推动形成城市共建共治共享的格局，充分激发美丽中国建设的内生活力。

3 收缩城市的现象与面临的挑战

3.1 收缩现象

自 20 世纪中期以来，受到全球化、后社会主义、去工业化、郊区化和人口学问题等原因的推动，全球视野下以欧美国家和日本为典型的一些城市与大都市地区已经初显人口收缩的进程[4]。"收缩城市"的概念最早由德国学者 Häußermann 等[5] 在 1988 年的一篇有关德国鲁尔区的实证研究中正式提出，主要为了隐喻德国因去工业化导致人口和经济衰败的城市[6]。在日益城市化的发展背景下，相较于城市增长而言，城市收缩作为城市发展进程中另一种难以回避的客观现象，正引起世界范围的广泛关注 [7]。总体来看，对于长期依赖于单一产业或单一经济活动的城市和地区，在全球化激烈竞争背景下很容易受到严重影响而导致收缩 [8]。如我国处在经济转型的阵痛下的老工业城市、资源型城市、欠发达地区的中小城市等，已出现局部收缩的现象 [9, 10]。2020 年第七次人口普查显示，2010—2020年间辽宁、吉林和黑龙江年均人口增长率为 –0.27%、–1.31%、–1.83% [11]，这些地区的自然增长人口规模不抵流失人口，出现了老龄化、低生育率等人口结构转型现象，加剧了人口收缩。总结诱因，全球化、去工业化、人口老龄化对城市收缩的驱动作用均有所体现，此外工矿资源枯竭、产业收缩、区划调整、新城建设、城镇化导致小城镇衰退等因素也在一定程度上也引发了收缩现象 [12, 13]。

过往我国城乡规划的价值导向着重强调对于经济和生产力的促进作用 [14]，而近年来表现出与空间持续增长相反特征的收缩城市对这类规划的理念方式形成了极大冲击 [15]。而不同收缩城市在不同的政策引导下可能会走向持续收缩衰退、收缩后平稳、精明收缩、人口经济再增长等不同发展趋势 [16]。因此，明确城市现实面临的收缩问题是指引其发展突破困境的必要条件，也是未来改善收缩城市的空间环境、提高存量人口生活质量的关键所在。

3.2 收缩城市面临的挑战

人力资源的缺乏及其导致的经济等方面发展迟缓是收缩城市面临的首要社会挑战。除此之外，收缩城市的困境也广泛体现在物质空间层面，包含城市空间布局上的空置局面、生态服务欠缺现象，传统产业发展乏力，城市生态破坏、活力缺失等品质不足 [17] 的问题。

3.2.1 布局问题

"易增难减"引发空置。在人口收缩过程中，城市已有的土地和房屋被闲置、废弃或遭到止赎，会造成较大规模的空置局面，其中以居住用地中的住房空置为主，同时也涉及闲置的商业、工业和绿地等具有资源价值的开放空间。有研究分析了 2017 年全国地级及以上城市住房空置的情况，中小城市城市空置率为 12.9%、10.3%，可见在其城市规模扩张后，并未产生与超前规划匹配的人口增长 [18]。人口可以流动增减，但物质空间却"易增难减"，人口由少到多、再由多到少的过程会使物质空间最终面临冗余的难题 [19]。在经济下行状态下，城镇空间的空置不仅引发物质空间环境的浪费和恶化，还会带来消极的评价，导致更长期的空置问题和经济社会发展的衰败。

城市生态服务欠缺。一项针对我国东北地区收缩城市空间利用特征的研究显示，在重点生态功能区内的 20 个人口收缩的城市中仍有 17 个呈现城镇空间的扩张态势，这不仅会侵蚀生态空间，还将减弱其提供生态产品与服务的能力[20]。一些收缩城市处在社会经济发展减缓的时期，即使空间没有无序扩张，人口流失引发的商业设施和住房的空置也会带来城市棕地的增加。收缩在土地和生态系统上的表征，包括宏观尺度下城市建设空间内土地利用状况的改变，以及微观尺度下绿色基础设施品质的退化、城市生态环境的维护质量下降等发展困境。

3.2.2　发展乏力

传统产业转型困难。在城市的发展进程中，部分城市因资源枯竭或制造业的衰退而步入了产业转型的关键时期，这一变革引发了人口数量的减少。以前的产业结构和发展模式受到客观资源条件有限的影响而不再适用，间接使大量人口为追求高经济收益向外流出，比较有代表性的是美国东北部地区工业锈带的收缩，正是由于制造业衰退导致的长期工业转型过程[21]。在我国，2010—2020年，六成以上的资源型城市表现为收缩状态，在煤炭型资源型城市中，这个比例超过70%[22]，另外，2009—2018年有92%的老工业基地城市出现了收缩现象[23]。以东北地区为代表，城市总体面临着支柱产业单一、过度依赖资源的问题[24]，在当前人口与投资流失的双重困境下，过往产业发展路径单一的局限性逐渐体现出来，这类城市对固有模式的依赖意味着寻求改变的成本将更高，如何有效缓解由产业结构的单一或不合理引发的城市持续衰退现象，以及如何通过前瞻性的产业规划体系引领城市未来发展，已成为迫切需要应对的现实挑战。

3.2.3　品质不足

生态破坏。收缩城市所面临的生态环境问题主要体现在工业污染严重、城市生态破坏、非建设空间被挤压减少等方面。在我国，收缩型老工业城市在过往支柱产业发展过程中产生大气污染、水污染等各类污染，严重影响当地居民的身体健康和生活质量[25]；同时，一些资源型城市存在矿区山体和植被遭到毁坏的现象，导致了土地裸露和荒漠化等问题，因资源枯竭与可持续发展理念，这类城市或被动或主动地面临收缩。城市周边生态遭受了侵占和破坏，非建设空间受到极大挤压，引发了森林、湿地等生态系统退化，耕地数量与质量显著下降等问题。

活力缺失。在同一区域内，相较于增长型城市，收缩型城市的综合活力水平普遍较低，归因于人口减少的影响，导致它们持续位于该区域活力水平的中下游[26]。另外，针对部分城市当前收缩现象的研究显示[27, 29]，在没有积极干预的情况下，收缩城市的自然环境维护与人文空间塑造将由于经济活力降低而被市场搁置，最终导向公共设施缺失、空间衰败的品质问题，进而引发公共服务品质下降，甚至降低市民的日常生活质量。结合社会层面问题来看，人口老龄化背景下，城市空间环境与主要适用人群的匹配度不高也是矛盾点之一，存在如基础设施等城市构成要素对老年空间环境塑造的欠缺[30]。由此可见，收缩城市在空间品质层面的提升是后续发展的核心目标。

4 美丽城市建设视角下收缩城市空间优化的路径

在美丽城市建设的视角下，收缩城市的空间优化应从问题导向出发，着眼于解决当前问题并推进城市的高质量发展。城市收缩对产业发展和空间利用布局会产生重要的影响，除了社会经济落后，在空间利用方面也造成土地效率低下、利用不足甚至空置等负面问题，但在某种程度上，这也意味着是在为土地的再利用与功能的再创造提供条件，其中包含着面向"人与社会和谐发展"和"空间置换"的机遇[31]，也成为推动美丽城市建设的契机。

当前，中国正处在以生态文明战略为指引构建和实施国土空间规划体系的进程中，在美丽城市建目标导向下的国土空间规划是当前收缩城市空间优化的重要路径。《市级国土空间总体规划编制指南（试行）》将"资源枯竭、人口收缩城市振兴发展的空间策略"列为重大专题研究之一，在国土空间规划的指引下，立足对收缩现实的理性认识，改变对这一概念的负面看法，聚焦城市可持续发展，在此基础上再进行以规划为引导的应变。国土空间规划以逐级分层的体系统领收缩城市的关注视角，以编管结合的制度规范收缩城市的良性发展，以存量规划的路径梳理收缩城市的未来走向。这种规划思维的转变是衔接具体路径实施的基础，可以规避以增量效率为导向盲目扩张的固化理念，同时为收缩城市提供一种高质量发展的新方式，有针对性地处理现存空间问题，实现美丽城市的建设目标，也为生活在此的人们带来更有幸福感的新生活。

5 美丽城市建设视角下收缩城市空间优化的策略

针对收缩城市目前面临的诸多问题与挑战，应当遵循新时代国土空间规划体系的引领，即在总体层面强调规划的综合性，建立大尺度的秩序，在详细层面强调规划的实施性，注入小尺度的活力。在总结分析收缩城市面临的问题与挑战的基础上，结合《关于全面推进美丽中国建设的意见》[3]的目标导向与《市级国土空间总体规划编制指南（试行）》[32]主要编制内容的途径指引，将美丽城市建设的目标落实到空间优化策略上，涉及城市空间管制、空间建设和空间治理的具体策略（图1）。

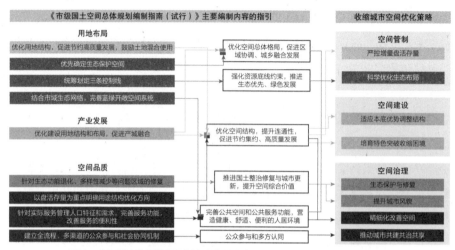

图1　市级国土空间总体规划主要编制内容对收缩城市空间优化策略的指引

5.1　空间管制

5.1.1　严控增量盘活存量

新型城镇化建设重点任务提出收缩型小城市要瘦身强体，对应《意见》中指出的向外严控边界、向内集约发展，这也与国土空间总体规划的编制内容相契合，即把握城市的增量管控与存量布局，一方面优化用地结构，促进节约高质量发展，另一方面鼓励土地混合使用。

其一，要推动城市集约发展，以此应对盲目扩张导致增长乏力的透支型收缩。这不仅要求在理念上转变发展思维，确定收缩城市未来的发展定位与需求，也要突出空间规划的技术内核，通过国土空间规划红线的划定限制这类城市发展的范围，实现空间规模与边界的综合管控，避免城镇空间进一步的无益扩张，保护非建设空间。其二，对空间布局进行一定的调整来实现用地的再利用，激发收缩城市的巨大潜力。在国土空间规划本底评价的基础上，具体调整并优化收缩城市的用地类型，即要以构建城镇低效用地识别体系为基础，利用如容积率、建筑密度、闲置率等内部指标及道路通达水平、设施完备程度等外部指标进行科学识别[33]，再利用规划调控手段置换低效用地类型。根据城市发展需求，借收缩契机来改善空间功能，例如莱比锡市的临时用途项目在工业用地上改造出滑板、攀岩等项目场地，为城市的空置土地的再利用提供了广阔的可能性[19]。现有闲置或低效用地可以作为有助于社会良性运转的公共服务空间，或是作为绿色生态空间存储起来，为其赋予更高的经济社会价值。

5.1.2　科学优化生态布局

面向未来高质量发展过程中，应以生态文明理念为基础，构建绿色低碳的国土空间，以构建新发展格局为引领，助力美丽中国建设推进碳达峰碳中和、稳固生态安全完善生态功能的目标。

规划理念上，《市级国土空间总体规划编制指南（试行）》中强调了优化空间总体格局、确定生态保护空间，强化资源底线约束、推进生态优先、绿色发展，结合生态网络，完善蓝绿开敞空间系统等主要编制内容。规划方法上，国土空间规划双评价体系能够作为优化收缩城市空间布局的重要技术方法，通过划定控制线等手段提升规划的科学性。在此基础上，完善生态系统服务，能够切实改善人民生活质量，如日本北九州市沿海城市若松市及户畑市在面临城市收缩时，以生态桥为媒介形成城市生态网络，以韧性为可持续目标增强城市生态功能[34]。以此为例，搭建生态网络、优化生态格局的规划行动不仅能通过廊道和功能区来改善生态环境，也是弥补收缩城市过往透支性发展，解决潜在的土地和环境问题的有效渠道。

5.2 空间建设

5.2.1 适应本底优势调整结构

国土空间规划能够为处在转型期的城市未来产业发展提供基于要素禀赋适宜性评价的本底条件评估支持。依托国土空间总体规划，优化建设用地结构和布局，促进产城融合，构建带动城市高质量发展新模式。例如日本富山市，在人口减少、经济衰退的情况下，采取了主动收缩的规划思路，充分利用自身较为丰富的铁路网络资源强化了城市功能的集聚，形成了多节点网络化紧凑型城市空间结构[35]。此外，针对我国一些被动的趋势型收缩城市[10]，依照国土空间规划的引领积极收缩传统工业功能与传统空间[36]，发挥城市当地土地适宜优势，合理与可持续地利用和管理自然资源资产，实施美丽中国建设全面节约战略，促进各类资源集约利用，从而达到精明收缩。

5.2.2 培育特色突破收缩困境

美丽城市不仅需要在实体空间上的推进，也需要产业建设转向低碳发展，《意见》中提出的建设现代化产业体系、发展新兴产业及绿色产业等目标，也说明了明晰方向培育主要接续产业是一些传统产业发展停滞的收缩城市未来高质量发展的前提。日本北海道在其国土空间优化路径中就强调要打破单一产业的支撑困境，推动产业融合与创新来挽救收缩颓势，通过提炼当地旅游资源并构建各行业多元合作模式，旅游业已经成为北海道的主导产业之一。我国收缩城市也应在国土空间规划总体规划与相关专项规划的约束衔接的基础上，寻找新的产业发展点为城市良性发展提供动力，注入新活力。例如融入高新技术实现原有产业的经济升级、加强区域中的服务业中心地位等[37]。收缩型城市需要进一步发掘自身优势，培育发展特色产业，寻求经济增长点，以此增强自身的差异化竞争力。

5.3 空间治理

从宏观视角来看，空间治理的内容既包括对国土空间构成要素的具体治理活动，如保护、开发、利用、修复、整治等，也包括在更大范围内进行的综合性治理，旨在实现一系列重要的社会、经济和环境目标，致力于解决空间失衡的问题，构建更加合理而高效的空间格局。在中微观视角下，空间治理强调对城市内部空间的精细化管理与优化，关注社区层面的居民需求，由上至下共同参与到美丽城市的建设中，形成多元治理格局。

5.3.1 生态保护与修复

《意见》指出要深入推进污染防治攻坚，并实施山水林田湖草沙一体化保护和系统治理。而生态系统保护与修复往往是收缩城市再发展的基石。德国鲁尔区的示范证明，三十余年的生态修复工程使该区受污染最严重的埃姆舍河的水质和生态得到了根本性扭转，解决了过往煤炭和钢铁工业发展对其带来的困扰。推进国土整治并提升空间综合价值是国土空间总体规划的重要内容之一，作为改善自然环境、规避潜在的土地风险的有力手段，以双评价及底线控制结果为基础，生态保护与修复能够逐步解决收缩型工矿城市过去产业发展过程中遗留的环境污染和生态退化问题，使其更为良性和可持续地发展，提高收缩城市国土空间的品质和价值。

5.3.2 提升城市风貌

全域覆盖的美丽中国建设要求塑造各具特色的城乡风貌，其有助于改善城市的环境和形象品质，促进城市内部协调和可持续发展，这将切实体现美丽城市的"美丽"所在。在生态保护修复的基础上，收缩城市能够依托更稳固的生态根基进行环境风貌的提升。大尺度上，维护山水基底，结合收缩城市的空间转型方向，合理开发自然景观，采取联动特色资源的结构化策略，因地制宜地展现城市风貌特色；小尺度上，妥善借助城市收缩的用地空置，结合规划对公共空间及建筑进行风貌导控，引领城市的环境更新建设。

5.3.3 精细化改善空间

《意见》指出要坚持人民城市人民建、人民城市为人民，这也是美丽城市建设的核心要求之一。面对收缩时期的现实挑战，利物浦成功应对的经验表明单纯依靠财政投入带动城市发展是不可持续的，重要的是重塑人们对地方的认同与自信，可将收缩背景作为一种新的机遇，传导上位要求并兼顾下位需求，为空间再更新与利用提供可能。国土空间规划编制内容指出应针对实际管理人口特征和需求，完善服务功能，改善便利性，在具体规划中，要充分考虑到城市与区域的差异[38]，对收缩城市而言，需着力为留下的人口创造更好的生活条件。以其普遍面临的人口老龄化问题为例，可以采取如优化空间功能配比等手段，弥补原本城市建设中老年活动空间的缺失等局限，或如日本北海道为了减轻冬季恶劣天气对老年人的困扰，将空置住宅改造缮后用作"集住"设施，创新地应对了地区设施不足的问题。通过国土空间规划精细化的管控实施，提高收缩城市空间环境品质，增强宜居性，并为收缩城市复兴发展成为美丽城市提供契机。

5.3.4 推动城市共建共治共享

收缩城市的空间治理不仅涉及对具体空间和功能的改善与重塑，还需要注重人文关怀，由于人口结构的变化和社区功能的弱化，社区治理面临诸多挑战。在这一背景下，挽救收缩颓势的同时推进美丽城市建设需要居民和社会组织的共同参与，全民行动推动城市共建共治共享，成为建设美丽城市、创造更加宜居生活环境的重要途径。例如在规划引领的统筹下，以街道为代表的城市空间在专业力量与社会力量的共同协商商议下，将更新设计融入当地生活，充分吸纳居民等多元社会力量参与到社区或城市的建设治理中，提升居民参与感，搭建起共建共治共享的桥梁，能够激发收缩城市的内在活力，唤醒市民的认同感和生活幸福感，这也是令收缩城市人口生活在更加宜居的美丽城市的必由之路。

6 结语

本文着力于探索通过美丽中国政策赋能收缩城市的方式，以分析城市收缩的问题为基础，在美丽中国建设与国土空间规划编制内容的引领下，为其实现良性发展提供理念和路径的参考。首先，总结了收缩城市当前面对的多方面挑战。其次，提出了美丽城市视角下对收缩城市的理念认识，以及以国土空间规划为引导的应变方向。最后，从空间管制、空间建设、空间治理层面探讨了一系列收缩城市的空间优化策略。在美丽中国建设不断推进、国土空间规划不断落实的背景下，未来仍有待开展相应深入研究，以期推动收缩城市进一步向美丽城市的建设与高质量发展。

参考文献

[1] 郭源园，李莉. 中国收缩城市及其发展的负外部性 [J]. 地理科学，2019，39（1）：52-60.

[2] 万军，陆文涛. 加强城市生态环境保护建设新时代美丽城市 [J]. 环境保护，2024，52（1）：13-15.

[3] 中共中央 国务院. 关于全面推进美丽中国建设的意见 [EB/OL]. [2024-02-25]. https：//www.gov.cn/gongbao/2024/issue_11126/202401/content_6928805.html.

[4] 高舒琦. 收缩城市研究综述 [J]. 城市规划学刊，2015（3）：44-49.

[5] HÄUßERMANN H, SIEBEL W. Die Schrumpfende Stadt und die Stadtsoziologie[M]// Friedrichs J. Soziologische Stadtforschung. Opladen：Westdeutscher Verlag，1988.

[6] 吴康，孙东琪. 城市收缩的研究进展与展望 [J]. 经济地理，2017，37（11）：59-67.

[7] 杨东峰，龙瀛，杨文诗，等. 人口流失与空间扩张：中国快速城市化进程中的城市收缩悖论 [J]. 现代城市研究，2015（9）：20-25.

[8] Martinez-Fernandez C, Audirac I, Fol S, et al. Shrinking Cities：Urban Challenges of Globalization[J]. International Journal of Urban and Regional Research，2012，36（2）：213-280.

[9] 朱金，李强，王璐妍. 从被动衰退到精明收缩——论特大城市郊区小城镇的"收缩型规划"转型趋势及路径 [J]. 城市规划，2019，43（3）：34-40，49.

[10] 张京祥，冯灿芳，陈浩. 城市收缩的国际研究与中国本土化探索 [J]. 国际城市规划，2017，32（5）：1-9.

[11] 国家统计局. 第七次人口普查主要数据 [EB/OL]. [2024-03-07]. https：//www.stats.gov.cn/sj/pcsj/rkpc/d7c/.

[12] 张旻薇. 我国收缩城市的定义、测度方法与成因研究综述 [C]// 中国城市规划学会. 面向高质量发展的空间治理——2020 中国城市规划年会论文集（04 城市规划历史与理论）. 北京：中国建筑工业出版社，2021：192-201.

[13] 罗小龙. 城市收缩的机制与类型 [J]. 城市规划，2018，42（3）：107-108.

[14] 王凯，陈明. 近 30 年快速城镇化背景下城市规划理念的变迁 [J]. 城市规划学刊，2009（1）：9-13.

[15] 匡贞胜. 城市收缩背景下我国的规划理念变革探讨 [J]. 城市学刊，2019，40（3）：56-60.

[16] A. Haase, M. Bontje, C. Couch, et al. Factors driving the regrowth of European cities and the role of local and contextual impacts：A contrasting analysis of regrowing and shrinking cities[J]. Cities，2017（108）：Article 102942.

[17] 姜晓晖. 空间不匹配带来城市收缩的三重逻辑——制度空间位移、政策空间悖论与行为空间失衡 [J]. 人文地理，2021，36（6）：87-95.

[18] 杨鹏飞，潘竟虎. 中国地级及以上城市住房空置的空间格局及影响因素——基于 CHFS 调查数据的分析 [J]. 商业经济，2022（3）：22-27，31.

[19] 衣霄翔，赵天宇，吴彦锋，等. "危机"抑或"契机"？——应对收缩城市空置问题的国际经验研究 [J]. 城市规划学刊，2020（2）：95-101.

[20] 余雷，罗梅，邱欣悦，等. 2000—2020 年东北三省收缩城市主体功能空间演化研究 [C]// 中国城市规划

学会 . 人民城市，规划赋能——2022 中国城市规划年会论文集（13 规划实施与管理）. 北京：中国建筑工业出版社，2023：8.

[21] Pallagst, Karina. The planning research agenda: shrinking cities – a challenge for planning cultures. Town Planning Review, 2010, 81（5）: I–IV.

[22] 吴康，刘晓啸，姚常成 . 产业转型对中国资源型城市增长与收缩演变轨迹的影响机制 [J]. 自然资源学报，2023, 38（1）: 109–125.

[23] 丁晓明，王成新，张宇，等 . 中国老工业基地城市收缩的时空演变及影响因素分析 [J]. 世界地理研究，2023（11）: 1–16.

[24] 段利鹏 . 东北地区资源枯竭型城市收缩的特征、机制与调控研究 [D]. 长春：东北师范大学，2021.

[25] 周盼 . 基于绿色基础设施的老工业收缩城市更新策略研究 [D]. 武汉：华中农业大学，2015.

[26] 冯章献，李嘉鑫，王士君，等 . 东北地区收缩城市活力演化及影响因素分析 [J]. 地理科学，2023, 43（5）: 774–785.

[27] 李智，龙瀛 . 基于动态街景图片识别的收缩城市街道空间品质变化分析——以齐齐哈尔为例 [J]. 城市建筑，2018（6）: 21–25.

[28] 肖佳鹏，王庆 . 精明收缩导向下的收缩城市更新策略研究——以鄂托克旗乌兰镇城市更新规划为例 [J]. 城市建筑空间，2022, 29（8）: 2–5.

[29] 周祥飞，陈艳标 . 收缩城市高质量发展途径探索——以鹤岗市为例 [C]// 中国城市规划学会 . 人民城市，规划赋能——2022 中国城市规划年会论文集（11 城乡治理与政策研究）. 北京：中国建筑工业出版社，2023：9.

[30] 黄志林，赵敬源，王农 . 收缩城市视角下的应对策略研究——以日本北九州市为例 [J]. 建筑与文化，2019（8）: 237–239.

[31] Haase D , Haase A , Rink D . Conceptualizing the nexus between urban shrinkage and ecosystem services[J]. Landscape & Urban Planning, 2014, 132: 159–169.

[32] 自然资源部办公厅 . 关于印发《市级国土空间总体规划编制指南（试行）》的通知 [EB/OL]. [2024-02-25]. https: //www.cgs.gov.cn/tzgg/tzgg/202009/t20200925_655566.html.

[33] 丁一，郭青霞，陈卓，等 . 系统论视角下欠发达县域城镇低效用地识别与再开发策略 [J]. 农业工程学报，2020, 36（14）: 316–326.

[34] 刘菀蓉，张磊，赵敬源 . 日本城市收缩现象的生态城市设计策略研究——以日本北九州若松市及户畑市为例 [J]. 城市建筑，2020, 17（19）: 47–49, 72.

[35] 栾志理，康建军 . 日本收缩型中小城市的规划应对与空间优化研究 [J]. 上海城市规划，2023（4）: 78–84.

[36] 刘畅，马小晶，卢弘旻，等 . "收缩城市地区" 的规划范式探索 [J]. 城市规划学刊，2017（S2）: 136–141.

[37] 周恺，钱芳芳 . 收缩城市：逆增长情景下的城市发展路径研究进展 [J]. 现代城市研究，2015（9）: 2–13.

[38] 石爱华，赵迎雪 . 以品质提升为导向的空间规划应对思考 [J]. 北京规划建设，2020（2）: 49–52.

徐键，广州市城建规划设计院有限公司副总规划师，城市规划高级工程师

袁华，广州市城建规划设计院有限公司城市规划高级工程师

赖寿华，广州市城建规划设计院有限公司总经理，城乡规划教授级高级工程师

赖寿华　袁华　徐键

基于参与者视角的新城人口导入机制探讨
——以云南省安宁市太平新城为例

1　引言

　　大量新城面临着人口不足、人气不旺的问题，甚至被称为"空城"[1, 7, 14]。这一现象的本质是土地城市化快于人口城市化，新城规模显著超出了人口城市化需求[2-4]。新城人口可能来自主城外溢、跨区域流入或乡村城市化，常见的导入动因有就业拉动、居住外溢、服务吸引、成本驱动、政策性导入等[5]，但在人口增长和城市化速度趋缓的背景下，新城人口导入动力失效、人口不足问题愈发突出。既有研究对新城人口导入问题进行了广泛讨论，认为新城人口不足的主要原因有：规划不合理、产业与居住功能错位、配套设施不足、交通不便、住房保障体系不健全、与主城关系不清晰、政府土地财政依赖与开发商盲目投资等。除了规划建设方面的原因，关于新城的法律法规、管理制度、文化建设等方面也存在一定问题[6-10]。

　　中央城市工作会议指出，统筹政府、社会、市民三大主体共治共管、共建共享是做好城市工作的重要方向。新城发展过程需要有多种力量参与和综合施策[11]，政府主导资源配置并保障基本公共服务供给；企业所代表的社会资金参与经营性开发，在追求经济利益的同时承担一定社会责任；市民是新城的使用者，其对新城发展的关注、体验、反馈、监督，影响着政府决策与企业投资行为；三者关系对新城发展有着重要影响。本文拟以昆明市近郊的安宁市太平新城为例，从参与新城建设的三大主体视角分析新城人口问题的形成机制，并提出政府作为主导者可采取的对策建议。

2　太平新城人口导入特征

2.1　增量人口多源，以中心城区外溢为主

太平新城隶属云南省昆明市下辖县级市安宁市，东距昆明市中心16千米、西距安宁市中心12千米，规划面积110平方千米，含原太平白族自治乡全域及金方街道部分用地。新城开发始于2003年，至2023年底常住6.82万人，较2003年净增5.62万人。超过60%的增量人口来自昆明城区、安宁主城区的"外溢"；其次是周边县市的流入人口和就近城镇化人口；此外，迁入的高等学校师生和来自外地的退休"养老"人口也占一定比重。

2.2　土地开发速度远超前于人口增长速度

目前，太平新城现状建设用地2539.09公顷，其中居住用地占37.78%，已出让居住用地人口容量达30.18万人，其中已建成住宅项目可容纳15.31万人，综合入住率仅为44.55%，节假日入住率约为50%，居住用地的供应和开发均超前于居住需求。

2.3　处于人口净流入地区，对安宁市人口增长贡献率低

太平新城所在的安宁市是一座工业城市，就业岗位增长较快，2010—2020年期间，人口规模由34.16万增长至48.38万，增量为14.22万，增幅约为41.63%，远高于昆明市同期平均水平（31.53%），略低于昆明中心城区水平（47.12%），具有较强的人口吸纳能力。而同期太平新城常住人口由2.48万人增长至4.31万人，增量为1.83万人，增幅约为73.79%，但由于基数较小，太平新城对安宁市域人口增长的贡献率仅为12.87%。

3　太平新城人口导入机制分析

3.1　新城自身条件评价

太平新城在区位与环境方面存在人口导入优势。区位方面，处于昆明市区与安宁城区之间，距二者均在30分钟车程之内，处于昆明辐射滇西八地州通道的咽喉之地，也是安宁融入昆明的衔接点；环境方面，东临西山、滇池风景区，内部森林覆盖率、空气质量较高，生态环境优势突出。

太平新城在交通与产业方面存在明显短板。一是交通封闭，与昆明主城、安宁主城之间均被山体阻隔，仅一条狭长通道连接主城，且交通容量已趋于饱和，

高峰期常态化拥堵，严重影响可达性和便利性，限制了人口承接能力。二是产业
不足，现状产业沿交通走廊分布，多为昆明外溢的专业市场、仓储物流等粗放型
项目，就业密度低、岗位少。

3.2　政府行为与人口导入

3.2.1　居住功能挤压产业功能导致职住失衡

新城的规划用地构成可直观反映政府对其发展的导向。太平新城共编制了 4
轮规划（图 1），发展定位从"宜居新城"起步，历经"奥林匹克体育小镇""产城
融合的花园城区""文旅健康城、昆明西部城市新中心"多次调整，产业发展方向
有一定变化，但规划居住用地占比一直居高不下（表 1），而且在实施过程中多次

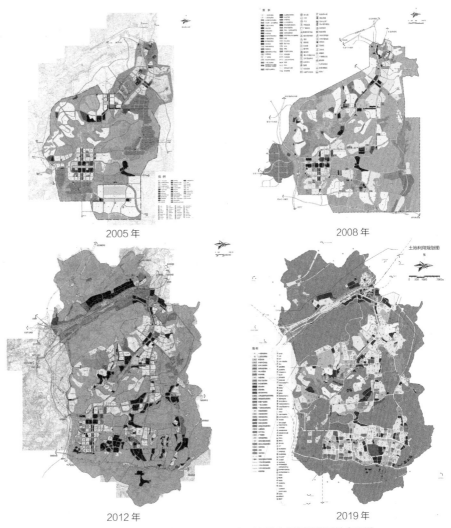

2005 年　　　　　　　　　　2008 年

2012 年　　　　　　　　　　2019 年

图 1　太平新城 2005、2008、2012、2019 年四版规划用地布局图

资料来源：笔者自绘

太平新城历次规划建设用地面积、人口规模及主要用地功能比例　表1

序号	规划批准时间（年）	规划城市建设用地面积（公顷）	规划人口规模（万人）	用地功能构成（产业Ⅰ：产业Ⅱ：居住：配套）（%）*
1	2005	3541.12	41.1	23：5：63：9
2	2008	3571.78	19.5	13：6：71：10
3	2012	4205.37	45.0	12：28：48：12
4	2019	4290.41	45.0	10：23：55：12

注：* 产业用地Ⅰ含工业用地、物流仓储用地；产业用地Ⅱ指商业服务业用地；配套用地含A公共管理与公用服务设施用地、公用设施用地、交通设施用地（不含道路用地）。

资料来源：笔者自制

通过规划局部修改增加居住用地。经统计30余次规划局部修改发现，规划产业用地减少19.12公顷，居住用地增加34.95公顷。

土地供应可反映政府的开发意图和对市场投资的引导方向。据统计，太平新城已供国有用地中，剔除道路、绿地后可用于安排建设项目的净用地为1631.28公顷。其中产业用地Ⅰ类187.85公顷，占比约12%；产业用地Ⅱ类257.70公顷，占比约16%；居住用地1008.00公顷，占比约62%；配套用地177.59公顷，占比约11%。供地构成与规划用地构成对比，居住用地供地占比较规划占比提高7个百分点，而产业用地Ⅱ类的比重则降低7个百分点，反映出居住项目开发热度高、商业服务业项目滞后的特点。

太平新城在规划居住用地占比较高的情况下，通过规划修改、土地供给进一步强化了居住功能，这在一定程度上挤压了产业功能，导致新城就业机会少、功能多样性消失，难以形成生活氛围和集聚人口[12, 18]。

3.2.2　服务设施时空不匹配影响居住体验

太平新城启动建设之初，规划范围包括乡驻地及42个村小组或涉农居民小组，共1.2万人，其公共配套级别低、布局分散，类型单一，具有典型的乡村特征。目前约有0.8万原住民实现了就地城市化，教育、医疗、文化、体育等公共服务功能日益完善，政府发挥了公共产品供给者的主体作用。但是，太平新城的公共服务水平仍然远低于临近的昆明市西山区及安宁城区，且存在严重的时空不匹配问题。

新城北部先期开发，建设用地布局紧凑连片，居住人口密集，设施需求旺盛，但公共配套少，甚至缺乏补建设施的空间；新城南部后期开发，由于地产商"大片圈地、局部启动"的开发模式，导致建成的居住项目多点分散布局，虽然配套了充足的公共设施，但由于需求不集中，服务便利性不足，文体设施、综合公园15分钟可达范围仅覆盖不足30%的居民，远达不到社区生活圈的设置要求。空间布局的缺陷导致公共配套服务便利性不足，显著降低了置业人群入住的积极性。

3.2.3 上级政府加强资源投放提高人口吸引力

新城的管理机构级别越高，给予的政策支持力度越大，统筹资源能力越强，资源投入越多，新城越容易在人口导入方面获得成功。太平新城的管理架构历经三次变化：

第一阶段（2004—2015 年），本级管理、本级投入。由安宁市本级政府主导，派出太平新城设管委会统筹属地街镇（太平 / 金方）实施开发，主要承接昆明市的产业与人口"溢出"，依靠本级政府给予政策、投资支持，发展速度也偏慢。

第二阶段（2016—2022 年），多级管理、双主体开发。此阶段太平新城将南部约 26 平方千米用地交由滇中新区直管，由新区下属国企实施一级开发；其他区域仍由安宁市政府管理，由太平新城管委会开发建设。直管区在基础设施与保障房建设、高等院校及大健康产业引进等方面得到省市级政府的大力支持并快速发展。但直管区的跳跃式开发使太平新城框架过大，多层治理模式也给后续的资源统筹、建设协同带来挑战 [13]。

第三阶段（2023 年至今），强化干预，地位跃升。目前，太平新城整体被纳入昆明市强省会扩容发展战略范围，昆明市政府强化对太平新城的干预，撤销新城管委会的建制，将一部分管理权限从安宁市接管，并计划将昆明国际会议中心、体育运动中心、市动物园等重点项目引入太平新城。

管理机构层级跃升使太平新城得到更多资源，缓解了资金压力，有利于摆脱房地产主导的发展路径，承接更多的产业与专项服务职能，促使太平新城更加紧密地融入昆明都市圈，也将在一定程度上吸引更多的常住人口。

3.3 企业投资行为与人口导入

新城开发过程中，投资企业是参与开发的主体，市场环境和企业的投资偏好，决定着投资产品的供给，从而影响着新城人口导入。

3.3.1 协议建设公益性项目吸引置业人群

由于安宁市政府的财力有限，太平新城的部分公益性项目采取由开发企业按协议出资建设的模式。政府在土地出让时明确，参与竞拍企业需承担拟出让地块周边的公园及公服等公益性项目的建设投资，建成后无偿无条件移交政府。因居住类项目周期短、投资回报快，且完善的公共配套有利于住宅销售去化，多数地产投资企业可以接受。企业投资在一定程度上缓解了政府财力不足的压力，也对新城开发与吸引人口起到积极的作用。

3.3.2　住宅供应结构影响人口导入基数

有研究显示，如果房地产发展与市场需求不匹配，即使在人口快速流入地区也会出现高空置率现象[14]。太平新城生态环境优越，早期的大户型、别墅类住宅项目较受市场追捧，大于 144 平方米的户型占比达到 68%，呈现典型的"第二居所新城"特征。2019 年以后，面向昆明"刚需"市场的 90 平方米以下的小户型住宅量开始增加，但由于昆明城区同类竞品较多，太平新城的交通和配套短板削弱了价格优势，随后受房地产行业下行影响而陷入滞销。客观上，住宅产品结构对置业人群进行了"筛选"，"第二居所人群及投资人群"挤压了"刚需居住人群"的选择空间，进而拉低了置业人群转化为常住人口比重。

3.3.3　产业项目未能创造充足的就业岗位

产业发展及其就业机会是人口导入的重要条件[15]，政府制定产业政策，企业负责产业项目落地。目前企业在太平投资的产业项目主要包括：依托交通走廊的传统工业与物流项目，建成时间较久，土地使用粗放，就业岗位少，大多需要升级；从昆明迁出的面向区域市场的商贸类项目，如建材批发市场、汽车 4S 店等；面向昆明及周边消费人群的文旅农旅、森林康养、酒店餐饮及城郊商业综合体等商业服务业项目。上述项目提供的就业岗位不足 1 万，且存在就业人群居住需求与居住空间不匹配问题[16]，因此对太平新城人口导入贡献不明显。

3.4　置业人群、新城居民与人口导入

3.4.1　置业人群中投资者占比过高不利于人口导入

通常认为，以投资为目的的置业人群在新城的居留意愿较低，甚至可能导致房价过快上涨，影响人口导入，甚至使新城成为"房地产型空城"[17, 18]。针对太平新城的调查显示（表 2），来自昆明市辖区以外的购房者占比达 60.35%（包括

太平新城置业人群空间分布及其转化为常住人口比例　　表 2

置业人群空间分布		占总置业人口比例（%）	常住人口转化率（%）	人口增长贡献率（%）
昆明市行政辖区范围		39.65	74	80
其中	太平 40 分钟通勤范围*	21.02	82	47
	昆明其他区县	18.63	65	33
昆明市行政辖区以外		60.35	12	20
其中	云南省其他地州	25.35	19	13
	云南省外	35.00	7	7

注：* 太平新城 40 分钟通勤圈范围主要指昆明市西山区、五华区、安宁主城、太平。
资料来源：笔者自制

云南省外的 35% 和云南省内昆明市外的 25.35%），这部分人置业大多以投资或度假为目的；来自昆明市域范围的购房者占比为 39.65%，为太平新城贡献了约 80% 的增量人口。进一步调查发现，位于太平新城 40 分钟通勤圈的西山区、五华区、安宁主城、太平本地的置业人群占比仅为 21.02%，但这部分人居留意愿较高，为太平新城贡献了约 47% 的增量人口。

3.4.2 居民积极建言提升新城宜居水平

居民是新城的使用者，以居住、就业、消费、通勤等活动为新城注入活力；同时居民高度关注新城的发展和规划建设，通过信访、听证或网络媒体等方式向政府反馈诉求，并得到了正向回应，提升了新城的宜居度，为吸引更多人口入住作出了积极贡献。

太平新城至昆明的对外通勤人口占比高达 65%，单次高速公路通行费为 8 元，为居民造成较大经济负担，居民通过积极向昆明、安宁两地政府建言，推动该路段高速通行费降至 1 元，显著降低了人口导入成本。同时，居民还推动公交公司优化公交方案，增加了太平至昆明重点商圈、地铁枢纽、大型医院的专线公交，极大地方便了居民出行。在完善配套方面，居民积极反映学位紧张、农贸市场脏乱差、夜间照明不足等问题，推动太平新城学校建设、农贸市场改造及路灯升级等民生实事工程。在规划参与方面，积极针对道路交通噪声、轻轨规划选线、高速收费站外迁、市级动物园新建项目选址等问题建言献策，监督政府规范规划编制和管理程序，避免了社会矛盾，也形成了广泛的舆论影响，吸引更多的人群关注、入住太平新城。

3.5 区域替代机会与人口导入

3.5.1 同一区域内的其他新城竞争分流

中心城区的腹地人口数量相对有限，围绕同一中心城区的不同新城在人口导入方面形成竞争、分流关系，太平新城即面临着呈贡新区的竞争。呈贡新区位于昆明主城以南 20 千米，于 2003 年启动建设（与太平新城几乎同时起步）。昆明市为拉开城市框架、缓解旧城拥挤问题，将包括市政府在内的一批市级公共设施、大专院校、交通枢纽（高铁南站）、地铁等投放至呈贡新区，使呈贡具备较高的服务能级并吸纳大量主城外溢人口。统计显示，2010—2020 年呈贡新区常住人口增幅达 114%、净增 35.44 万人，在昆明各县市区中居首位；而同期太平新城的增量人口仅有 1.83 万人，显然处于竞争劣势地位。

3.5.2 主城吸引力强大截流增量人口

安宁市的产业发展带来大量增量人口，但却主要流入安宁主城而不是太平新城。主要缘于安宁市"西部产业园区—中部主城区—东部太平新城"的空间结构，位置居中的安宁主城有充足的空间满足增量人口的居住和服务需求，使产业园区就业人口实现"就近职住"，客观上截流了部分可能导入太平新城的人口。

3.6 多元参与主体作用机制

太平新城的现状人口问题，主要是政府政策导向、企业投资倾向、置业人群与居民行为和区域内部竞合关系共同作用的结果（图2）。

首先，在自然、行政双重壁垒下，太平新城从中心城市获得的支持有限。太平新城因其近郊区位、环境条件、土地资源和房价优势，具备一定的发展潜力和人口吸引力；同时又受滇池、西山等自然要素阻隔，与中心城市的联系通道狭窄，存在天然短板。在"市代县"的行政体制下，太平新城作为县级市的发展单元主动融入昆明都市圈，在医疗、教育、基础设施、产业等方面得到昆明的支持较少，难以快速形成规模效应集聚人口。

其次，本级政府对土地财政过于依赖，导致新城产业功能、就业岗位不足。安宁市作为县级政府所具备的管理权限、财政能力、招商资源等难以支撑大面积的新城开发；而重服务轻制造的产业导向，兑现周期较长，难以产生大量就业岗位；因此形成了以房地产为主导的土地财政依赖，进而导致新城产业功能弱，人口吸纳能力不足。

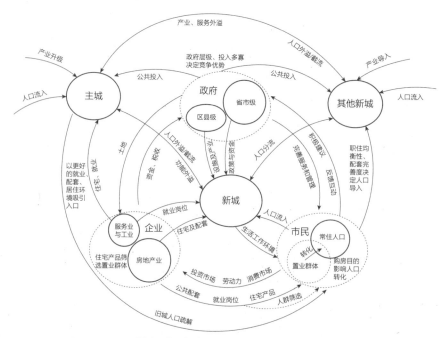

图2　太平新城人口导入机制分析示意图

资料来源：笔者自绘

再次，在房地产过热背景下，部分开发商与购房者偏离了真实的居住需求。在房地产经济的刺激下，部分开发企业缺乏对市场的尊重，建设大量偏离当地真实市场需求的住宅，吸引以投资、度假（养老）、第二居所为购房目的的"非本地"群体购房，导致置业群体向常住人口转化率低。在上述过程中，政府因过于依赖土地财政，未能严格约束房地产开发行为和引导居民购房行为，甚至从规划管理、土地供应方面助长了盲目开发和投资行为。

最后，在与同类型新城或新区竞争中，与主城的空间距离和自身的服务能力成为短板。太平新城 40 分钟通勤圈范围覆盖昆明主城、安宁产业园等就业密集区，但自身却处于公共服务洼地，各类设施的配套水平、公共交通便利程度远低于周边，再加上呈贡新区、安宁主城的就近替代和人口分流作用，导致太平新城的人口导入能力偏弱、常住人口转化能力不足。

4　对策建议与讨论

在新城开发过程中，政府、企业、市民三者是互为支撑的协同关系。政府主导新城的发展定位、开发模式、投资导向、土地供应、公共服务、房地产政策，对人口导入起决定作用；但政府决策可能因强化新城的居住功能导致多样性不足、职住失衡；或因不同层级的政府决策缺乏协同，导致同一区域内出现多个新城竞争并分流腹地人口。企业通过为新城配建公共设施、增加就业岗位等方式促进人口导入，也可能因为向市场提供过高比例的投资型、度假型住宅产品而"压低"人口导入基数。居民则通过多种公众参与途径影响政府与企业行为，促使新城不断完善，利于吸纳更多人口。新城发展过程中，如果过于强化政府的土地财政目标和社会投资收益目标，而忽视人的居住、就业、服务、通勤等现实需求，则可能导致新城沦为"空城"。

政府作为新城开发的主导者，可以从两方面改善或避免"空城"问题：规划建设方面，在规模上与区域人口发展趋势相适应，空间尺度和发展框架不宜过大；在布局上应集中紧凑，提高配套设施的使用效率，杜绝圈地行为和跳跃式开发；在结构上应优化产业、居住、服务功能配比，将增加就业作为重要目标，避免居住空间挤压产业空间。开发管控方面，改变过于超前建设和土地财政依赖模式，依据政府投资能力和市场需求滚动连片开发；将住宅去化周期、已售住房的入住率作为重要的监测指标，用以控制土地供应节奏，确保产居平衡；引导房地产企业优先开发满足本地住房需求的产品，科学设置非本地人口购房门槛，抑制外来投资人群对本地需求的冲击。

　　本文以太平新城为例分析了大城市近郊新城人口导入问题及其形成机制，探索了一种基于多元参与者（自身、政府、企业、市民、竞争者）作用关系的分析视角，并提出政府作为主导者可采取的改善策略。但不同地区、不同类型的新城有着不同的制约因素，即使同类型新城在不同的发展阶段所面临的问题也不尽相同，仍有待后续研究进一步深入探索。

参考文献

[1] 胡能灿.城市化要谨防"空城计"——对当前"新造城运动"中"空城现象"的冷思考[J].国土资源，2010（9）：52-55.

[2] 常晨.中国新城建设研究：模式、成因与影响[D].上海：上海交通大学，2020.

[3] 常晨，陆铭.新城之殇——密度、距离与债务[J].经济学（季刊），2017，16（4）：1621-1642.

[4] 彭冲，陆铭.从新城看治理：增长目标短期化下的建城热潮及后果[J].管理世界，2019，35（8）：44-57，190-191.

[5] 朱孟珏."旧城—新区"人口迁移的特征及机理研究——以广州为例[J].城市，2018（11）：20-29.

[6] 柴凝，王雪，卢施聪.长株潭城市群新城人口导入现状问题及应对策略[J].中阿科技论坛（中英文），2022（8）：40-44.

[7] 唐艾.新城空城化解决途径研究[D].西安：西安建筑科技大学，2016.

[8] 储君，牛强.新城对大都市人口的疏解和返流作用初析——以北京新城规划建设为例[J].现代城市研究，2019（4）：38-45.

[9] 徐海涛，刘佳，储君.基于职住平衡视角下的开发区就业员工居住解决对策——以北京经济技术开发区为例[J].建筑与文化，2018（4）：217-218.

[10] 殷丽娜.职住平衡视角下的新城规划发展策略研究[D].天津：天津大学，2017.

[11] 杜浩.引导新城职住平衡的综合治理措施研究——以南京河西新城为例[C]//中国城市规划学会.规划60年：成就与挑战——2016中国城市规划年会论文集（10城乡治理与政策研究）.北京：中国建筑工业出版社，2016：10.

[12] 徐煜辉，梁翌.以产业要素为主导的新城区土地利用研究[J].山西建筑，2008，34（34）：15-16.

[13] 刘豫萍.后郊区化时代新城发展与管治重构研究[D].南京：南京大学，2020.

[14] 徐文震.人口发展与新城建设中的互动政策研究——以上海市松江新城为例[J].知识经济，2014（24）：27-28.

[15] 刘厚莲.我国城市新区产城融合状态、经验与路径选择[J].城市观察，2017（6）：93-101.

[16] 刘晶晶.都市圈背景下无锡新城区居住—就业空间协调发展机制研究[D].南京：东南大学，2020.

[17] 谢东升.新城建设中的产城融合路径研究[D].上海：上海交通大学，2017.

[18] 王宇.城镇化背景下"新城"变"空城"问题探究[D].武汉：湖北大学，2019.

图书在版编目（CIP）数据

美丽中国　共同规划 = Co-planning for Building a Beautiful China / 孙施文等著；中国城市规划学会学术工作委员会编 . —— 北京：中国建筑工业出版社，2024. 7. —— ISBN 978-7-112-30241-3

Ⅰ . TU984.2

中国国家版本馆 CIP 数据核字第 2024XJ6009 号

责任编辑：杨　虹　尤凯曦
责任校对：姜小莲

中国城市规划学会学术成果

美丽中国　共同规划
Co-planning for Building a Beautiful China
孙施文　等　著
中国城市规划学会学术工作委员会 编

*

中国建筑工业出版社出版、发行（北京海淀三里河路 9 号）
各地新华书店、建筑书店经销
北京雅盈中佳图文设计公司制版
北京雅昌艺术印刷有限公司印刷

*

开本：787 毫米 ×1092 毫米　1/16　印张：20　字数：378 千字
2024 年 8 月第一版　2024 年 8 月第一次印刷
定价：**128.00** 元
ISBN 978-7-112-30241-3
　　　（43587）